高等学校“十三五”规划教材

化 学 实 验

柯 强 张世红 朱元强 余宗学 主编

化学工业出版社

·北京·

《化学实验》共6章，第1章为实验室基础知识，第2章为化学基本实验技能，第3章为化学实验常用仪器及使用方法，第4章为基础实验，第5章为综合实验，第6章为设计与创新实验。每个实验含实验原理、实验方法、实验步骤、实验数据记录与数据处理等内容，旨在培养学生的动手能力、逻辑思维能力、理论联系实际的能力、分析问题及解决问题的能力。

《化学实验》在内容与学时安排上具有可操作性和选择性，适用于综合性大学、高等师范院校及理工类各专业不同层次《物理化学》、《普通化学》、《大学化学》、《工程化学》等课程的配套实验教学。教师可根据不同专业的教学计划，挑选、优化内容进行教学，本书也可作为大学生自学以拓宽知识面之用或供相关科研工作者参考。

图书在版编目（CIP）数据

化学实验/柯强，张世红，朱元强，余宗学主编. —北京：化学工业出版社，2016.8（2023.1重印）
高等学校“十三五”规划教材
ISBN 978-7-122-27579-0

Ⅰ.①化… Ⅱ.①柯…②张…③朱…④余… Ⅲ.①化学实验-高等学校-教材 Ⅳ.①O63

中国版本图书馆CIP数据核字（2016）第155077号

责任编辑：宋林青　李　琰　金　杰　　　装帧设计：史利平
责任校对：王素芹

出版发行：化学工业出版社（北京市东城区青年湖南街13号　邮政编码100011）
印　　刷：北京云浩印刷有限责任公司
装　　订：三河市振勇印装有限公司
787mm×1092mm　1/16　印张12½　彩插1　字数310千字　　2023年1月北京第2版第8次印刷

购书咨询：010-64518888　　　售后服务：010-64518899
网　　址：http://www.cip.com.cn
凡购买本书，如有缺损质量问题，本社销售中心负责调换。

定　　价：32.00元

前　言

化学是一门以实验为基础的学科，化学实验教学是化学教育过程中的重要环节，在培养学生的化学基础知识、实践能力和科学素养等方面有着不可替代的作用。随着化学研究方法的迅猛发展，化学实验从内容、形式到方法都得到了更新和充实，越来越向综合性、设计性和研究创新性实验项目发展。考虑和结合国家培养创新人才的战略需要，化学实验教学的目的必须将培养学生的实践能力、创新意识和创新能力放在首位。为此，本教材按照化学一级学科建立独立的化学实验教学体系，对实验教学内容进行优化和整合，参考教育部化学类专业教学指导委员会对化学实验分类型的要求，设置基础实验（验证型）、综合实验和设计与创新实验项目，建立同课程面向不同专业的教学平台，全面培养学生的实践能力、创新思维能力与初步进行科学研究的能力。

本教材的基础实验涵盖了化学热力学、电化学、动力学、表面与胶体化学和结构化学等分支，目的是通过基础性实验教学，使学生了解和掌握化学实验的原理与方法；综合实验及设计与创新实验项目来源于化工生产、社会实践与教师的科学研究领域，力求训练学生的动手能力和创新能力。

本教材在实验内容与学时安排上具有可操作性和选择性，适用于综合性大学、高等师范院校及理工类各专业不同层次《物理化学》、《普通化学》、《大学化学》、《工程化学》等课程的配套实验教学。教师可根据不同专业的教学计划，挑选、优化内容进行教学，其余部分内容可作为大学生自学以拓宽知识面之用。

本书是西南石油大学化学化工学院《物理化学》、《大学化学》课程组全体教师多年教学实践与教学成果的结晶，同时也借鉴了兄弟院校相关教材的部分内容。在编写过程中得到了西南石油大学教务处、化学化工学院领导、教研室同事的关心、支持和帮助；教材主审、西南石油大学梁发书教授对本书提出了中肯的意见与建议；本书的出版也得到了化学工业出版社的大力支持；在此一并致以衷心的感谢。

本书第 1 章由段文猛编写，第 2 章由张世红编写，第 3 章及附录由柯强编写，第 4 章、第 5 章、第 6 章由张世红、柯强、朱元强、余宗学合作编写，全书由张世红统稿。在本书的编写过程中，特别感谢方申文老师提供了部分素材，同时也参考了已出版的《物理化学实验》、《大学化学实验》、《普通化学实验》等教材，在此对这些参考书的作者表示感谢。

由于编者水平所限，书中难免存在疏漏和不当之处，恳请使用本书的师生、读者批评、指正，以便我们改进工作。

编　者

2016 年 4 月

目　录

第 1 章　实验室基础知识

1.1　化学实验的目的及学习方法

化学是一门以实验为基础的学科，化学中的许多定律和学说以及科研成果都源于实验，同时又不断接受实验的检验，化学课程的许多理论知识需要在实验课上进行消化和理解，实验教学是大学化学学习过程中必不可少的重要内容。

大学化学实验的目的，就是让学生通过实验来巩固和加深课堂所学的理论知识，训练实验基本操作和技能，了解常用仪器并掌握正确的使用方法，培养理论联系实际和分析问题、解决问题的能力。在实验过程中，通过观察现象、分析原因、测定数据、撰写报告等过程，培养科学的思维方法。通过大学化学实验的学习，培养学生严格认真、实事求是的科学态度，养成准确、细致、整洁的实验习惯，使学生具有较高的实验素养，为以后的学习和工作打下良好的基础。

为达到大学化学实验的目的，学生除了要有正确的学习态度外，还应遵循实验课程的学习方法。

① 课前仔细预习　认真阅读实验教材，做到明确实验目的，了解实验原理，熟悉实验内容、主要操作步骤及数据的处理方法。列出仪器、药品清单，提出实验注意事项，合理安排实验时间。查阅相应的参考资料，明确实验和操作原理，初步了解仪器设备的性能和操作方法。在明确以上内容的基础上，写出简明的预习报告。

② 课上认真操作　学生应遵守实验室规则，接受教师指导，按照实验方法、步骤、要求及药品的用量进行实验，做到边操作、边思考、边记录。细心观察实验现象，如实记录实验数据，深入思考产生现象的原因。若有疑问，力争自己解决，也可相互讨论或询问指导教师。实验过程中，要爱护仪器设备，严守操作规程。实验完毕后，做好仪器设备的维护，使之恢复于待用状态，同时清理好实验台面，做好“三废”处理，养成良好的实验习惯。

③ 课后撰写报告　实验报告是对实验的总结和归纳，它从一定角度反映一个学生的学习态度、知识水平和观察问题、正确判断问题的能力。实验结束后，应严格按照实验记录，独立认真地完成实验报告的撰写工作。实验报告要格式正确、记录清楚、结论明确、文字简练、书写整洁。

1.2　化学实验安全与防护

1.2.1　实验室规则

实验室规则是人们在长期的实验室工作中，从正反两方面的经验和教训中归纳总结出来的，它可以防止意外事故，保持实验的环境和工作秩序，遵守实验室规则是做好实验的重要前提。

① 实验前一定要做好预习和实验准备工作，检查实验所需要的药品、仪器是否齐全。

做规定以外的实验，应经教师允许。

② 实验过程中要集中精力，认真操作，仔细观察，积极思考，如实详细地做好实验记录。

③ 实验中必须保持肃静，不得大声喧哗，不要到处走动。不可无故缺席实验，因故缺席未做的实验应择机补做。

④ 爱护公共财物，小心使用仪器设备，养成节约用水、用电和用气的好习惯。每人应取用自己的仪器，不得动用他人的仪器；公用仪器和临时仪器用毕应恢复至待用状态。仪器设备如有损坏，需要及时登记并补领。

⑤ 实验台上的仪器应整齐地放在一定位置上并保持台面的清洁。废纸、火柴梗和碎玻璃等应及时倒入垃圾箱内，酸性液体、碱性液体均应倒入指定的废液缸内，切勿倒入水槽。

⑥ 按实验用量取用药品，厉行节约。量取药品后要及时盖好瓶盖，公用药品不得擅自拿走。

⑦ 使用精密仪器时，必须严格按照操作规程进行，应细致谨慎，避免因粗心大意造成仪器损坏。如发现仪器故障，应立即停止使用并报告老师。使用仪器后应自觉填写仪器使用记录。

⑧ 发生意外事故时应保持镇静，不要惊慌失措。遇有烧伤、烫伤和割伤等情况时应报告老师，及时进行处理和治疗。

⑨ 实验完毕后，应清洗整理好所用的仪器和试剂，保持实验台和试剂架的清洁卫生，关闭实验室中的水、电、气。每次实验后由学生轮流值勤，负责打扫和整理整个实验室，并对实验室进行安全检查。

1.2.2 实验室安全规则

化学药品中有很多是易燃、易爆、有腐蚀性或有毒的，所以在实验前应充分了解安全注意事项。在实验时，应在思想上十分重视安全问题，集中注意力，遵守操作规程，避免事故的发生。

① 加热试管时，不要将试管口指向自己或别人，不要俯视正在加热的液体，以免液体溅出，受到伤害。

② 嗅闻气体时，应用手轻拂气体，扇向自己后再嗅。

③ 使用酒精灯时，应随用随点，不用时盖上灯罩。不要用已点燃的酒精灯去点燃别的酒精灯，以免酒精溢出而失火。

④ 浓酸、浓碱具有强腐蚀性，切勿溅在衣服、皮肤上，尤其勿溅到眼睛里。稀释浓硫酸时，应将浓硫酸慢慢倒入水中，而不能将水倒入浓硫酸中，以免酸液溅出。

⑤ 乙醚、乙醇、丙酮、苯等有机易燃物质，存放和使用时必须远离明火，取用完毕后应立即盖好瓶塞和瓶盖。

⑥ 凡产生有刺激性或有毒气体的实验，应在通风橱内（或通风处）进行。

⑦ 有毒药品（如重铬酸钾、钡盐、铅盐、砷的化合物、汞的化合物、氰化物等）不得进入口内或接触伤口，也不能将有毒药品随便倒入下水管道。

⑧ 实验室内严禁饮食和吸烟。实验完毕，应及时洗净双手。

1.2.3 实验室事故的处理

① 割伤　先挑出伤口内的异物，然后在伤口处抹上红药水或紫药水后用消毒纱布包扎，

也可贴上“创可贴”，能立即止血，且易愈合。必要时可送医院治疗。

② 烫伤和烧伤　轻度烫伤或烧伤，可在伤口处抹上烫伤油膏或万花油，不要把烫出的水泡挑破；严重的烫伤和烧伤，要用消毒纱布轻轻包扎伤处，并立即送医院治疗。

③ 受酸腐伤　先用大量水冲洗，再用饱和碳酸氢钠溶液或稀氨水冲洗，最后再用水冲洗。

④ 受碱腐伤　先用大量水冲洗，再用2%醋酸溶液或3%硼酸溶液冲洗，最后再用水冲洗。

⑤ 酸和碱不小心溅入眼中，必须用大量水冲洗，持续15min以上，随后即送医生处检查。

⑥ 溴灼伤　立即用大量水冲洗，再用酒精擦至无溴存在为止。

⑦ 毒物误入口中，可取5～10cm^3稀$CuSO_4$溶液加入一杯温水中，内服后用手指伸入咽喉，促使呕吐，然后立即送医院治疗。

⑧ 毒气浸入　不慎吸入煤气、Br_2蒸气、Cl_2、HCl、NH_3等气体时，应立即到室外呼吸新鲜空气。

⑨ 触电　首先切断电源，必要时进行人工呼吸。

⑩ 起火　起火后，要立即一面灭火，一面防止火势蔓延，灭火时要针对起因选用合适的方法。一般的小火用湿布、石棉布或砂子覆盖燃烧物即可，火势大时可使用泡沫灭火器。电器设备所引起的火灾，只能使用二氧化碳或四氯化碳灭火器灭火，不能使用泡沫灭火器，以免触电。活泼金属如钠、镁以及白磷等着火，宜用干沙灭火，不宜用水、泡沫灭火器及四氯化碳灭火器。实验室人员衣服着火时，切勿惊慌乱跑，应立即脱下衣服或用石棉布盖住着火处。

1.2.4　实验室三废的处理

实验中经常会产生有毒的气体、液体和固体，需要及时排弃，如不经处理直接排出就可能污染周围环境，损害人体健康。因此，对废气、废水和废渣要经过一定的处理后方可排弃。

对产生少量有毒气体的实验应在通风橱内进行，通过通风设备将少量毒气排到室外而被空气稀释，以免污染室内空气。产生毒气量大的实验必须备有吸收或处理装置，如NO_2、SO_2、Cl_2、H_2S、HF等可用导管通入碱液中而被吸收。

废渣（包括少量有毒的废渣）应集中收集，然后运至指定地点掩埋；有毒成分较多的废渣，应进行处理后方可掩埋。

酸、碱废液可中和后排放。含重金属离子的废液可加碱调pH值8～10后再加硫化钠处理，使有害成分转变成难溶于水的氢氧化物或硫化物而沉淀分离，残渣掩埋，清液达到排放标准后就可以排放。废铬酸洗液可加入$FeSO_4$，使六价铬还原成三价铬后按普通重金属离子废液处理。含氰废液量少时可先加NaOH调至pH值大于10，再加适量$KMnO_4$使CN^-氧化分解；量多时则在碱性介质中加入NaClO使CN^-氧化成CO_2和N_2。

1.3　实验数据的记录和处理

在化学实验过程中，不仅要准确测量有关物理量，还要及时正确地记录数据并加以归纳整理，最后才能以适当的方式表达实验的准确结果。

1.3.1 数据的记录与有效数字

实验过程中，各种测量数据都应及时、准确、详细地记录下来。为确保记录真实可靠，实验者应备有专门的实验原始记录本，并按顺序编排页码，一般不得随意撕去造成缺页。原始记录是化学实验工作原始情况的真实记载，所记录的内容不能带有主观因素。原始数据不能缺项，不得随意涂改，更不能抄袭拼凑和伪造数据。如发现某数据因测错、记错或算错而需要改动时，可将该数据用一横线划去，并在其上方写上正确数值。

实验中所记录的测量值，不仅要表示出数量的大小，而且要正确地反映出测量的精确程度。例如用精确度为万分之一克的分析天平（其称量误差为±0.0001g）称得某份试样的质量为0.5780g，则该数值中0.578是准确的，其最后一位数字“0”是可疑的，可能有正负一个单位的误差，即该试样的实际质量是在（0.5780±0.0001）g范围内的某一数值。此时称量的绝对误差为±0.0001g，相对误差为：

$$\frac{\pm 0.0001}{0.5780}\times 100\% = \pm 0.02\%$$

若将上述称量结果记作0.578g，则意味着该份试样的实际质量是在（0.578±0.001）g范围内的某一数值，即称量的绝对误差为±0.001g，相对误差也将变为±0.2%。由此可见，在记录测量结果时，小数点后末位的“0”写与不写对于测量数据精确度的影响很大。正确记录的数据应该是除最末一位数字为可疑的，可能有±1的偏差外，其余数字都是准确的。这样的数字称为有效数字。

应当注意，“0”在数字中有几种意义。数字前面的0只起定位作用，本身不算有效数字；数字之间的0和小数点末位的0都是有效数字；以0结尾的整数，最好用10的幂指数表示，这时前面的系数代表有效数字。由于pH值为氢离子浓度的负对数值，所以pH值的小数部分才是有效数字。

下面列举几例化学实验中经常用到的各类数据。

试样的质量	9.5g	两位有效数字（用托盘天平称量）
	0.2030g	四位有效数字（用分析天平称量）
溶液的体积	$24cm^3$	两位有效数字（用量筒量取）
	$25.34cm^3$	四位有效数字（用滴定管计量）
溶液的浓度	$0.1010mol\cdot dm^{-3}$	四位有效数字
	$0.2mol\cdot dm^{-3}$	一位有效数字
质量分数	34.26%	四位有效数字
电离常数	1.8×10^{-5}	两位有效数字
pH	8.40	两位有效数字（注意：对数的整数不计入有效数字）

1.3.2 有效数字的运算和修约规则

对有效数字进行运算处理时，应遵循下列规则。

① 几个数字相加、减时，应以各数字中小数点后位数最少（即绝对误差最大）的数字为依据来决定结果的有效数字位数。

② 几个数字相乘、除时，应以各数字中有效数字位数最少（即相对误差最大）的数字为依据来决定结果的有效数字位数。若某个数字的第一位有效数字≥8，则有效数字的位数

应多算一位。

③ 需要弃去多余数字时，按“四舍六入五取双”的原则进行修约，即当尾数≤4 时，舍去；当尾数≥6 时，进入；当尾数为 5 而后面数为 0 时，若 5 的前一位是奇数则入，是偶数（包括 0）则舍；若 5 后面还有不是 0 的任何数皆入。

应注意，若所拟舍去的为两位以上数字时，不得逐级多次修约，只能对原始数据进行一次修约到所需要的位数。

【例 1-1】 完成下列运算

(1) $34.37+6.3426+0.034=40.7466\xrightarrow{\text{修约}}40.75$

(2) $\dfrac{15.3\times0.1988}{8.6}=0.35368\xrightarrow{\text{修约}}0.354$

【例 1-2】 将下列数据修约到两位有效数字

2.412→2.4　　0.626→0.63

34.52→35　　9.050→9.0

44.50→44　　3.6498→3.6

1.3.3 实验数据的处理与表达方法

实验中测得的数据经归纳、处理后，其结果应以简明的方式表达出来。化学实验中，数据处理和结果的表达通常采用列表法、图解法或数学方程法。

(1) 列表法

列表法是将实验数据按自变量与因变量一一对应列表，并把相应的计算结果填入表中。

使用列表法应注意以下几点。

① 每个表格应有序号及完整的表名。

② 表格中每一横行或纵行应标明项目名称和单位，有时也可采用符号表示，如 V/cm^3，p/Pa，m. p. /℃等，斜线后表示单位。

③ 表中所列有效数字的位数应取舍相当；同一纵行中数字的小数点应上下对齐，以便相互比较；数字为零时计作“0”；数值空缺时应记一横线“—”。

④ 必要时可在表的下方注明数据的处理方法或计算公式。

列表法简单明了，便于参考比较，不仅适于表达实验结果，也可用于原始数据的记录。

(2) 图解法

图解法是将实验数据按自变量与因变量的对应关系绘制成图形，这种图形可将变量间的变化趋势、变化速率、极大值、极小值、转折点以及周期性等主要特征清楚直观地表现出来，便于分析研究。

图形的绘制方法如下。

① 正确建立坐标轴和分度。选择大小适当的直角坐标纸，以 x 轴代表自变量、y 轴代表因变量，每个坐标轴均应标明名称和单位，如 $c/\text{mol}\cdot\text{dm}^{-3}$、$\lambda/\text{nm}$ 等。坐标分度应便于从图上读出任一点的坐标值，而且其精度应与测量精度一致。对于主线间为十等分的坐标纸，每格代表的变量值取 1、2、4、5 等数值较为方便。曲线若为直线或近乎直线，则应使图形位于坐标纸的中央位置或对角线附近。比例尺的选择要得当，以便使图形准确显示变化规律。

② 按原始数据标出作图点。用圆点（•）或叉（×）等符号将实验测得的原始数据标

绘在坐标纸相应的位置上。若需在同一张坐标纸上表示几种不同的测量结果时，可选用不同符号加以标记，并需在图上注明不同符号所代表的含义。

③ 按作图点绘制曲线　若各数据点成直线关系，则用铅笔和直尺依各点的趋向，在点群之间画出一直线，注意应使直线两侧点数及其与直线间距离接近相等。若数据点为曲线，则先用铅笔沿各点的变化趋向轻轻描绘，再以曲线板逐渐拟合，绘出光滑曲线。描绘曲线时，不一定通过图上所有点及两端的点，但应力求使各点均匀地分布在曲线两侧邻近处。

④ 标注图名。每图都应标有简明的图题，并注明取得数据的主要实验条件等。

（3）数学方程法

数学方程法是将实验数据经过整理，总结为一个数学方程表达式。还可按数学方程式编制计算程序，由计算机完成数据处理和表图制作等。数学方程法可更精确地表达自变量和因变量之间的函数关系。

第 2 章　化学基本实验技能

2.1　常用玻璃器皿介绍

常用的化学实验仪器见表 2-1。

表 2-1　常用的化学实验仪器

仪器	材料及规格	一般用途	使用注意事项
试管	以管口直径×管长表示，如 25mm×100mm、15mm×150mm、10mm×70mm 等	反应容器，便于操作、观察，用药量少	(1)可直接加热，但不能骤冷 (2)加热时用试管夹夹持，管口不要对人，使受热均匀，盛放液体不要超过试管容积的 1/3
离心管	分有刻度和无刻度两种，以容积表示，如 $25cm^3$、$15cm^3$、$10cm^3$ 等	少量沉淀的分离和辨认	不能直接用火加热，必要时可用水浴加热
烧杯	以容积表示，如 $500cm^3$、$250cm^3$、$100cm^3$、$50cm^3$ 等	反应容器，用于反应物较多的反应	(1)可加热至高温，使用时注意不要使温度变化过于剧烈 (2)加热时底部应垫石棉网，使受热均匀
烧瓶	有平底和圆底之分，以容积表示，如 $2500cm^3$、$500cm^3$、$100cm^3$、$50cm^3$ 等	反应容器，用于反应物较多且需要长时间加热的反应	(1)可加热至高温，使用时注意不要使温度变化过于剧烈 (2)加热时底部应垫石棉网，使受热均匀
锥形瓶(三角瓶)	以容积表示，如 $250cm^3$、$100cm^3$、$50cm^3$ 等	反应容器，振荡比较方便，适用于滴定操作	(1)可加热至高温，使用时注意不要使温度变化过于剧烈 (2)加热时底部应垫石棉网，使受热均匀

续表

仪器	材料及规格	一般用途	使用注意事项
碘量瓶	以容积表示，如 250cm³、100cm³、50cm³ 等	用于与碘量法有关的容量分析，也可用于其他滴定分析	(1)塞子及瓶口边缘的磨砂部分应注意勿擦伤，以免产生漏隙 (2)滴定时打开塞子，用蒸馏水将瓶口及塞子上的碘洗入瓶中
量杯和量筒	以所能量度的最大容积表示 量筒：如 250cm³、100cm³、50cm³、10cm³ 等 量杯：如 100cm³、50cm³、10cm³ 等	用于液体体积计量	(1)不能加热 (2)不可作溶液配制的容器使用
吸量管和移液管	以所能量取的最大容积表示 吸量管：如 10cm³、5cm³、1cm³ 等 移液管：如 100cm³、50cm³、10cm³、2cm³ 等	用于精确量取一定体积的液体	使用前洗涤干净，用待吸液润洗
容量瓶	以容积表示，如 1000cm³、250cm³、100cm³、50cm³、25cm³ 等	用于配制准确浓度的溶液	(1)不能受热 (2)不能在其中溶解固体
漏斗	以口径和漏斗颈长表示，如 6cm 长颈漏斗、4cm 短颈漏斗等	用于过滤或倾注液体	不能用火直接加热，必要时可用水浴漏斗套加热

续表

仪器	材料及规格	一般用途	使用注意事项
滴定管	滴定管分酸式和碱式，无色和棕色，以容积表示，如 50cm³、25cm³ 等	滴定管用于滴定操作或精确量取一定体积的溶液	(1)碱式滴定管盛碱性溶液，酸式滴定管盛酸性或氧化性溶液，两者不能混用 (2)碱式滴定管不能盛氧化性溶液 (3)见光易分解的滴定溶液宜用棕色滴定管
滴液漏斗和分液漏斗	以容积和漏斗形状表示（筒形、球形、梨形），如 100cm³ 球形分液漏斗、50cm³ 筒形滴液漏斗等	(1)滴液漏斗用于往反应液中滴加较多的液体 (2)分液漏斗用于互不相溶的液-液分离	活塞应涂油，用橡皮筋固定，防止滑出跌碎
布氏漏斗和吸滤瓶	布氏漏斗以直径表示，如 10cm、8cm、6cm 等 吸滤瓶以容积表示，如 500cm³、100cm³ 等	减压过滤	防止倒吸
玻璃砂(滤)漏斗	以砂滤板微孔孔径的大小分为 6 种型号：G_1（20～30μm）、G_2（10～15μm）、G_3（4.9～9μm）、G_4（3～4μm）、G_5（1.5～2.5μm）、G_6（1.5μm 以下）	用于过滤定量分析中只需低温干燥的沉淀	(1)应选择合适孔径的漏斗 (2)干燥和烘烤沉淀时，最高不超过 500℃，最适用于只需在 150℃以下干燥的沉淀 (3)不宜用于过滤胶状沉淀或碱性较强的溶液
漏斗架	木质或有机塑料	用于过滤时放置漏斗	固定螺丝要拧紧

续表

仪器	材料及规格	一般用途	使用注意事项
表面皿	以直径表示，如 15cm、12cm、9cm 等	盖在蒸发皿或烧杯上，以免液体溅出或灰尘落入	不能用火直接加热
试剂瓶	材料：玻璃或塑料 规格：分广口和细口；无色和棕色，以容积表示，如 $1500cm^3$、$1000cm^3$、$250cm^3$、$100cm^3$ 等	广口瓶盛放固体试剂，细口瓶盛放液体试剂	(1)不能加热 (2)取用试剂时瓶盖应倒放 (3)盛碱性溶液要用橡皮塞或者塑料瓶 (4)盛放见光易分解的物质用棕色瓶
蒸发皿	材料：陶瓷或玻璃 规格：分有柄、无柄，以容积表示，如 $150cm^3$、$100cm^3$、$50cm^3$ 等	用于蒸发浓缩	可耐高温，能直接用火加热，高温时不能骤冷
坩埚	材料：陶瓷、石英、银、铁、镍、铂等 规格：以容积表示，如 $50cm^3$、$40cm^3$、$30cm^3$ 等	用于灼烧固体	(1)灼烧时放在泥三角上，直接用火加热，不需用石棉网 (2)取下的灼热坩埚不能直接放在桌上，要放在石棉网上 (3)灼热的坩埚不能骤冷
泥三角	材料：瓷管和铁丝 规格：有大小之分	用于盛放加热的坩埚和小蒸发皿	(1)灼烧的泥三角不要滴上冷水，以免瓷管破裂 (2)选择泥三角时，要使放在上面的坩埚所露出的上部不超过本身高度的1/3
坩埚钳	材料：铁或铜合金，表面常镀镍或铬	夹持坩埚和坩埚盖	(1)不能和化学药品接触，以免腐蚀 (2)放置时，令其头部朝上 (3)夹持高温坩埚时，钳尖需预热

续表

仪器	材料及规格	一般用途	使用注意事项
干燥器	以直径表示，如 22cm、18cm 等	(1)定量分析时，将灼烧的坩埚置于其中冷却 (2)存放样品，以免吸收水分	(1)灼烧物体放入干燥器前温度不能过高 (2)常检查干燥剂是否失效
干燥管	有直形、弯形和普通磨口之分。磨口的还按塞子大小分为几种规格，如 14# 磨口直形、19# 磨口弯形等	防止对反应有副作用的气体进入反应体系	干燥剂置于球形部分，且不宜过多
滴管	由尖嘴玻璃管与橡皮孔头构成	(1)吸收或滴加少量($1\sim2cm^3$)液体 (2)吸收沉淀的上层清液以分离沉淀	(1)滴加时，保持垂直，避免倾斜，尤忌倒立 (2)避免污染
滴瓶	有无色和棕色，以容积表示，如 $125cm^3$、$60cm^3$ 等	盛放每次只需数滴的液体试剂	(1)碱性试剂要用带橡皮塞的滴瓶盛放 (2)取用试剂时，滴管应置于洗净的地方 (3)见光易分解的物质用棕色瓶
点滴板	白色或黑色的瓷板	用于点滴反应，一般不需分离的沉淀反应，尤其是显色反应	(1)不能加热 (2)不能用于含氢氟酸和浓碱溶液的反应
称量瓶	以外径(mm)×高(mm)表示，分扁形和高形	用于要求准确称取一定量的固体样品	(1)不能直接用火加热 (2)盖与瓶配套，不能互换

续表

仪器	材料及规格	一般用途	使用注意事项
铁架台、铁圈和铁夹	铁质	用于固定反应容器	避免腐蚀，不要沾污试剂
石棉网	以铁丝网边长表示，如 15cm×15cm、20cm×20cm 等	使加热容器受热均匀	尽量避免与水接触，减少腐蚀
毛刷	以大小或用途表示，如试管刷、烧杯刷等	用于洗刷玻璃仪器	选择毛刷大小要合适，注意毛刷顶部竖毛的完整程度
药匙	塑料或不锈钢	用于取固体样品	注意清洁
研钵	材料：玻璃、玛瑙、铁、瓷等 规格：以钵口径表示，如 12cm、9cm 等	研磨固体物质	小心使用，尽量不要敲击
洗瓶	材料：塑料 规格：一般为 $500cm^3$、$250cm^3$ 等	盛放蒸馏水或去离子水洗涤仪器	远离火源
三脚架	铁质	放置较大或较重的加热容器	—

2.2　玻璃仪器的洗涤与干燥

2.2.1　玻璃仪器的洗涤

玻璃仪器内任何一点沾污，都可能影响到实验结果。因此，玻璃仪器要始终保持干燥洁净，每次实验前要检查是否洁净，实验后要及时清洗、晾干。

对一般实验来说要求玻璃仪器洗涤后，其内壁附着的水很均匀，既不聚成水滴，也不成股流下，晾干后不留水痕即可。凡是已洗净的仪器，绝不能用布或纸去擦拭内壁。

洗净的仪器可倒置在不被碰撞的地方（如将试管倒插在试管架上）晾干备用。

2.2.1.1　常用的洗涤方法

（1）冲洗法

对于可溶性污物可用水冲洗，这主要是利用水把可溶性污物溶解而除去。为了加速溶解，必须振荡。

往玻璃仪器中注入少量（不超过容量的1/3）的水，稍用力振荡后，把水倾出，如此反复冲洗数次。

（2）刷洗法

借助于毛刷等工具用水洗涤，可使附着在仪器壁面上不牢的灰尘及不溶物脱落下来，但洗不掉油污等有机物质。

对试管、烧杯等普通玻璃仪器，可先在容器内注入1/3左右的自来水，选用大小合适的毛刷直接刷洗或蘸洗涤剂（如去污粉、洗洁精、肥皂和合成洗涤剂等）刷洗器壁内外，再用水冲洗。

使用毛刷洗涤试管、烧杯或其他薄壁玻璃容器时，毛刷顶端必须有竖毛。洗涤试管时，将刷子顶端毛顺着伸入试管，用一只手捏住试管，另一只手捏住毛刷，把沾洗涤剂的毛刷来回擦或在管内壁旋转擦，注意不要用力过猛，以免铁丝刺穿试管底部。洗涤仪器时应逐一清洗，不要同时抓住多个仪器一起洗。

（3）洗液洗涤

滴定管、移液管、吸量管和容量瓶等具有精密刻度的玻璃量器，不宜用刷子刷洗，可以用合成洗涤剂洗涤，必要时用热的洗涤剂浸泡一段时间后，再用自来水洗净。若此法仍不能洗净，可用铬酸洗液洗涤。洗涤时尽量将仪器内壁的水沥干，再倒入适量铬酸洗液，转动或摇动仪器，让洗液布满仪器内壁，待与污物充分作用后，将铬酸洗液倒回原来瓶中，再用水洗净。

（4）特殊污垢的洗涤

一些反应留下的不溶于水的污垢，常需要视污垢的性质选用合适的试剂，经化学作用而去除，例如：

① 由铁盐引起的黄色可用盐酸或硝酸洗去；

② 由锰盐、铅盐或铁盐引起的污物，可用浓 HCl 洗去；

③ 由金属硫化物沾污的颜色可用硝酸（必要时可加热）除去；

④ 使用高锰酸钾后的污垢可用草酸溶液洗去；

⑤ 沾在器壁上的二氧化锰可用浓盐酸处理；

⑥ 银镜反应附着的银或有铜附着时，可加入硝酸后加热溶解除去；

⑦ 容器壁沾有硫黄，可与 NaOH 溶液一起加热或加入少量苯胺加热或用浓 HNO_3 加热溶解。

(5) 超声波清洗

超声波清洗器是利用超声波发生器所发出的高频振荡信号，通过换能器转换成高频机械振荡而传播到介质——清洗溶液中，超声波在清洗液中疏密相间地向前辐射，使液体流动而产生数以万计的微小气泡，这些气泡在超声波纵向传播成的负压区形成、生长，而在正压区迅速闭合，在这种被称之为“空化”效应的过程中气泡闭合可形成超过 1.01×10^8Pa (1000atm) 的瞬间高压，连续不断产生的高压就像一连串小“爆炸”不断地冲击物件表面，使物件表面及缝隙中的污垢迅速“剥落”，从而达到物件表面净化的目的。

超声波清洗器使用方法及注意事项如下。

① 将需要清洗的仪器放入清洗网架中，再把清洗网架放入清洗槽中，绝对不能将物件直接放入清洗槽底部，以免影响清洗效果和损坏仪器。

② 清洗槽内按比例放入清洗剂，注入水或水溶液，水位最低不得低于 60mm，而最高不得超过 130mm。在清洗槽内无水溶液的情况下，不应开机工作，以免烧坏清洗器。

③ 使用适当的化学清洗液，但必须与不锈钢制造的超声波清洗槽相适应。不得使用强酸、强碱等化学试剂。应避免水溶液或其他各种腐蚀性液体浸入清洗器内部。

④ 将超声波清洗器接入 220V/50Hz 的三芯电源插座（所用电源必须有接地装置），按下“ON”电源开关，绿色开关电源指示灯会亮，表示电源正常，可以工作。

⑤ 根据仪器清洗要求，用温度控制器调节好所需要的温度，温度指示灯会亮，加热器已加热到所需要的温度时，温度指示灯会熄灭，加热器会停止工作；当温度降到低于所需要的温度时会自动加热，温度指示灯会亮。

⑥ 当加热温度达到清洗要求时，同时轴流风机会运转。定时时间根据仪器清洗要求设置，定时器位置可在 1～20min 内任意调节，也可调在常通位置。一般清洗时间为 10～20min，对于特别难清洗的物件可适当延长清洗时间。开启超声定时器，轴流风机必须运转，如不运转立即停机，否则超声波清洗器会因升温造成损坏。

⑦ 清洗完毕后，从清洗槽内取出网架，并用自来水喷洗或漂洗干净。

无论用何种方法洗涤，都应注意：a. 仪器用过后尽快洗净，若久置则往往凝结而难于洗涤；b. 洗涤时污物需尽量倒出后再洗；c. 凡可用清水和合成洗涤剂刷洗干净的仪器，就不要用其他洗涤方法；d. 用以上各种方法洗净的仪器，经自来水冲洗后，往往残留有自来水中的 Ca^{2+}、Mg^{2+}、Cl^- 等离子，如果实验不允许这些杂质存在，则应该再用纯水冲洗仪器 2～3 次；e. 洗涤过程中，无论使用自来水或纯水都应遵循少量多次的原则，这样既提高了洗涤效率，又可节约用水；f. 玻璃磨口仪器和带有活塞的仪器洗净后需较长时间放置时，应该在磨口处和活塞处垫上小纸片，以防放置后粘上不易打开。

2.2.1.2 常用的洗涤剂

配制方法见附录 3。

(1) 铬酸洗液

铬酸洗液是重铬酸钾在浓硫酸中的饱和溶液（50g 粗重铬酸钾加到 1L 浓 H_2SO_4 中加热溶解而得），溶液呈暗红色，它具有很强的氧化性，适宜洗涤除去油污和部分有机物。铬酸洗液可反复使用，当溶液呈绿色时，表明洗液已经失效，必须重新配制。

使用时应注意以下几点：

① 使用洗液前，应先用水或合成洗涤剂清洗仪器，尽量除去其中污物；

② 洗涤时先将仪器用水润湿，应尽量把容器内的水去掉，以防把洗液稀释；

③ 洗液具有很强的腐蚀性，会灼伤皮肤和损坏衣服，使用时要特别小心，尤其不要溅到眼睛内；使用时最好戴橡皮手套和防护眼镜，万一不慎溅到皮肤或衣服上，要立即用大量水冲洗。

能用别的洗涤方法洗干净的仪器，就不要用铬酸洗液洗，因为它具有毒性。使用洗液后，先用少量水清洗残留在仪器上的洗液，洗涤水不要倒入下水道，应集中统一处理。

(2) 合成洗涤剂

这类洗涤剂主要是洗衣粉、洗洁精等，适用于洗涤油污和某些有机物。

(3) 碱性高锰酸钾洗液

用于洗涤油污和某些有机物，其配制方法是，将 4g $KMnO_4$ 溶于少量水中，慢慢加入 100mL $100g \cdot dm^{-3}$ 的 NaOH 溶液即可。

(4) 盐酸-乙醇溶液

将化学纯盐酸和乙醇按 1∶2 的体积比混合即可。它适用于洗涤被有色物污染的比色皿、容量瓶和吸量管等。

(5) 有机溶剂洗涤液

用于洗去聚合物、油脂及其他有机物，可直接取丙酮、乙醚、苯使用，或配成 NaOH 的饱和乙醇溶液使用。

2.2.2　玻璃仪器的干燥

有些仪器洗涤干净后就可用来做实验，但有些化学实验，特别是需要在无水条件下进行的有机化学实验所用的玻璃仪器，常常需要干燥后才能使用。常用的干燥方法有晾干、烘干、烤干、吹干、有机溶剂干燥等。

① 晾干　不急用的仪器，在洗净后，可以倒立放置在实验柜内或适当的仪器架上自然晾干。倒置可以防止灰尘落入，但要注意放稳仪器。

② 烘干　洗净后仪器可放在电热恒温干燥箱（简称烘箱）内烘干，温度控制在 105～110℃。仪器在放进烘箱之前，应尽可能把水去掉，放置时应使仪器口向上，木塞和橡皮塞不能与仪器一起干燥，玻璃塞应从仪器上取下，放在仪器的一旁，这样可防止仪器干后卡住，拿不下来；沾有有机溶剂的玻璃仪器不能用电热干燥箱干燥，以免发生爆炸。

③ 烤干　急用的仪器可置于石棉网上用小火烤干，试管可直接用火烤，但必须使试管口稍微向下倾斜，以防水珠倒流，引起试管炸裂。

④ 吹干　用压缩空气机或吹风机把洗净的仪器吹干；也可用气流烘干器干燥锥形瓶、烧瓶、试管等。

⑤ 有机溶剂干燥　带有刻度的计量仪器，既不易晾干或吹干，又不能用加热方法进行干燥（因为会影响仪器的精度），可用与水相溶的有机溶剂（如乙醇、丙酮等）进行干燥。方法是：往仪器内倒入少量乙醇或乙醇与丙酮的混合溶液（体积比 1∶1），将仪器倾斜、转动使溶剂在内壁流动，待内壁全部浸润，倾出溶剂（应回收），擦干仪器外壁，放置使有机溶剂挥发，或向仪器内吹入冷空气使残留物快速挥发。

2.3　化学试剂与试剂取用

2.3.1　试剂的等级

通常根据试剂中杂质含量的多少，将化学试剂分成四个等级。

我国化学试剂的等级如表2-2所示。

表2-2 我国化学试剂的等级

等级	一级试剂(保证试剂)	二级试剂(分析试剂)	三级试剂(化学纯试剂)	四级试剂(实验试剂)
符号	G. R.	A. R.	C. P.	L. R.
标签颜色	绿色	红色	蓝色	黄色
应用范围	精确分析与科学研究	一般化学分析与科学研究	一般定性实验和化学制备	化学制备

不同规范的试剂其价格相差悬殊，级别越高，价格越高，所以应该按实验要求去分别选用。

固体试剂一般装在广口瓶内，液体试剂存放在带有滴管的滴瓶中（盛碱液的细口瓶或滴瓶应用橡皮塞），或放在细口瓶中。见光容易分解的试剂应装在棕色的试剂瓶内。所有试剂瓶上都应贴上标签，注明试剂的名称、浓度或纯度。

2.3.2 试剂的取用

2.3.2.1 取用试剂的一般操作规则

① 不能用手或不洁净的用具接触试剂。

② 瓶塞、药匙、滴管不得相互串用。

③ 每次取用试剂后都应立即盖好试剂瓶盖，并把瓶子放回原处，使瓶上标签朝外。

④ 取用试剂应当是用多少取多少。取出的多余试剂不得倒回原试剂瓶，以防污染整瓶试剂！对确认可以再用的（或派做别用的）要另用清洁容器回收。

⑤ 取用试剂时，转移的次数越少越好（减少中间污染）。

⑥ 不准品尝试剂（教师指定者除外）！不要把鼻孔凑到容器口去闻试剂的气味，只能用手将试剂挥发物招至鼻处，嗅不到气味时可稍离近些再招，防止受强烈刺激或中毒！

2.3.2.2 液体试剂的取用

(1) 用滴瓶取用少量试剂

应先提起滴管使管口离开液面，用手指捏紧滴管上部橡皮滴头排去空气，再把滴管伸入液面下，放开手指，吸入试剂。往试管滴加液体时，垂直提起滴管，滴管口应距试管口上方3～5mm（见图2-1）处滴加，严禁将滴管伸入所用的容器。一个滴瓶上的滴管不能用来移取其他试剂瓶中的试剂，也不允许用自己的滴管到滴瓶中取试剂，以免污染试剂。

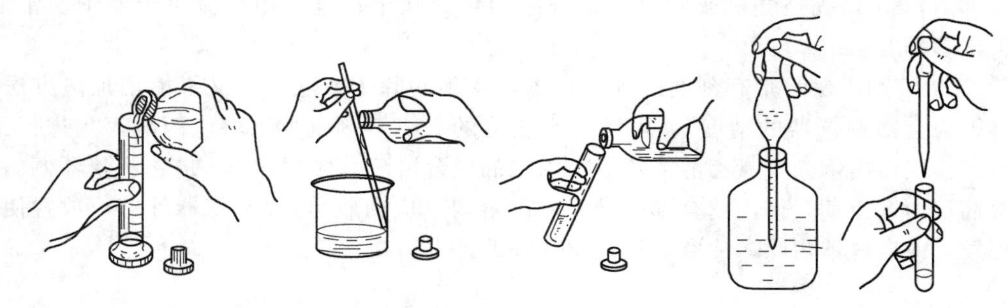

图2-1 液体试剂的取用

使用滴管过程中，注意不要倒持滴管，这样试剂会流入橡皮帽，可能与橡胶发生反应，引起瓶内试剂变质。如果要从滴瓶中取出较多的试剂，可以直接倾倒，先把滴管内的液体排出，然后把滴管夹持在食指和中指之间，倒出所需要量的试剂。滴管不能随意放置，以免弄脏。

（2）从细口试剂瓶中取用试剂

从细口瓶中取用液体试剂时，一般用倾注法。先将瓶塞取下，反放在实验台面上，手握试剂瓶上贴标签的一面（有双面标签的试剂瓶，则应手握标签处），以免试剂流到标签上。瓶口要紧靠容器，使倒出的试剂沿容器壁流下，或沿洁净的玻璃棒流入容器，倒出所需量后，瓶口不离开容器（或玻璃棒），稍微竖起瓶子，将瓶口倒出液体处在容器（或玻璃棒）上，沿水平或垂直方向"刮"一下。然后竖直瓶子，这样可避免遗留在瓶口的试剂流到瓶的外壁。万一试剂流到瓶外，务必立即擦干净。腾空倾倒试剂是不对的。取出试剂后，应立即将试剂瓶盖盖好，放回原处。见图 2-1。

有些实验，不必准确量取试剂，所以必须学会估计从瓶内取出试剂的量。如果需准确量取液体，则要根据准确度要求，选用量筒、移液管或滴定管等。

2.3.2.3　固体试剂的取用

① 要用清洁、干燥的药匙取固体试剂。药匙两端为大小两个匙，取用固体量大时用大匙，取用量小时用小匙。

② 要求取用一定质量的固体试剂时，可把固体放在干净的纸或表面皿上称量。具有腐蚀性、强氧化性或易潮解的固体应放在表面皿上或玻璃容器内称量。

③ 如果要把粉末试剂放进小口容器底部（特别是湿试管），又要避免容器其余内壁沾有试剂，就要使用干燥的容器，或者先把用药匙取出的药品放在对折的纸片上，伸进试管约 2/3 处（见图 2-2），然后竖立容器，用手轻弹纸卷，让试剂全部落下（注意，纸张不能重复使用）。

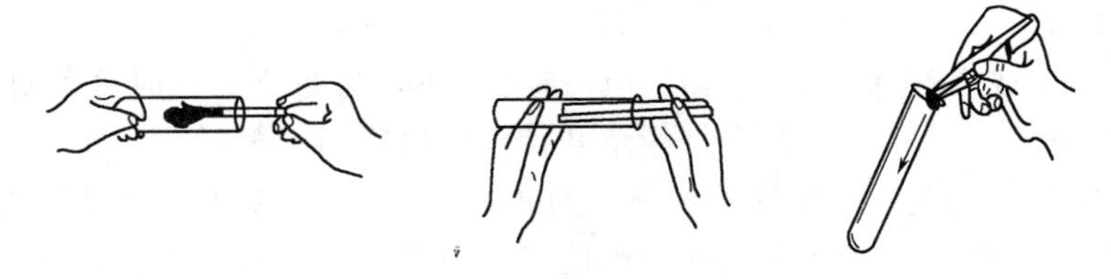

图 2-2　固体试剂的取用

把锌粒、大理石等粒状固体或其他坚硬且相对密度较大的固体装入容器时，应把容器斜放，然后慢慢竖立容器，使固体沿着容器内壁滑到底部，以免击破容器底部。

④ 取用有毒药品应在教师指导下进行。取用易挥发的试剂，如浓盐酸、浓硝酸、溴等，应在通风橱内操作，防止污染室内空气。取用剧毒及强腐蚀性药品时要注意安全，不要碰到手上以免发生伤害事故。

2.4　加热与冷却

有些化学反应，特别是一些有机化学反应，往往需要在较高温度下才能进行；许多化学实验的基本操作，如溶解、蒸发、灼烧、蒸馏、回流等过程也都需要加热。相反，一些放热反应，如果不及时除去反应所放出的热，就会使反应难以控制；有些反应的中间体在室温下不稳定，反应必须在低温下才能进行；此外，结晶等操作也需要低温以减少物质的溶解，这些过程又都需要冷却。所以，化学实验中经常遇到加热和冷却操作。

2.4.1 加热装置

实验室中常用的加热装置有酒精灯、酒精喷灯、煤气灯、煤气喷灯、电炉、电热板、电加热套、热浴、红外灯、白炽灯、马弗炉、管式炉、烘箱、微波辐射加热及热浴等。

2.4.1.1 酒精灯

(1) 酒精灯的构造

酒精灯的构造如图 2-3 所示，是实验室常用的加热工具。加热温度通常在 400～500℃，适用于不需太高加热温度的实验。

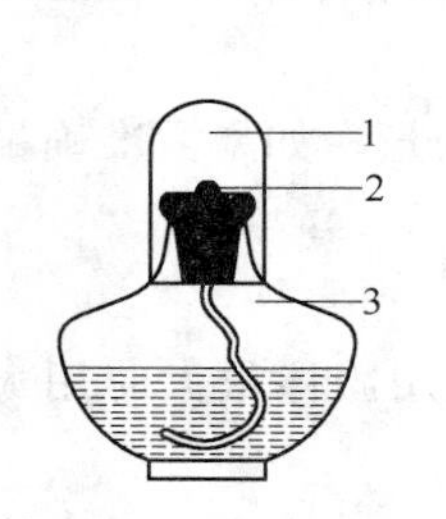

图 2-3 酒精灯结构及酒精的添加
1—灯帽；2—灯芯；3—灯壶

(2) 使用方法

① 检查灯芯并修整。灯芯不要过紧，最好松些，灯芯不齐或烧焦，可用剪刀剪齐或把烧焦处剪掉。

② 添加酒精。用漏斗将酒精加入酒精灯壶中，加入量为壶容积的 1/2～2/3。

③ 点燃。取下灯帽，直放在台面上，不要让其滚动，擦燃火柴，从侧面移向灯芯点燃。燃烧时火焰不发出“嘶嘶”声，并且火焰较暗时火力较强，一般用火焰外焰加热。

④ 熄灭。灭火时不能用嘴吹灭，要用灯帽从火焰侧面轻轻罩上，切不可从高处将灯帽扣下，以免损坏灯帽。灯帽和灯身是配套的，不要搞混。灯帽不合适，不但酒精会挥发，而且酒精会由于吸水而变稀。同理，若酒精灯灯口有缺损及损伤的也不能使用。

(3) 注意事项

① 长时间使用或在石棉网下加热时，灯口会发热，为防止熄灭时冷的灯帽使酒精蒸气冷凝而导致灯口炸裂，熄灭后可暂将灯帽拿开，等灯口冷却后再罩上。

② 酒精蒸气与空气混合气体的爆炸范围为 3.5%～20%，夏天无论是灯内还是酒精桶中都会自然形成达到爆炸界限的混合气体。因此点燃酒精灯时，必须注意这一点。

③ 当灯内的酒精少于 1/4 体积时需添加酒精。燃着的酒精灯不能补添酒精，更不能用点着的酒精灯对点。

④ 酒精易燃，其蒸气易燃易爆，使用时一定要按规范操作，切勿溢洒，以免引起火灾。酒精易溶于水，着火时可用水灭火。

2.4.1.2 煤气灯

煤气灯是利用煤气或天然气为燃料气的实验室中常用的一种加热工具。煤气和天然气一般由一氧化碳 (CO)、氢气 (H_2)、甲烷 (CH_4) 及不饱和烃等组成。煤气燃烧后的产物为二氧化碳和水。煤气本身无色无臭、易燃易爆，并且有毒，不用时一定要关紧阀门，绝不可将其逸入室内。为提高人们对煤气的警觉和识别能力，通常在煤气中掺入少量有特殊臭味的三级丁硫醇，这样一旦漏气，马上可以闻到气味，便于检查和排除。煤气灯有多种样式，但构造原理是相同的，均由灯管和灯座组成（见图 2-4)，灯管下部有螺旋与灯座相连。

灯管下部还有几个分布均匀的小圆孔，为空气的入口，旋转灯管即可完全关闭或不同程度地开启圆孔，以调节空气的进入量。煤气灯构造简单，使用方便，用橡皮管将煤气灯与煤气龙头连接起来即可使用。

点燃煤气灯步骤：①先关闭空气入口（因空气进入量大时，灯管口气体冲力太大，不易

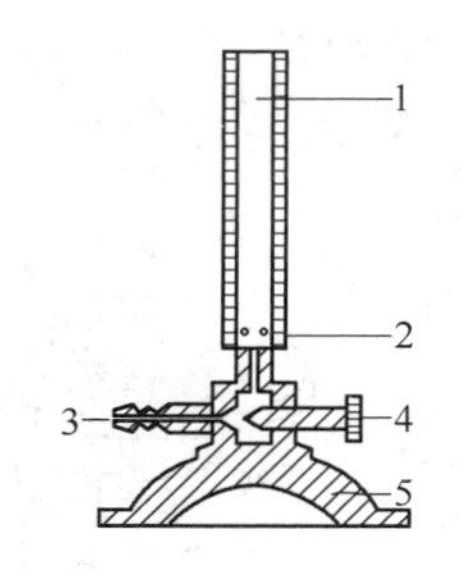

图 2-4 煤气灯的构造

1—灯管；2—空气入口；3—煤气入口；4—螺旋针；5—灯座

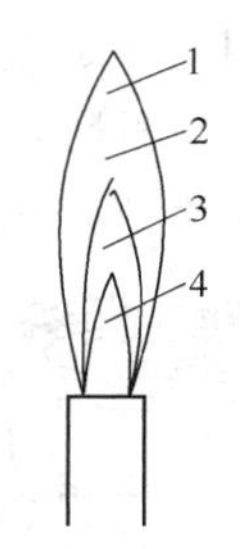

图 2-5 火焰组成

1—氧化焰（高温）；2—最高温度区；3—还原焰（低温）；4—焰心

点燃）；②擦燃火柴，将火柴从下斜方向移近灯管口；③打开煤气阀门（龙头）；④点燃煤气灯。最后调节煤气阀门或螺旋针，使火焰高度适宜（一般高度4～5cm）。这时火焰呈黄色，逆时针旋转灯管，调节空气进入量，使火焰呈淡紫色。煤气在空气中燃烧不完全时，部分分解产生炭质。火焰因炭粒发光而呈黄色，黄色的火焰温度不高。煤气与适量空气混合后燃烧可完全生成二氧化碳和水，产生正常火焰。正常火焰不发光而呈近无色，由三部分组成（见图2-5)：内层（焰心）呈绿色，圆锥状，此处煤气和空气仅仅混合，并未燃烧，所以温度不高（约300℃）；中层（还原焰）呈淡蓝色，此处由于空气不足，煤气燃烧不完全，并部分分解出含碳的产物，具有还原性，温度约700℃；外层（氧化焰）呈淡紫色，此处空气充足，煤气完全燃烧，具有氧化性，温度约1000℃。通常利用氧化焰来加热。在淡蓝色火焰上方与淡紫色火焰交界处为最高温度区（约1500℃）。

当煤气和空气的进入量调配不合适时，点燃会产生不正常火焰，如图2-6(b）和图2-6(c)。当煤气和空气进入量都很大时，由于灯管口处气压过大，容易造成以下两种后果：①用火柴难以点燃；②点燃时会产生凌空火焰［火焰脱离灯管口，凌空燃烧，见图2-6(b)］。遇到这种情况，应适当减少煤气和空气的进入量。如空气进入量过大，则会在灯管内燃烧，这时能听到一种特殊的“嘶嘶”声，有时在灯管口的一侧有细长的淡紫色火舌，形成“侵入火焰”［见图2-6(c)］。它将烧热灯管，一不小心就会烫伤手指。有时在煤气灯使用过程中，因某种原因煤气量会突然减小，空气量相对过剩，这时就容易产生“侵入火焰”，这种现象称为“回火”。产生侵入火焰时，应立即减少空气的进入量或增大煤气的进入量。当灯管已烧热时，应立即关闭煤气灯，待灯管冷却后再重新点燃和调节。

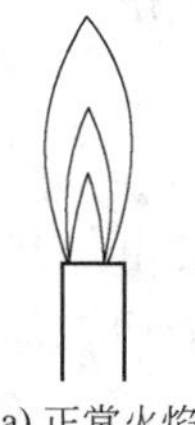

(a) 正常火焰

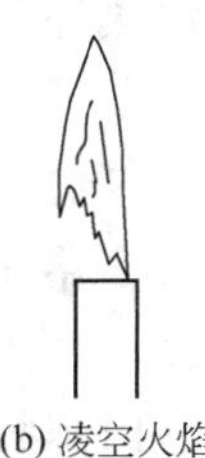

(b) 凌空火焰

(c) 侵入火焰

图 2-6 各种火焰

使用煤气灯时，应注意以下几点。

① 煤气中的一氧化碳有毒，且当煤气和空气混合到一定比例时，遇火源即可发生爆炸，所以不用时一定要把煤气阀门（龙头）关好；点燃时一定要先划燃火柴，再打开煤气龙头；离开实验室时，要再检查一下煤气开关是否关好。

② 点火时要先关闭空气入口，再擦燃火柴点火，因空气孔太大，管口气体冲力太大，不易点燃，且易产生“侵入火焰”。

2.4.1.3 电加热设备

实验室还常用电炉、电热板、电加热套、烘箱、管式炉和马弗炉等多种电器加热（见图2-7）。和煤气加热法相比，电加热具有不产生有毒物质、蒸馏易燃物时不易发生火灾等优点。因此，了解用于各种不同目的的电加热方法很有必要。

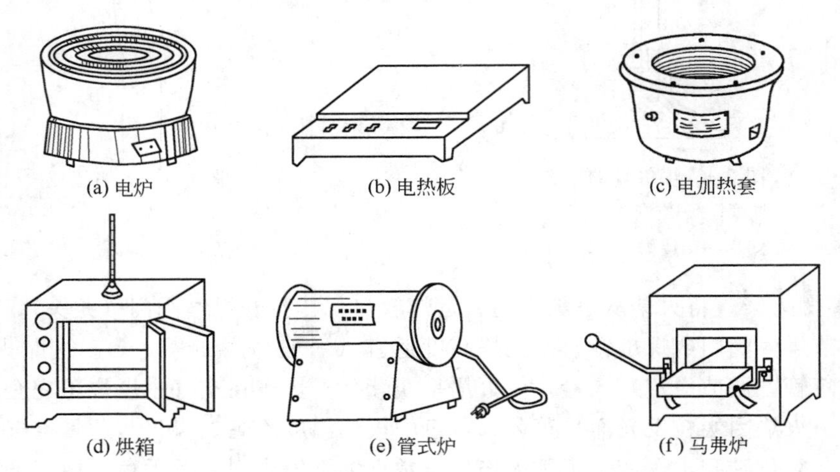
(a) 电炉　(b) 电热板　(c) 电加热套
(d) 烘箱　(e) 管式炉　(f) 马弗炉

图 2-7　实验室电器加热设备

（1）电炉

根据发热量不同有不同规格，如 300W、500W、800W、1000W 等。有的带有电压调节装置。单纯加热，可以用一般的电炉。使用电炉时应注意以下几点：①电源电压与电炉电压要相符；②加热容器与电炉间要放一块石棉网，以使受热均匀和保护电热丝；③炉盘的凹槽要保持清洁，要及时清除烧焦物，以保证炉丝传热良好，延长使用寿命。

（2）电热板

电炉作成封闭式称为电热板。电热板加热是平面的，且升温较慢，多用作水浴、油浴的热源，也常用于加热烧杯、平底烧瓶、锥形瓶等平底容器。许多电磁搅拌装置附加有可调电热板。

（3）电加热套（包）

专为加热圆底容器而设计的电加热源。特别适用于蒸馏易燃物品的热源。有适合不同规格烧瓶的电加热套，相当于一个均匀加热的空气浴，热效率最高。

（4）红外灯、白炽灯

加热乙醇、石油等低沸点液体时，可使用红外灯和白炽灯。使用时受热容器应正对灯面，中间留有空隙，再用玻璃布或铝箔将容器和灯泡松松包住，既保温又能防止冷水或其他液体溅到灯泡上，还能避免灯光刺激眼睛。

（5）烘箱

用于烘干玻璃仪器和固体试剂。工作温度从室温至设计最高温度。在此温度范围内可任意选择，有自动控温系统。箱内装有鼓风机，使箱内空气对流，温度均匀。工作室内设有两层网状隔板以放置被干燥物。

使用时注意事项：①被烘的仪器应洗净、沥干后再放入，且使口朝下，烘箱底部放有搪瓷盘承接仪器上滴下的水，不让水滴到电热丝上；②易燃、易挥发物不能放进烘箱，以免发生爆炸；③升温时应检查控温系统是否正常，一旦失效就可能造成箱内温度过高，导致水银温度计炸裂；④升温时，箱门一定要关严。

(6) 管式炉

高温下的气-固反应常用管式炉。管式炉利用电热丝或硅碳棒加热，温度可分别达到 950℃和 1300℃。被加热物应放在石英管或瓷管中，可在空气中或控制其他气氛加热。

(7) 马弗炉

又叫箱式电炉。马弗炉也是利用电热丝或硅碳棒加热的高温炉，炉膛呈长方体，很容易放入要加热的坩埚或其他耐高温的容器。

管式炉和马弗炉的温度用温度控制仪连接热电偶来控制。

2.4.1.4　热浴

当被加热的物质需要受热均匀又不能超过一定温度时，可用特定热浴间接加热。

(1) 水浴加热

当被加热物质要求受热均匀且温度又不超过 100℃时，可用水浴加热［见图 2-8(a) 和 (b)］。恒温水浴及水浴锅的盖子由一套不同口径的金属圈组成。使用时可按受热器皿的大小任意选用。有时为了方便常用烧杯代替水浴锅［见图 2-8(c)］。

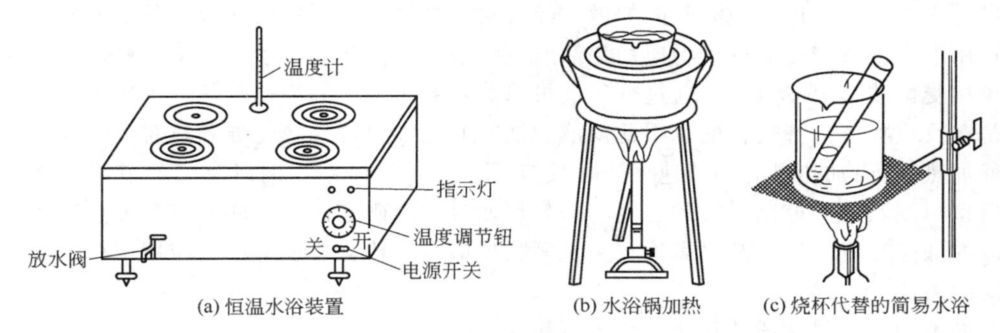

(a) 恒温水浴装置　(b) 水浴锅加热　(c) 烧杯代替的简易水浴

图 2-8　水浴

使用水浴锅应注意以下几点：①水浴锅中的存水量不超过容积的 2/3；②受热玻璃器皿勿触及锅壁或锅底；③若被加热器皿并不浸入水中，而是通过水蒸气加热，则称之为水蒸气浴；④当需要加热到近 100℃时，可用沸水浴或蒸汽浴；沸水浴时间较长时，可以在水面上加薄薄一层液体石蜡即油封水浴，以避免水的蒸发；⑤水浴装置不能用作油浴、沙浴。

必须强调，使用金属钾、钠的操作时，绝不能在水浴上加热。

(2) 油浴加热

油浴适用于 100～250℃的加热。油浴锅一般由生铁铸成，有时也用大烧杯代替。反应物的温度一般低于油浴液温度 20℃左右。常用作油浴的有以下几种物质。①甘油。可加热到 140～150℃，温度过高会分解。②植物油。如菜籽油、豆油、蓖麻油和花生油，新加植物油受热到 220℃时，有一部分分解而冒烟，所以加热以不超过 200℃为宜，用久以后可以加热到 220℃。为抗氧化，常加入 1%的对苯二酚等抗氧化剂。温度过高会分解，达到闪点可能燃烧，所以使用时要十分小心。③石蜡。固体石蜡和液体石蜡均可加热到 200℃左右。温度再高，虽不易分解，但易着火燃烧。④硅油。硅油在 250℃左右时仍较稳定，透明度好，但价格较贵。

油浴加热时，应悬挂温度计，以便控制温度。

加热完毕后，把容器提离油浴液面，仍用铁夹夹住，放置在油浴上面。待附着在容器外壁上的油流完后，用纸和干布把容器擦净。

使用油浴时，要特别注意防止着火。当油受热冒烟时，要立即停止加热；油量要适量，不可过多，以免受热膨胀溢出；油锅外不能沾油；如遇油浴着火，要立即拆除热源，用石棉布盖灭火焰，切勿用水浇。

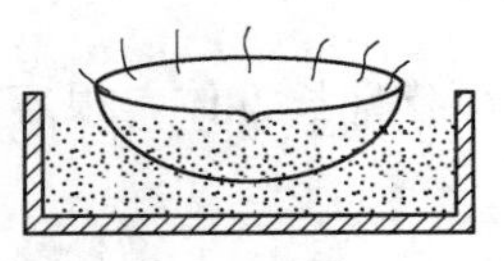

图 2-9　沙浴加热

(3) 沙浴加热

在生铁铸成的平底铁盘中放入一半左右的细沙而成沙浴。受热器皿下部埋入沙中，但注意不能触及沙浴盘底和盘壁（见图 2-9），加热前先将盘中的沙熔烧除去有机物。

由于沙子导热性差，升温慢，因此沙层不能太厚；沙中各部位温度也不尽相同，若要测量加热温度，必须将温度计水银球部分埋在靠近被加热器皿处的沙中。沙浴适用于 80℃以上、400℃以下的加热。

2.4.1.5　微波辐射

微波辐射加热常用的装置是微波炉。微波炉主要由磁控管、波导、微波腔、方式搅拌器、循环器和转盘六个部分组成。微波炉加热原理是利用磁控管将电能转换成高频电磁波，经波导进入微波腔，进入微波腔内的微波经方式搅拌器作用可均匀分散在各个方向。在微波辐射作用下，微波能量对反应物质的耗散通过偶极分子旋转和离子传导两种机理来实现。极性分子接受微波辐射能量后，通过分子偶极以每秒数十亿次的高速旋转产生热效应，此瞬间变化是在反应物质内部进行的，因此微波炉加热叫内加热（靠热传导和热对流过程的传统加热叫外加热）。内加热具有加热速度快、反应灵敏、受热体系均匀以及高效节能等优点，但不易保持恒温及准确控制所需的温度。一般可通过实验确定微波炉的功率和加热时间，以达到所需的加热程度。近年来，微波在无机固相反应、有机合成反应中的应用及机理研究已引起广泛的关注。

不同类型的材料对微波加热反应各不相同。

① 金属导体　金属因反射微波能量而不被加热。

② 绝缘材料　许多绝缘材料如玻璃、塑料等能被微波透过，故不被加热。

③ 介质体　吸收微波并被加热，如水、甲醇等。

因此反应物质常装在瓷坩埚、玻璃器皿和聚四氟乙烯制作的容器中而放入微波炉内加热。微波炉使用方法及注意事项如下。

① 将待加热物均匀地放在炉内玻璃转盘上。

② 关上炉门，选择加热方式。顺时针方向慢慢旋转定时器至所需时间（或按键输入所需加热时间），然后微波炉开始加热，待加热结束后，微波炉会自动停止工作，并发出提示铃声。

③ 金属器皿、细口瓶或密封的器皿（及未开口的带壳物，如鸡蛋、栗子等）不能放入炉内加热。不要在炉内烘干布类、纸制品类，因其含有容易引起电弧和着火的杂质。

④ 当炉内无待加热物体时，不能开机。若待加热物体很少，则不能长时间开机，以免空载运行（空烧）而损坏机器。

2.4.2　加热方法

实验室中的玻璃仪器一般不能直接用火加热，有些则不能加热，如一些量具（如量筒、容量瓶等）；加热时要隔以石棉网的有烧杯、锥形瓶等；试管是可以直接置于火焰中加热的。有时也用陶瓷器皿（如蒸发皿、瓷坩埚）和金属器皿（如铁坩埚），它们可耐受较高的温度。无论玻璃器皿或陶瓷器皿，受热前均应将其外壁的水擦干，开始加热时，应尽可能使用小火和弱火；它们都不能骤冷和骤热，否则会使器皿破裂。如果加热有沉淀的溶液，应不断搅拌（搅拌棒不应碰撞器壁），防止沉淀受热不均而溅出。

2.4.2.1 液体的加热

适用于在较高温度下不易分解的液体。一般把装有液体的器皿（如烧杯、烧瓶）放在石棉网上，用酒精灯、煤气灯、电炉或电加热套（不需石棉网）等加热。液体体积不超过烧杯容积的1/2、烧瓶的1/3。煮沸时注意要不断搅拌或放入几粒沸石以防止暴沸。

盛装液体的试管一般可直接放在火焰上加热，但易分解的物质或沸点较低的液体仍应放在水浴中加热。直接火焰加热盛液体的试管时，应注意以下几点：

① 要用试管夹夹持试管的中上部，不能用手持试管加热；

② 试管管口向上，与台面呈约60°角倾斜，如图2-10所示；

③ 应使液体各部分受热均匀，先加热液体的中上部，再慢慢移动试管加热其下部，然后不时地移动或振荡试管，不要集中加热某一部分，避免试管内液体暴沸，使液体冲出管外；

④ 试管口不要对着他人或自己，以免发生意外；

⑤ 试管中被加热液体的体积不要超过试管高度的1/3，火焰上端不能超过管内液面。

对带有沉淀的溶液，加热时更要注意受热均匀。热试管应该用试管夹夹住，悬放在试管架上，以免它接触试管架底部的水骤冷而破裂。

2.4.2.2 固体的加热

① 试管中固体的加热　加热少量固体时，可用试管直接加热。加热时，药品应尽可能平铺在试管末端。块状或粒状固体，一般应先研细，加热的方法与在加热试管中液体时相同，有时也可将试管固定在铁架台上加热（见图2-11）。但是必须注意，应使试管口略向下倾斜，以免凝结在试管内的水珠倒流，使试管炸裂。开始加热时，先来回将整个试管预热，然后用氧化焰集中加热。一般随着反应进行，灯焰从试管内固体试剂的前端慢慢向末端移动。

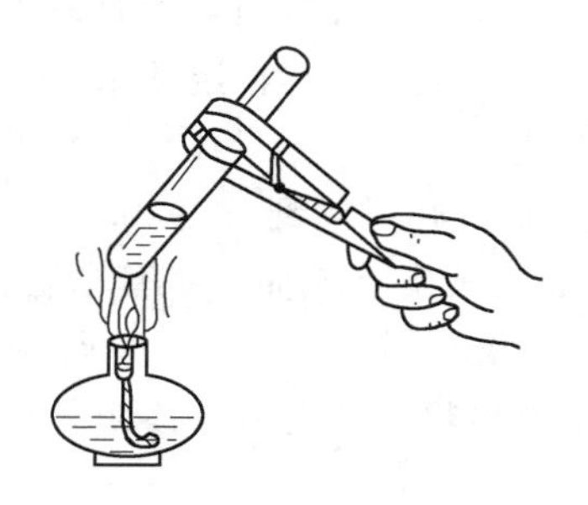

图2-10　试管中液体的加热

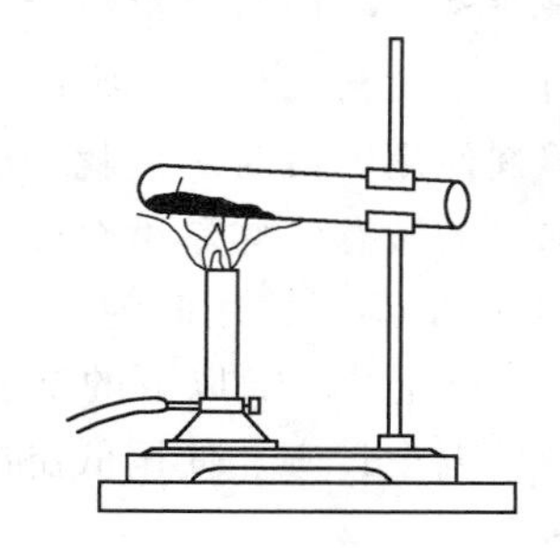

图2-11　试管中固体的加热

② 坩埚的加热——灼烧　把固体物质加热到高温以达到脱水、分解、除去挥发性杂质等目的的操作称为灼烧。灼烧时可将固体放在坩埚、瓷舟等耐高温的容器中，用高温电炉或高温灯进行加热。

如果在煤气灯上灼烧固体，可将坩埚置于泥三角上，用氧化焰加热。开始时，先用小火烘烧，使坩埚受热均匀，然后逐渐加大火焰灼烧。灼烧到符合要求后，停止加热，先在泥三角上稍冷，再用坩埚钳夹持坩埚置于干燥器内放冷。要夹取高温下的坩埚，必须使用干净的坩埚钳，而且应把坩埚钳放在火焰上预热一下。坩埚钳有两种用法，一种是用坩埚钳夹住坩埚身；另一种是用坩埚钳的尖端夹持坩埚。坩埚钳用后，应平放在石棉网上，钳尖向上，以保证坩埚钳尖端洁净。

2.4.3 冷却方法

在化学实验中，有些反应、分离、提纯要求在低温下进行，可根据要求的温度条件选择不同的冷却剂和合适的制冷技术。

① 自然冷却 热的物质在空气中放置一定时间，会自然冷却至室温。

② 吹风冷却和流水冷却 当实验需要快速冷却时，可将盛有溶液的器皿放在冷水流中冲淋或用吹风机或鼓风机吹冷风冷却。

③ 冰水冷却 将需冷却物体直接放在水和碎冰组成的冰水中，可使其温度降至0℃左右。如果水的存在不妨碍反应的进行，也可把碎冰直接投入反应物中，这能更有效地利用低温。

④ 冰（雪）盐冷却剂冷却 要使溶液达到较低温度，可使用冰（雪）盐冷却剂冷却。实验室中常用的冰（雪）盐冷却剂见表2-3。制冰（雪）盐冷却剂时，应把盐研细，将冰用刨冰机刨成粗砂糖状，然后按一定比例均匀混合。

表2-3 常用的冰盐冷却剂及其最低制冷温度

盐 类	100g碎冰（或雪）中加入盐的质量/g	混合物能达到的最低温度/℃
NH_4Cl	25	−15
$NaNO_3$	50	−18
NaCl	33	−21
$CaCl_2 \cdot 6H_2O$	100	−29
$CaCl_2 \cdot 6H_2O$	143	−55

用干冰（固体二氧化碳）和乙醇、乙醚或丙酮的混合物，可以达到更低的温度（−80～−50℃），如与乙醇或丙酮的混合物可达−86℃，与乙醚的混合物可达到−72℃。操作时，先将干冰放在浅木箱中用木槌打碎（注意戴防护手套，以免冻伤），装入杜瓦瓶中至2/3处，逐次加入少量溶剂，并用筷子很快搅拌成粥状。注意：一次加入溶剂过多时，干冰气化会把溶剂溅出。由于干冰易气化，必须随时加以补充。另外干冰本身有相当的水分，加之空气中水的进入，溶剂使用一段时间后就变成黏结状而难以使用。

利用低沸点的液态气体，可获得更低的温度，如液态氮可达到−195.8℃，而液态氦可达到−268.9℃的低温。使用时为了防止低温冻伤，必须戴皮（或棉）手套和防护眼镜。

应当注意，测量−38℃以下的低温时，不能用水银温度计（Hg的凝固点为−38.87℃），应使用低温酒精温度计等。使用低温冷浴时，为防止外界热量的传入，冷浴外壁应使用隔热材料包裹覆盖。

⑤ 回流冷凝。许多有机化学反应需要使反应物在较长时间内保持沸腾才能完成，同时又要防止反应物以蒸气形式逸出，这时常用回流冷凝装置，使蒸气不断地在冷凝管内冷凝成液体，然后返回反应器中。

2.5 试纸的使用

2.5.1 试纸的种类及性能

大学化学实验常用的试纸有红色石蕊试纸、蓝色石蕊试纸、pH试纸、淀粉-碘化钾试纸和醋酸铅试纸。

① 石蕊（红色、蓝色）试纸　用来定性检验气体或溶液的酸碱性。pH＜5的溶液或酸性气体能使蓝色石蕊试纸变红色；pH＞8的溶液或碱性气体能使红色石蕊试纸变蓝色。

② pH试纸　用来粗略测量溶液pH大小（或酸碱性强弱）。pH试纸遇到酸碱性强弱不同的溶液时，显示出不同的颜色，可与标准比色卡对照确定溶液的pH值。巧记颜色：赤（pH＝1或2）、橙（pH＝3或4）、黄（pH＝5或6）、绿（pH＝7或8）、青（pH＝9或10）、蓝（pH＝11或12）、紫（pH＝13或14）。

③ 淀粉-碘化钾试纸　用来定性检验氧化性物质的存在。遇较强的氧化剂时，被氧化成碘，碘与淀粉作用而使试纸显示蓝色。能氧化碘化钾的常见氧化剂有：Cl_2、Br_2蒸气（和它们的溶液），NO_2、Fe^{3+}、Cu^{2+}、MnO_4^-，浓硝酸、浓硫酸、双氧水、臭氧等。

④ 醋酸铅（或硝酸铅）试纸　用来定性检验H_2S气体和含硫离子的溶液。遇H_2S气体或含硫离子的溶液时因生成黑色的PbS而使试纸变黑色。

⑤ 品红试纸　用来定性检验某些具有漂白性的物质存在。湿润的品红试纸遇到SO_2等有漂白性的物质时会褪色（变白）。

⑥ 酚酞试纸　用得不多。

2.5.2　试纸的使用方法（通用方法）

（1）检验溶液的性质

取一小块试纸在表面皿或玻璃片上，用沾有待测液的玻璃棒或胶头滴管点于试纸的中部，观察颜色的变化，判断溶液的性质。

（2）检验气体的性质

先用蒸馏水把试纸润湿，粘在玻璃棒的一端，用玻璃棒把试纸靠近气体，观察颜色的变化，判断气体的性质。

（3）注意事项

① 试纸不可直接伸入溶液。

② 试纸不可接触试管口、瓶口、导管口等。

③ 测定溶液的pH时，试纸不可事先用蒸馏水润湿，因为润湿试纸相当于稀释被检验的溶液，这会导致测量不准确。正确的方法是用沾有待测溶液的玻璃棒点滴在试纸的中部，待试纸变色后，再与标准比色卡比较来确定溶液的pH。

④ 取出试纸后，应将盛放试纸的容器盖严，以免被实验室的一些气体沾污。

2.6　容量瓶、移液管、滴定管的使用

2.6.1　量筒的使用

量筒是最普通的量取液体的仪器，它是一种厚壁的有刻度的玻璃圆筒，刻线旁标明至该线的体积。量筒的容量有10mL、50mL、100mL、500mL、1000mL等数种，实验中应根据所取液体的体积大小来选用。量取液体时，用拇指和食指拿住量筒的上部，让量筒竖直，使视线与量筒内液体凹面的最低处保持水平，然后读出量筒上的刻度，视线偏高或偏低都会造成误差。

2.6.2　移液管、吸量管及其使用

移液管、吸量管（见图2-12）都是用来准确移取一定体积溶液的仪器。在标明的温度

下，先使溶液的弯月面下缘与标线相切，再让溶液按一定方法自由流出，则流出溶液的体积与管上所标明的体积相同（因使用温度与标准温度不一定相同，故流出溶液的体积与管上的标称体积会稍有差异）。

移液管［见图 2-12(a)］中间部分大（称为球部），上部和下部较细，无分刻度，仅在管颈上部有刻度标线，用于转移较大体积溶液。常用规格有 5mL、10mL 和 25mL 等。吸量管是具有分刻度的玻璃管［见图 2-12(b)、(c)、(d)］，一般只用于移取小体积溶液。常用规格有 1mL、2mL、5mL 和 10mL 等，吸量管移取溶液的准确度不如移液管。

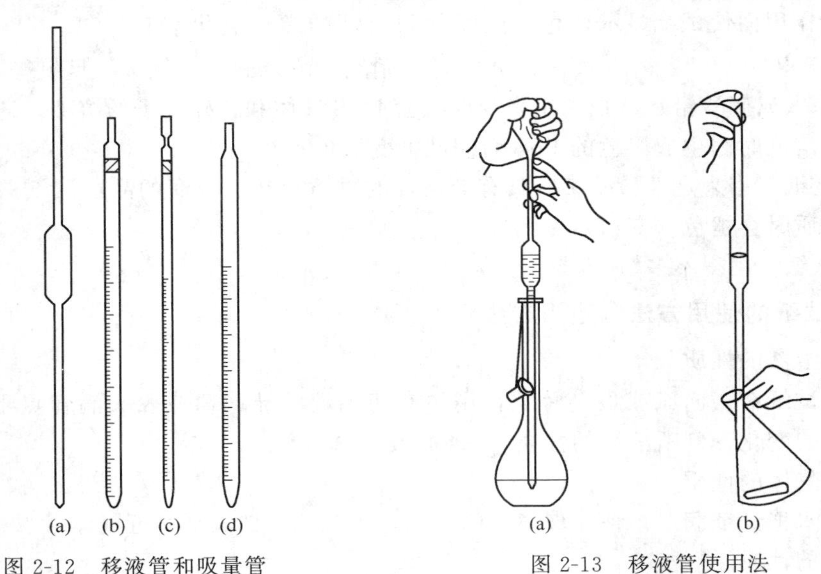

图 2-12 移液管和吸量管

图 2-13 移液管使用法

（1）移液管、吸量管的润洗

已洗净的移液管、吸量管移取溶液前，必须用吸水纸将尖端内外的水除去，然后用待吸溶液润洗三次。方法是：以左手持洗耳球，将食指或拇指放在洗耳球的上方，右手手指拿住移液管或吸量管管颈标线以上的地方，将洗耳球紧接在移液管口上［见图 2-13(a)］，然后，排除洗耳球中空气，将移液管插入溶液中，左手拇指或食指慢慢放松，溶液缓缓吸入移液管球部或吸量管约 1/4 处，尽量避免溶液回流。移去洗耳球，再用右手食指按住管口，把管横过来，左手扶住管的下端，慢慢开启右手食指，一边转动移液管，一边使管口降低，让溶液布满全管，然后从管尖口放出润洗溶液，弃去，重复三次。润洗这一步很重要，它使得管内壁残留溶液浓度与待吸溶液浓度完全相同，以及避免残留水的稀释作用。

润洗前，移液管、吸量管都应洗净，操作方法同润洗。

（2）溶液移取操作

移取溶液时，将移液管直接插入待吸液面下 1～2cm 深处，不要伸入太浅，以免液面下降后造成吸空；也不要伸入太深，以免移液管外壁沾附有过多的溶液。吸液时将洗耳球紧接在移液管口上，并注意容器中液面和移液管尖的位置，应使移液管尖随液面下降而下降［见图 2-13(a)］。当移液管内液面上升至移液管标线以上时，迅速移去洗耳球，同时用右手食指按住管口，左手改拿盛待吸液的容器。将移液管向上提，使其离开液面，并将管的下部伸入溶液的部分沿待吸液容器内壁旋转两圈，以除去管外壁上的溶液。然后使容器倾斜成约 45°，其内壁与移液管尖紧贴，移液管垂直，此时微微松动右手食指，使液面缓慢下降，直到视线平视弯月面与标线相切时，立即按紧食指，左手改拿接收容器。将接收容器倾斜，使内壁紧贴移液管尖成 45°倾斜。松开右手食指，使溶液自由地沿壁流下[见图 2-13(b)]。

待液面下降到管尖后，再等 15s 后取出移液管。注意除非特别注明需要“吹”的以外，管尖最后留有的少量溶液不能吹入接收容器中，因为在检定移液管体积时，没有把这部分溶液计算进去。另外由于一些管尖口做得不很圆滑，因此可能会出现由于容器内壁与管尖口的接触方位不同而使残留在管尖部位的溶液体积发生变化，从而影响平行测定精密度。为此可在等 15s 后，将管身左右旋转几次。这样，管尖部分每次残留的体积将会基本相同。用吸量管吸取溶液时，吸取溶液和调节液面至最上端标线的操作与移液管相同。放溶液时，用食指控制管口，使液面慢慢下降，至与所需的刻度相切时，用食指按住管口，移去接收容器。若吸量管的分度刻到管尖，管上标有“吹”字，并且需要从最上面的标线放至管尖时，则在溶液流到管尖后立即从管口轻轻吹一下即可。还有一种吸量管，分刻度到管尖尚差 1～2cm [见图 2-12(d)]，使用这种吸量管时，应注意不要使液面降到刻度以下。在同一实验中应尽可能使用同一根吸量管的同一段，并且尽可能使用上面部分，而不用末端收缩部分。

移液管和吸量管用完后应放在移液管架上。如短时间内不再用它吸取同一溶液时即用自来水冲洗，再用去离子水清洗，然后放在移液管架上。

2.6.3　滴定管

(1) 滴定管类型

滴定管是精确度量液体体积的量器，分酸式和碱式两种。酸式滴定管 [见图 2-14(a)]：下端具有玻璃活塞，开启活塞，酸液即自管内滴出。酸式滴定管使用较多，通常用来装酸性溶液或氧化性溶液。碱式滴定管 [见图 2-14(b)、(c)]：下端用橡皮管连接一个带尖嘴的小玻璃管。橡皮管内装有一个玻璃圆球，代替玻璃活塞，以控制溶液的流出。碱式滴定管主要用来装碱性溶液。

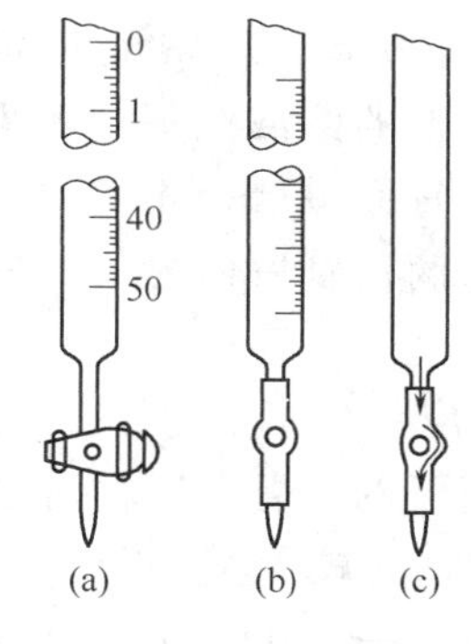

图 2-14　滴定管
(a) 酸式滴定管；
(b)、(c) 碱式滴定管

(2) 滴定管的使用

① 滴定前的准备工作　酸式滴定管：使用前，先将活塞取下，洗净并用滤纸将水吸干，然后在活塞的两端沿圆周均匀地涂一层薄的凡士林，不能涂得太多，也不能涂在活塞中段，以免堵塞活塞小孔。再将活塞塞好，旋转活塞，使凡士林均匀地涂在磨口上，如图 2-15 所示，最后检查活塞是否漏水。先关闭活塞，注满自来水，直立静置 2min，仔细观察有无水滴漏下，特别要注意是否有水从活塞缝隙处渗出，然后将活塞旋转 180°再直立观察 2min。即可。

润洗、装液和排气泡：将滴定管洗净后，在往滴定管装滴定溶液之前，应用该溶液润洗滴定管 2～3 次，以除去滴定管内残留的水，确保滴定溶液装入滴定管后浓度不发生变化。润洗时每次加入的滴定液约为 10mL。

滴定液应直接由储液试剂瓶倒入滴定管，而不得借用任何别的中转工具，如烧杯、漏斗等，以免造成浓度改变或污染。滴定液加满后，应先检查滴定管尖嘴内有无气泡，若有，应予排除，否则将影响滴定体积的准确测量。排除气泡的方法是将酸式滴定管活塞打开，利用激流将气泡冲出。

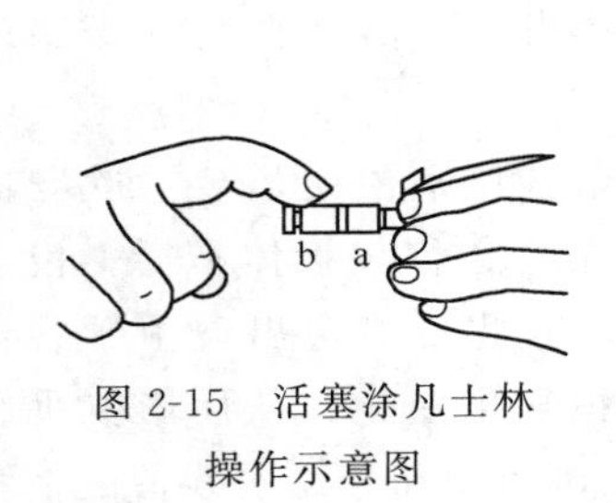

图 2-15 活塞涂凡士林操作示意图

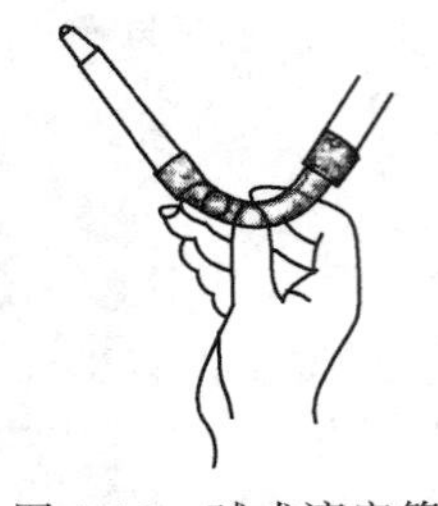
图 2-16 碱式滴定管逐气泡法

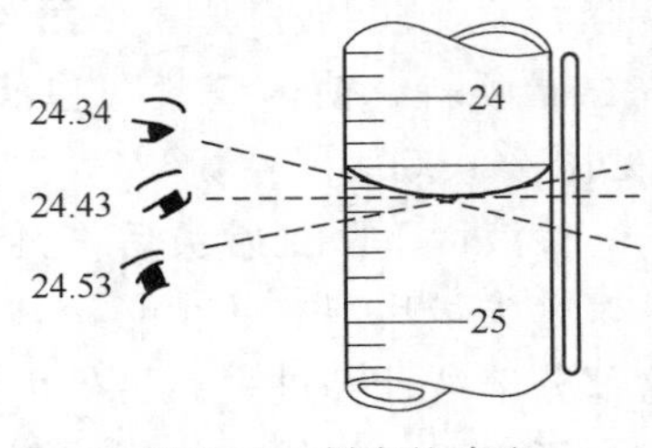

图 2-17 刻度的读取

碱式滴定管：使用前，先检查碱管的橡胶管是否老化，玻璃圆球大小是否合适，如不合要求，就应更换处理，然后再检查是否漏液。对于碱管，装满水后，只需直立观察 2min 即可。若碱管漏液，可能玻璃珠过小或胶管已老化、弹性较差，应根据具体情况进行更换，然后再检查是否漏液，直到不漏液为止。

润洗、装液和排气泡：润洗与装液方法同酸式滴定管。排气方法则与酸式滴定管不同。碱管排气泡的方法是，将橡皮管稍向上弯曲，挤压玻璃球，使溶液从玻璃球和橡皮管之间的缝隙中流出，气泡即被逐出。如图 2-16 所示，然后将多余的溶液滴出，使管内液面处在“0.00”刻度或略低处。

② 滴定管的读数　滴定管液面位置的准确读出，需注意，滴定管应垂直地夹在滴定管夹上，眼睛的视线应与液面处于同一水平线，由于表面张力的作用，滴定管内的液面呈弯月形，读数时应读取与弯月面相切的刻度。例如图 2-17 所示的读数应记作 24.43mL，不能误读为 24.34mL 或 24.53mL，也不能简化为 24.4mL。常用的滴定管容量是 50mL，刻度“0”在上方，每一小格是 0.1mL，读数可估计到 0.01mL。

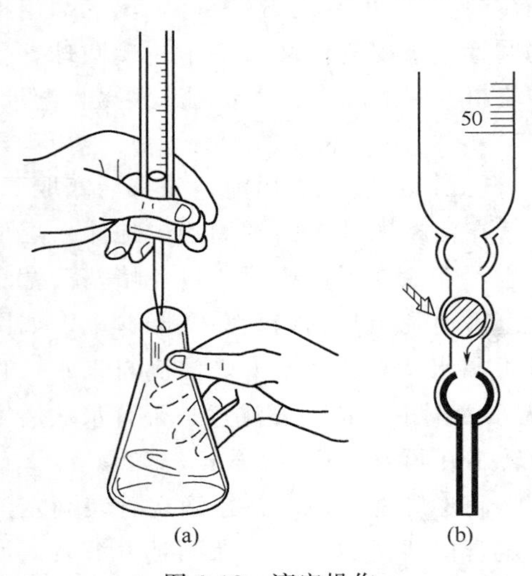

图 2-18 滴定操作
(a) 酸式滴定管的操作；(b) 碱式滴定管的操作

读数时，滴定管要垂直放置，待溶液稳定 1～2min 后，使附着在内壁上的溶液流下，视线与液面保持水平，读取与弯月面最低处相切的刻度。如弯月面不清楚，可在滴定管后面衬一张白纸，便于观察。

③ 滴定　每次滴定前应将液面调节在刻度“0.00”或接近“0”刻度稍下的位置，这样可固定在每一段体积范围内滴定，以减小体积误差。

使用酸式滴定管滴定时，一般用左手控制活塞，将滴定管卡于左手虎口处，用拇指与食指、中指转动活塞［见图 2-18(a)］，并将活塞轻轻按住，防止在转动过程中因活塞松动而漏液。使用碱式滴定管时，则用食指和拇指挤压乳胶管内玻璃珠，使管内形成一条窄缝，溶液即自玻璃管尖中流出，见图 2-18(b)。

④ 滴定结束后滴定管的处理　滴定结束后，管内剩余滴定液应倒入废液桶或回收瓶，而不能倒回原试剂瓶，然后用水洗净滴定管。如还需要用，则可用去离子水充满滴定管后垂夹在滴定管夹上，下嘴口距滴定台面 1～2cm，并用滴定管帽盖住管口。如滴定完后不再使

用，则洗净后应在酸式滴定管旋塞与塞槽之间夹一纸片（为什么?），然后保存备用。

2.6.4　容量瓶

容量瓶用来配制准确浓度的溶液，也可用来准确稀释溶液。容量瓶一般常有磨口玻璃塞或塑料塞，以容积表示，有 5mL、10mL、25mL、50mL、100mL、250mL、500mL、1000mL 等各种规格。

（1）使用前的准备

容量瓶使用前必须检查瓶塞是否漏水，标度线位置距离瓶口是否太近。如果漏水或标线离瓶口太近，则不宜使用。检查漏水的方法是在瓶中加自来水到标线附近，盖好瓶塞后，左手用食指按住瓶塞，其余手指拿住瓶颈，右手用指尖托住瓶底边缘，如图 2-19 所示。将瓶倒立 2min，观察瓶塞周围是否有水渗出，如不漏水，将瓶放正；将瓶塞转动 180°后，再倒立 2min，观察有无渗水。如不漏水，即可使用。用细绳将塞子系在瓶颈上，保证二者配套使用。

（2）操作方法

如果是用固体溶质配制溶液，应先将固体溶质放入烧杯中用少量去离子水溶解。然后，将杯中的溶液沿玻璃棒小心地注入容量瓶中（见图 2-20），再从洗瓶中挤出少量水淋洗烧杯及玻璃棒 2～3 次，并将每次淋洗的水注入容量瓶中，最后，加水到标线处。但需注意：当液面接近标线时，应使用滴管小心地逐滴将水加到标线处（注意：观察时视线、液面与标线均应在同一水平面上）。塞紧瓶塞，将容量瓶倒转数次（此时必须用手指压紧瓶塞，以免脱落），并在倒转时加以摇荡，以保证瓶内溶液浓度上下各部分均匀。

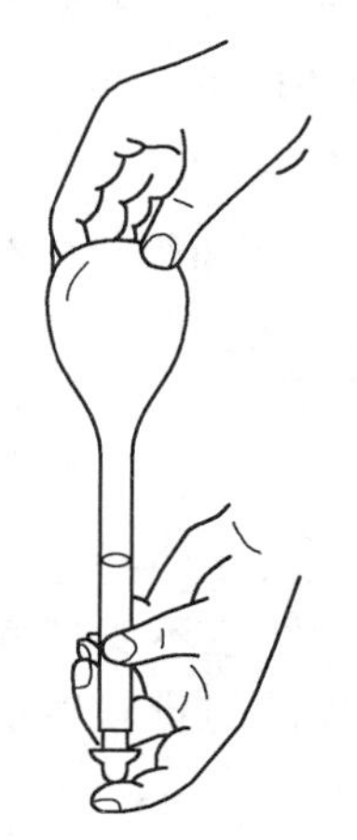

图 2-19　检查漏水和混匀溶液的操作

图 2-20　将溶液沿玻璃棒注入容量瓶中

如果用容量瓶稀释溶液，则用移液管或滴定管移取一定体积的溶液于容量瓶中，然后按上述方法混匀溶液。

需避光的溶液应以棕色容量瓶配制。不要用容量瓶长期存放溶液，应转移到试剂瓶中保存，试剂瓶应先用配好的溶液润洗 2～3 次。

容量瓶使用完毕后，应立即用水冲洗干净。如长期不用，磨口处应洗净擦干，并用纸片将磨口隔开。

2.7 物质的溶解、浓缩、结晶与干燥

2.7.1 物质的溶解

首先准备好干净的烧杯、玻璃棒和表面皿。玻璃棒的长度应比烧杯高5～7cm。表面皿的直径应略大于烧杯口直径。试剂溶解试样时，先把烧杯适当倾斜，将量筒嘴靠近烧杯壁，让试剂慢慢沿着杯壁流入，或将试剂沿着紧靠杯壁的玻璃棒下端滴入。边加边搅拌，直至试样完全溶解。对于溶解时能产生气体的试样，应先加入少量的去离子水湿润，并盖好表面皿，再由烧杯嘴与表面皿间的狭缝滴入溶剂，用玻璃棒搅拌使其溶解。试样溶解过程需要加热时，应盖上表面皿，且只能微微加热或微沸溶解。试样溶解后，用洗瓶吹洗表面皿和烧杯内壁。

2.7.2 物质的浓缩

当溶液很稀或所制备的物质溶解度较大时，为得到结晶，可把溶液放在蒸发皿内用水浴加热蒸发，或放于石棉网上直接加热蒸发，但应注意控制温度，防止暴沸。蒸发皿内溶液的量不得超过其容量的2/3。随着加热的进行，水分不断蒸发，溶液逐渐被浓缩。浓缩的程度取决于溶质溶解度的大小及对晶形的要求。

2.7.3 结晶

当溶液蒸发浓缩到一定程度后，冷却溶液就可以从中析出晶体。一般溶液的浓度高，溶质的溶解度小，冷却地快，析出的晶体就细小；反之，可得到较大颗粒的晶体。搅拌溶液或摩擦器壁有利于结晶的生成；静置溶液或加入小晶种有利于大晶体的生成。当需要纯度较高的晶体时，可以把结晶重新溶解、蒸发、浓缩后再结晶，这一过程叫做重结晶。

2.7.4 干燥

干燥就是利用物理或物理化学的方法除去固体、气体或液体中含有的少量水分和少量有机溶剂的方法。化学上用于配制标准溶液的基准物，重量分析中过滤得到的沉淀，有机合成中得到的含水产物，大多都需要经过干燥才能称量。

干燥的方法通常有烘干、干燥剂等。

① 烘干　常用于含结晶水的晶体或粉状物。将样品置于干燥好的小烧杯、坩埚或称量瓶等容器中，将盛有样品的容器放入加热至120～125℃的烘箱内（注意不要把容器的盖子盖上，盖子应横搁在口上），烘2h左右，烘干的温度、时间根据样品的量和性质来定。烘毕，用坩埚钳取出容器，放于干燥器内，冷却至室温，盖好盖子即可。

② 干燥剂　干燥剂有固体状的如氧化钙、硅胶等，也有液体状的浓硫酸等。通常对于液态物质需要干燥时，往往将干燥剂加到被干燥物中，充分振荡、放置，使之吸干水分后取出干燥剂；若需要干燥的是气体物质，则只要将被干燥物与干燥剂放于密闭的体系中，或将被干燥气体通过装有干燥剂的干燥管或干燥塔等装置，水分就被干燥剂吸收，达到干燥的目的。

2.8 固液分离及沉淀的洗涤

分离是化学实验中的重要环节，常用的分离方法有重结晶、萃取、色谱、离子交换等，应根据不同的实验要求选择适合的分离方法。在科研和工业生产中常用的固液分离方法有

三种。

2.8.1　倾泻法

倾泻法适用于沉淀物相对密度较大或晶体颗粒较大时的沉淀，静置后能较快沉降至容器的底部，利用重力沉降而进行固液分离。

待溶液与沉淀物分层后，将沉淀物上部的清液缓慢倾入另一容器中，然后在盛沉淀物的容器中加入少量洗涤液（如去离子水），充分搅拌后再静置沉降，倾去洗涤液。重复操作 2～3 次即可将沉淀物洗净，如图 2-21 所示。

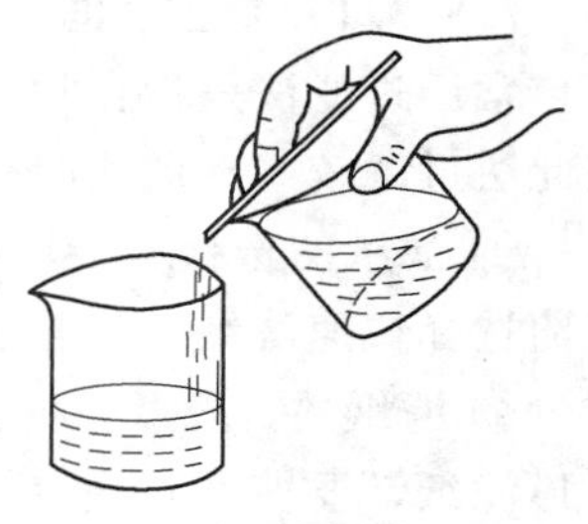

图 2-21　倾泻法

2.8.2　离心法

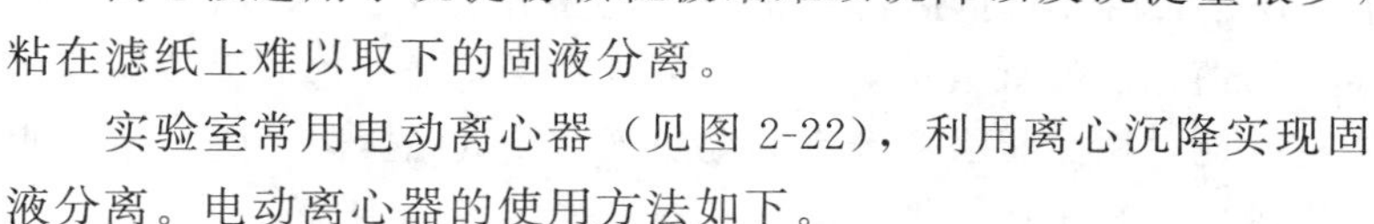

离心法适用于沉淀物颗粒极细难以沉降以及沉淀量很少，粘在滤纸上难以取下的固液分离。

实验室常用电动离心器（见图 2-22），利用离心沉降实现固液分离。电动离心器的使用方法如下。

将盛有沉淀物的离心试管放入电动沉淀离心器的试管套内，与此相对称的另一试管套内也要装入一支盛有等体积水的离心试管，以保持离心器的平衡。然后盖上离心器的盖子，再盖上顶盖，通过延时调节旋钮 5 来调节离心时间，通过转速调节旋钮 4 调节所需的转速，打开电源开关 2，指示灯亮，按下再次工作旋钮 3，离心器开始运转，至所需时间即自动停止，待停稳后取出试样并准备再次离心。第二次试样放入后只要按下再次工作旋钮，即可正常运转。若定时的范围需要更换时，必须等停止运转后才能调节定时旋钮。最后要强调的是要让离心器自然停下，切勿用手强制其停转，以免发生危险与损坏离心器。

离心结束后，沉淀物密集于离心试管的尖端，用滴管小心吸出上层清液，也可将上层清液倾出。如沉淀物需洗涤，可往盛沉淀物的离心试管中加入适量的洗涤液，用尖头玻璃棒充分搅拌后，再进行离心沉降，用滴管吸出上层洗涤液，如此反复洗涤 2～3 次即可（见图 2-23）。

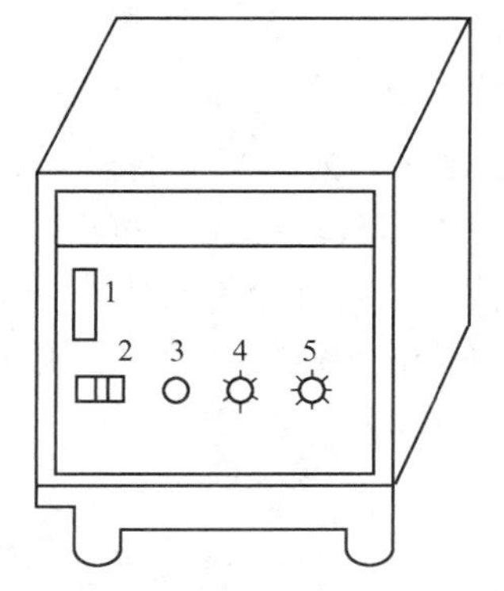

图 2-22　80-1 型电动沉淀离心器示意图

1—电源指示；2—电源开关；3—再次工作旋钮；4—转速调节旋钮；5—延时调节旋钮

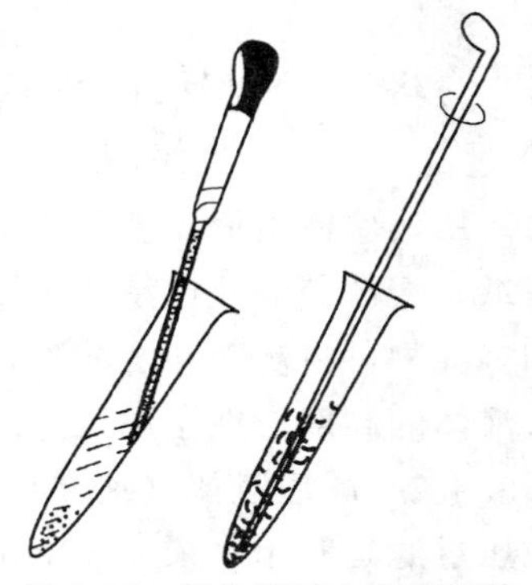

图 2-23　吸出溶液和洗涤沉淀

当滴管末端接近沉淀物时要特别小心，勿使滴管触及和扬起沉淀物。

2.8.3 过滤法

分离沉淀与溶液的最常用方法是过滤法。过滤时，沉淀留在多孔性介质上（如滤布、滤纸），溶液则通过多孔性介质流入另一容器中，所得的溶液称为滤液。

常用的过滤方法有常压过滤、减压过滤和热过滤3种。

2.8.3.1 常压过滤

常压过滤法是指在常压下用普通玻璃漏斗过滤的方法。当沉淀物是胶体或细微晶体时，用此法过滤较好。此法的缺点是过滤速度有时较慢。常压过滤时应注意以下各点。

① 滤纸的选择　根据沉淀的性质选择滤纸的类型，细晶形沉淀选择慢速滤纸，胶体型沉淀选择快速滤纸，粗晶形沉淀选择中速滤纸，根据漏斗的大小选用滤纸的大小。

② 滤纸的折叠及过滤装置　选一张半径比漏斗边缘低0.1～1cm大小的圆形滤纸（若为方形滤纸，要剪圆）。然后将圆形滤纸轻轻对折后再对折，然后展开其中的一层成圆锥形，放入漏斗，使滤纸与漏斗贴紧，为使三层滤纸紧贴漏斗壁，可从三层滤纸一边撕去外面两层滤纸的一小角。按住三层滤纸的一侧，用少量去离子水润湿滤纸，使其贴紧漏斗壁，注意滤纸与漏斗壁之间不应有气泡，否则可轻轻按压滤纸，赶出气泡，如图2-24所示。

然后将漏斗放在漏斗架上，调整高度，保证漏斗颈口在过滤过程中不接触滤液，并使漏斗尖嘴端紧靠收集滤液的容器内壁，以加快过滤速度，并避免滤液溅出（见图2-25）。

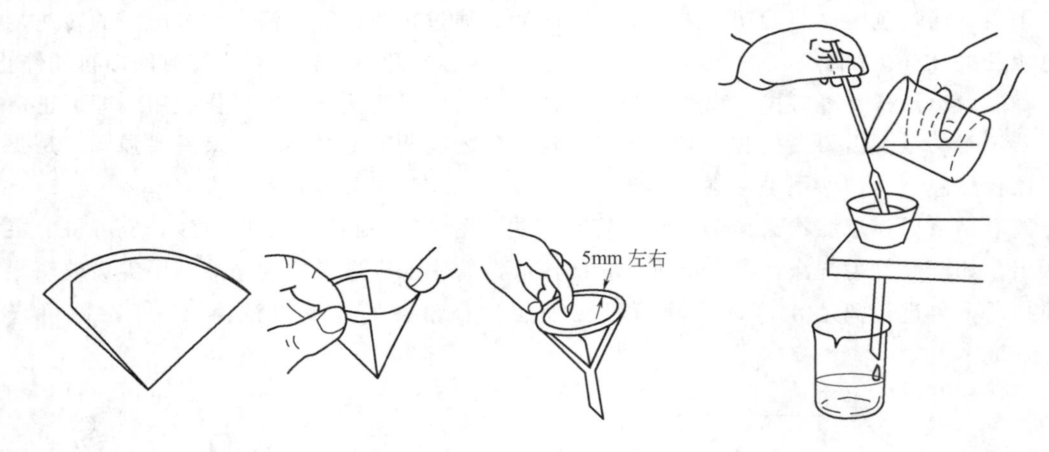

图2-24　滤纸的折叠　　　　图2-25　常压过滤

③ 过滤　一般采用倾泻法注入过滤物。一只手持烧杯，另一只手将玻璃棒指向三层滤纸一边。用玻璃棒引流，玻璃棒倾斜紧靠烧杯嘴，让溶液沿玻璃棒流入漏斗，但玻璃棒不要碰到滤纸。大部分清液过滤后，用玻璃棒轻轻搅起沉淀物，转移至漏斗中，用去离子水清洗烧杯和沉淀物，将洗液和沉淀物转入漏斗后，如此反复，直至沉淀物全部转移到漏斗中。注意倾入液体的高度应低于滤纸边缘（见图2-26）。

2.8.3.2 减压过滤（抽滤）

减压过滤是利用水泵或真空泵抽气使滤器两边产生压力差而快速过滤，达到固液分离的目的。

抽滤的特点是过滤速度快，沉淀物干燥效果好，但不适用于胶体沉淀和细颗粒沉淀。因为胶体沉淀在快速过滤时会透过滤纸，而颗粒细小的沉淀会堵塞滤纸孔，使滤液难通过。

减压过滤装置由三部分组成：滤器与接收器、减压系统和安全装置。滤器为布氏漏斗

（见图 2-27），接收器为抽（吸）滤瓶、抽（吸）滤瓶支管连接安全装置，安全装置再连接减压系统（见图 2-28）。

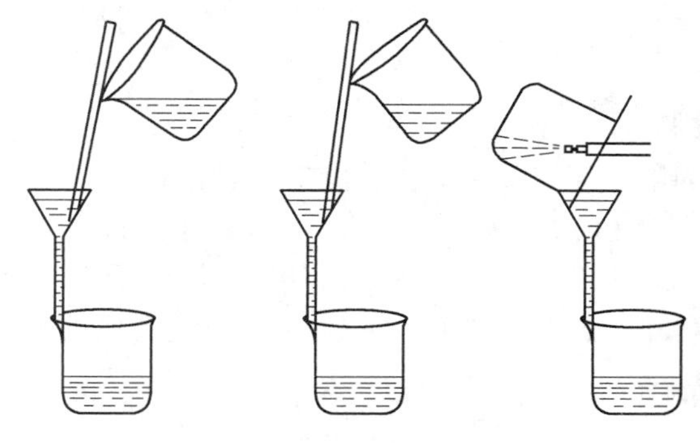

图 2-26　沉淀的过滤

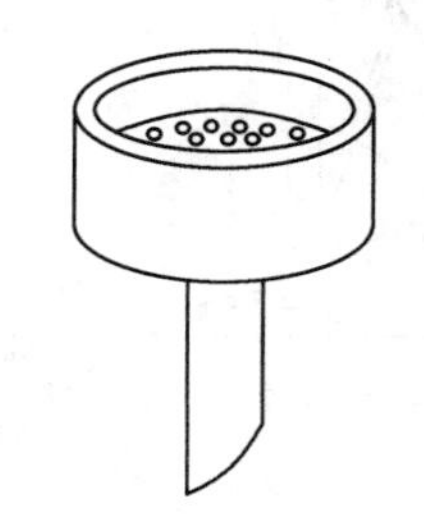

图 2-27　布氏漏斗

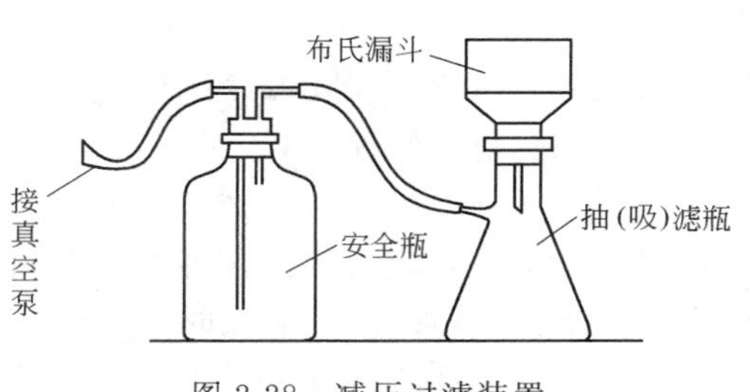

图 2-28　减压过滤装置

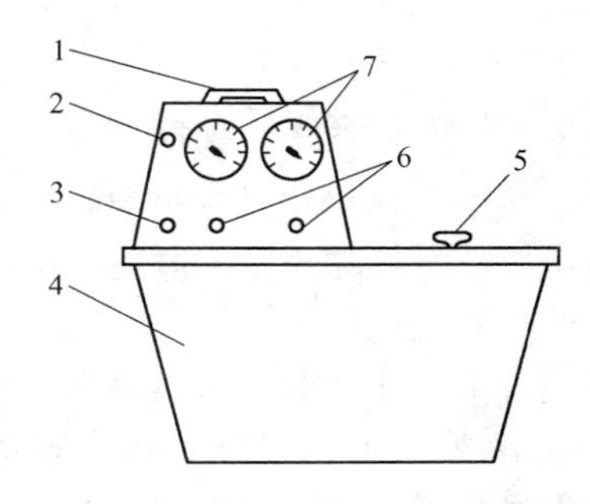

图 2-29　循环水式多用真空泵

1—电动机；2—指示灯；3—电源开关；4—水箱；5—水箱盖；6—抽气管接口；7—真空表

目前，实验室所用的减压系统是一种循环水式多用真空泵，如图 2-29 所示。在进行减压过滤时，先把减压过滤装置中安全瓶出口与真空泵抽气管接口 6 之间用橡皮管连接，接通电源，打开电源开关 3，指示灯 2 发亮，电动机 1 转动带动循环水使抽（吸）滤瓶内压力逐渐降低，以达到减压过滤的作用。抽滤完毕，通常先拔开抽（吸）滤瓶与安全瓶相连的橡皮管，也可以拔布氏漏斗塞子，然后再关电源开关 3；否则，循环水倒灌。有安全瓶就可以防止抽（吸）滤瓶内滤液受污染；若没有安全瓶，循环水倒灌会污染抽（吸）滤瓶内的滤液。

减压过滤操作步骤如下。

① 准备滤纸　过滤前，先把滤纸剪得比布氏漏斗内径略小（但不能露出瓷板的小孔），使其紧贴于漏斗的底壁。抽滤前先用少量溶剂把滤纸润湿，然后打开真空泵将滤纸吸紧，以防止沉淀物在抽滤时自滤纸边沿吸入吸滤瓶中。

② 过滤　过滤时，先开动真空泵，利用倾泻法先把清液沿玻璃棒注入漏斗，然后将沉淀物倒入，并用少量滤液冲刷沾附于容器壁上的沉淀物。当停止抽滤时，应先拆开抽滤瓶的橡皮管，再关真空泵。

③ 洗涤　在布氏漏斗内洗涤沉淀物，应先停止抽滤，然后加入少量洗涤液，再接上抽滤瓶上的橡皮管，打开真空泵，反复2～3 次即可。

④ 沉淀物转移　沉淀物抽干后，拆下抽滤瓶上的橡皮管，关上真空泵，取下漏斗，将漏斗倒置，轻敲漏斗边缘，或用洗耳球对准漏斗颈口用力吹，即可使沉淀物脱离漏斗，用滤

图 2-30 热过滤

纸或其他容器承接沉淀物。

如果过滤的固液系统有强酸性或强氧化性，为避免溶液和滤纸作用，可采用玻璃砂漏斗。其操作同减压过滤操作。玻璃砂漏斗不适用于过滤强碱性溶液。

2.8.3.3 热过滤

在过滤过程中为防止溶质结晶析出，可采用热过滤。

常压热过滤的漏斗由铜质夹套和普通玻璃漏斗（漏斗颈的外露部分宜短）组成（见图2-30），夹套内注入水，过滤前先加热铜夹套，待套内水温升到所需温度时趁热过滤。操作与常压过滤相同。

2.9 溶液的配制

2.9.1 标准溶液的配制方法

标准溶液是已确定其主体物质浓度或其他特性量值的溶液。在化学实验中，标准溶液常用 $mol \cdot dm^{-3}$表示其浓度。溶液的配制方法主要分直接法和间接法两种。

2.9.1.1 直接法

准确称取一定质量的基准物质，溶解后定量转移到容量瓶中，定容、摇匀即成为准确浓度的标准溶液。例如，需配制 $500cm^3$ 浓度为 $0.0100mol \cdot dm^{-3}$ $K_2Cr_2O_7$ 溶液时，应在分析天平上准确称取 1.4709g 基准物质 $K_2Cr_2O_7$，加少量水使之溶解，定量转入 $500cm^3$ 容量瓶中，加水稀释至刻度、摇匀。

较稀的标准溶液可由较浓的标准溶液稀释而成。例如，光度分析中需用 1.79×10^{-3} $mol \cdot dm^{-3}$标准铁溶液。计算得知必须准确称取 10mg 纯金属铁，但在一般分析天平上无法准确称量，因其量太小、称量误差大。因此常常采用先配制储备标准溶液，然后再稀释至所要求的标准溶液浓度的方法。可在分析天平上准确称取 1.0000g 高纯（99.99%）金属铁，然后在小烧杯中加入约 $30cm^3$ 浓盐酸使之溶解，定量转入 $1dm^3$ 容量瓶中，用 $1mol \cdot dm^{-3}$盐酸稀释至刻度。此标准溶液含铁 $1.79\times10^{-2}mol \cdot dm^{-3}$。移取此标准溶液 $10.00cm^3$ 于 $100cm^3$ 容量瓶中，用 $1mol \cdot dm^{-3}$盐酸稀释至刻度，摇匀，此标准溶液含铁 $1.79\times10^{-3}mol \cdot dm^{-3}$。由储备液配制成操作溶液时，原则上只稀释 1 次，必要时可稀释 2 次。稀释次数太多，累积误差太大，影响分析结果的准确度。

2.9.1.2 标定法

适用于直接法配制标准溶液的物质必须是基准物质，因此大多数物质的标准溶液不宜用直接法。不能直接配制成准确浓度的标准溶液，可先配制成近似所需浓度的溶液，再用基准物质或已知准确浓度的标准溶液标定其准确浓度。如由原装的固体酸碱配制溶液时，一般只要求准确到 1～2 位有效数字，故可用量筒量取液体或在台秤上称取固体试剂，加入的溶剂用量筒或量杯量取即可。但是在标定溶液的整个过程中，一切操作要求严格、准确。称量基准物质要求使用分析天平，称准至小数点后四位有效数字。所要标定溶液的体积，如要参加浓度计算的均要用容量瓶、移液管、滴定管准确操作。

2.9.2 一般溶液的配制及保存方法

如果实验对溶液浓度的准确性要求不高，一般利用台秤、量筒、刻度校正过的烧杯等低准确度的仪器配制就能满足需要。

2.9.2.1　直接水溶法

对于易溶于水而不发生水解的固体试剂（如 NaOH、NaCl、KNO_3 等），在配制溶液时，可用台秤称取一定量的固体于烧杯中，加入少量蒸馏水，搅拌溶解后稀释至所需体积，再转移入试剂瓶中。

2.9.2.2　介质水溶法

对于易水解的固体试剂（如 $SbCl_3$、$FeCl_3$ 等），可称取一定量的固体，加入适量的一定浓度的酸（或碱）使其溶解，再用蒸馏水稀释。摇匀后转入试剂瓶。

对于在水中溶解度较小的固体试剂，需先选用合适的溶剂溶解，然后稀释，摇匀后转入试剂瓶。例如，在配制 I_2 的溶液时，可先将固体 I_2 用 KI 水溶液溶解。

2.9.2.3　稀释法

液态试剂（如 HCl、HAc、H_2SO_4 等）配制溶液时，先用量筒量取所需要的浓溶液，然后用适量的蒸馏水稀释。需特别注意的是，在配制 H_2SO_4 溶液时，应在不断搅拌下将浓 H_2SO_4 缓慢地倒入盛水的容器中，切不可将水倒入浓 H_2SO_4 中。

一些容易发生氧化还原反应或易见光分解的溶液，要防止在保存期间失效。例如，Fe^{2+} 溶液中应放入一些铁屑；$AgNO_3$、KI 等溶液应保存在棕色瓶中；容易发生化学腐蚀的溶液应存放在合适的容器中。

近年来，国内外文献资料中采用 1∶1（即 1＋1）、1∶2（即 1＋2）等体积比表示浓度。例如，1∶1 H_2SO_4 溶液，即量取 1 份体积浓 H_2SO_4，与 1 份体积的水混合均匀；1∶3 HCl，即量取 1 份体积浓盐酸，与 3 份体积的水混匀。

配制及保存溶液时可遵循下列原则：

① 经常并大量使用的溶液，可先配制浓度约大 10 倍的储备液，使用时取储备液稀释 10 倍即可；

② 易浸蚀或腐蚀玻璃的溶液，不能盛放在玻璃瓶内，如含氟的盐类（如 NaF、NH_4F、NH_4HF_2）、苛性碱等应保存在聚乙烯塑料瓶中；

③ 易挥发、易分解的试剂及溶液，如 I_2、$KMnO_4$、H_2O_2、$AgNO_3$、$H_2C_2O_4$、$Na_2S_2O_3$、$TiCl_3$、氨水、溴水、CCl_4、$CHCl_3$、丙酮、乙醚、乙醇等溶液及有机溶剂等均应存放在棕色瓶中，密封好放在阴凉地方，避免光的照射；

④ 配制溶液时，要合理选择试剂的级别，不许超规格使用试剂，以免造成浪费；

⑤ 配好的溶液盛放在试剂瓶中，应贴好标签，注明溶液的浓度、名称以及配制日期。

2.10　萃取、蒸馏和分馏

2.10.1　萃取

萃取是提取或提纯有机物的常用方法之一，其原理是利用被萃取物质在两种互不相溶溶剂中溶解度的差异，使其从一种溶剂转移到另一种溶剂中而与杂质分离。应用萃取可以从固体或液体中提纯出所需要的物质，也可以用来洗去混合物中少量杂质，通常称前者为提取或萃取，后者为洗涤。

2.10.1.1　液-液萃取

(1) 间歇多次萃取

用分液漏斗进行萃取，是实验室经常使用的基本操作之一。操作时应选择容积较萃取液体积大1～2倍的分液漏斗。首先检查玻璃塞和旋塞是否配套，活塞转动是否灵活，否则应在活塞上涂少许凡士林（方法同酸式滴定管）。分别将分液漏斗上部的玻璃塞与下部的活塞用橡皮圈扎在漏斗上，并检查玻璃塞和活塞与漏斗接触是否严密。然后将分液漏斗放在固定的漏斗架上，关好活塞，装入待萃取物和溶剂，盖好玻璃塞，取出并振荡漏斗，使两液相之间接触充分，以提高萃取效率。振荡方法是先把分液漏斗倾斜，使上口略朝下，活塞部分向上并朝向无人处，右手捏住上口颈部，并用食指压紧玻璃塞；左手握住活塞，握持方式既要防止振荡时活塞转动或脱落，又要便于灵活地转动活塞。振荡后，令漏斗仍保持倾斜状态，旋开活塞，放出因溶剂挥发或反应产生的气体，使内外压力平衡。如此重复数次，将分液漏斗静置于漏斗架上，使乳浊液分层。

待分液漏斗中的液体分层后，即可进行分离。先打开上部的玻璃塞（或旋转玻璃塞对准气孔），再将漏斗下部的活塞慢慢旋开，使下层液体放出后关闭活塞。上层液体则由分液漏斗的上口倒出。切不可以从下面活塞放出，以免被残留在漏斗颈中的下层液污染。分液时一定要尽可能分离干净。有时在两液层之间可能出现的一些絮状物也应同时放出。然后将水溶液倒回分液漏斗中，再用新的萃取溶剂萃取。重复萃取3～5次，将所得萃取液合并，用适当方法除去溶剂；萃取后所得的有机化合物视其性质确定进一步纯化方法。

上述操作时应注意下列问题。

① 分液漏斗及其活塞不配套或活塞润滑油未涂好可导致操作时漏液或无法操作。

② 对溶剂和溶液体积估计不准，使分液漏斗装得过满，振摇时两相溶剂不能充分接触，影响了被萃取物在溶剂中的分配过程，因而降低了萃取效率。

③ 忘记关严活塞即将溶液倒入，待发现时已有部分流失。

④ 振摇时，上口气孔未封闭，致使溶液漏出。或未开启活塞放气，漏斗内压力增大，溶液自玻璃活塞缝隙渗出，甚至冲掉塞子，溶液损失，严重时会导致漏斗破裂。特别是在使用 Na_2CO_3 溶液洗涤酸性溶液时，产生 CO_2 气体，这时更应注意经常放气。

⑤ 放气时，尾部不能对着实验人员，以免有害气体放出造成伤害事故。

⑥ 静置时间不够，未待两液层完全分离，而忙于分出下层。这样不但没有达到萃取目的，反而使杂质混入。

⑦ 在实验结束之前，一般应将分离后的两相溶液分别保留下来，待实验完成后再弃去不需要的液层。

萃取某些含有碱性或表面活性较强的物质时，常会产生乳化现象。有时由于存在少量轻质沉淀、溶剂部分互溶、两液相密度相差较小等，都会使两液相不能良好分离。破坏乳化的方法有：较长时间静置。若两种溶剂能部分互溶而发生乳化现象，可加入少量电解质（如NaCl）利用盐析作用加以破坏。若由于碱性物质存在而产生乳化现象，常加入少量稀 H_2SO_4 或采用过滤等方法来消除。加热也可以破坏乳状液（注意防止燃烧）；滴加数滴醇类溶液改变表面张力，也可以破坏乳状液。

(2) 连续萃取

当有些化合物在原有溶液中比在萃取溶剂中更易溶解时，就必须使用大量溶剂进行多次的萃取才行。用间断多次萃取效率低，操作烦琐且损失也大，为了提高萃取效率、减少溶剂用量和纯化物的损失，多采用连续萃取装置，使溶剂在进行萃取后能自动流入加热器，受热气化，再冷凝为液体重复进行萃取，如此循环即可萃取出大部分物质。此法萃取效率高，溶剂用量少，操作简便，损失较小。缺点是萃取时间较长。使用连续萃取方法时，根据所用溶剂的密度与被萃取溶液密度的差异，应采取不同的实验装置。

萃取溶剂的选择，应随被萃取化合物的性质而定。一般来讲难溶于水的物质用石油醚等萃取，较易溶者，用苯或乙醚萃取；易溶于水的物质用乙酸乙酯或类似溶剂来萃取。例如，若用乙醚提取水中的草酸效果较差，改用乙酸乙酯则效果较好。选择溶剂不仅要考虑溶剂对被萃取物质的溶解度要大和对杂质的溶解度要小，而且还要注意溶剂的沸点不宜过高，否则难以回收溶剂，可能使产品在回收溶剂时被破坏。溶剂的毒性要小，且化学稳定性要高。另外溶剂的密度也应适当。

2.10.1.2　液-固萃取

自固体中萃取化合物，多以浸出法来进行，但效率不高，时间长，且溶剂用量大。实验室不常采用，而多采用脂肪提取器（或称索氏提取器）来提取物质（见图 2-31）。通过对溶剂加热回流及虹吸作用，使固体物质每次均为新的溶剂所提取，效率高，节约溶剂。但是对受热易分解或变色的物质不宜采用，高沸点溶剂采用此法进行萃取也不合适。

萃取前应先将固体物研细，以增加固液接触面积，然后将固体物质放入滤纸筒内（将滤纸卷成圆柱状，直径略小于提取管 2 的内径，底部折起而封闭）轻轻压实，上盖一小圆片滤纸。加入溶剂于烧瓶内，装上冷凝器，开始加热。溶剂蒸气通过连接管 4 上升，在冷凝器中冷凝为液体滴入提取管中浸泡被萃取物，当液面高达虹吸管 3 的顶端时，萃取液自动流入加热烧瓶中，萃取出部分物质。再蒸发溶剂，如此循环，直到被萃取物质大部分被萃取为止。固体中可溶性物质富集于烧瓶中，然后用适当方法将萃取物质从溶液中分离即可。

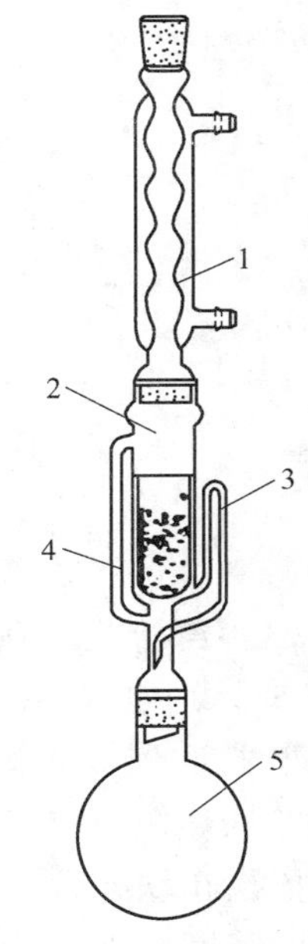

图 2-31　索氏提取器
1—冷凝管；2—提取管；3—虹吸管；4—连接管；5—提取瓶

2.10.2　蒸馏

将液体加热至沸腾，使其变为蒸气，然后将蒸气再冷凝为液体的操作过程称为蒸馏，也称普通蒸馏。普通蒸馏是分离和提纯有机化合物最常用的方法之一。应用此法，不仅可以把挥发性物质与不挥发性物质分离，还可把沸点不同的物质进行分离。

普通蒸馏的基本原理是：液体在一定温度下具有一定的蒸气压，液体的蒸气压与温度有关，而与体系中液体量的大小无关。将液体加热时，它的蒸气压随着温度的升高而增大。当液面蒸气压增大到与其所受的外界大气压力相等时，液体呈沸腾状态，这时的温度称为该液体的沸点。混合液体受热气化时，蒸气中低沸点组分的分压比高沸点组分的分压要大，即蒸气中低沸点组分的相对含量比原混合液中的相对含量要高。将此蒸气引出冷凝，就得到低沸点组分含量较高的馏出液。

普通蒸馏仅仅能分离沸点有显著不同（至少 30℃以上）的两种或两种以上的混合物。若混合物各组分的沸点差别不大，而又要求得到较好的分离效果时，就必须进行分馏。

（1）仪器装置

蒸馏装置如图 2-32 所示，主要由蒸馏烧瓶、冷凝管和接收器三部分组成。

① 蒸馏烧瓶（可由圆底烧瓶和蒸馏头组成）　待蒸馏液在瓶内受热气化，蒸气从支管进入冷凝管。

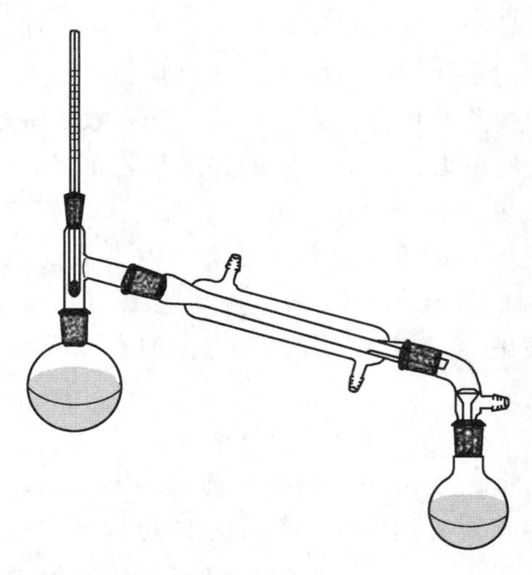

图 2-32 蒸馏装置示意图

② 冷凝管 蒸气在此冷凝为液体，液体的沸点低于 140℃时，应用水冷凝管，高于 140℃时，用空气冷凝管。

③ 接收器 收集冷凝后的液体。一般由接液管和接收瓶两部分组成。安装蒸馏装置，一般先从热源（电热套）开始，然后遵循“自下而上、由左到右（或由右到左）”的顺序，依次在铁架台上安好铁环、放好电热套，再将圆底烧瓶用铁夹垂直夹好并装上有温度计的蒸馏头。把冷凝管固定在另一铁架台上，并调整它的位置和倾斜度，使之与蒸馏头支管相接，冷凝管的下端进水口用橡皮管接自来水，上端出水口用橡皮管引入水槽，最后安好接收器。

在安装过程中还应特别注意以下几点。

① 整个蒸馏装置中的各部分（除接液管与接收瓶之间）都应保持气密，防止蒸气泄漏而造成产品损失或其他危险。

② 固定玻璃仪器的铁夹不应夹得太紧或太松，以夹住后稍用力尚能转动为宜。且铁夹内一定要垫橡皮条等软性物质，禁止铁器与玻璃仪器直接接触，以防夹坏仪器。

③ 温度计水银球的上沿要与蒸馏头支管口的下沿相齐。

④ 避免接收器与火源靠得太近，以防着火。

(2) 蒸馏操作

① 加样 蒸馏装置安装好后，将待蒸馏液经漏斗倒入圆底烧瓶内（应避免液体流进冷凝管里），加入 2～3 粒沸石，然后装好温度计，检查装置各部分连接是否气密。

② 加热 缓慢通入冷却水（水流不必太大），然后加热。开始时，可使加热速度较快。加热至沸后，温度计读数会快速上升，调节加热速度，使馏出液每秒钟流出 1～2 滴为宜，并使温度计水银球部位常有液滴存在，此时达到液-气平衡，温度计读数为馏出液的沸点。

③ 收集与记录 接收器至少准备 2 个，要求洁净（必要时称重）。在达到所需物沸点之前常有沸点较低的液体先蒸出，这部分液体称前馏分或馏头，首先接收这部分液体。当温度升至所需物的沸点并恒定时，更换另一接收器收集，记下从开始到停止接收该馏分的温度，就是此馏分的沸点范围。收集馏分的温度范围越窄，馏分的纯度就越高，一般收集馏分的温

度范围在 1～2℃，也可按产品的要求或规定的范围收集。产品的纯度常用测其相对密度或折射率等方法检查。

④ 注意事项　当温度上升达到要求温度时即可停止加热。蒸馏较纯物质时，可能残留液较少，温度变化不大，但一定不要蒸干，以免发生意外。待温度降至 40℃左右时，关闭冷却水，拆卸仪器，其程序和装配时相反。

2.10.3　分馏

分馏是分离纯化沸点相近而又互溶的液体混合物的一种重要方法。它是利用分馏柱将多次气化-冷凝过程在一次操作中完成，而分别收集不同沸点间隔内的馏出液的蒸馏过程。而普通蒸馏不能分离沸点相近的混合液。

分馏过程主要在分馏柱中进行。分馏柱是一根带侧管的玻璃柱，柱身或有特殊的形状，或在柱内填充各种形状的填料，以增大气液两相的接触面积，提高分离效果。把蒸馏烧瓶中的混合液加热至沸，混合液蒸气进入分馏柱中被部分冷凝，冷凝液在下降途中与继续上升的蒸气接触，二者进行热交换，蒸气中高沸点组分被冷凝，低沸点组分仍呈蒸气上升。而冷凝液中低沸点组分继续受热气化，高沸点组分仍呈液态下降。结果上升蒸气中低沸点组分增多，下降的冷凝液中高沸点组分增多。如此经过多次气液两相的热交换，就相当于连续多次的普通蒸馏。以致低沸点组分的蒸气不断上升，而被蒸馏出来；高沸点的组分则不断流回烧瓶中，从而将它们分离。

（1）分馏柱的分馏效率

取决于下列几个因素。

① 分馏柱的高度　分馏柱越高，上升的蒸气和冷凝液接触的机会越多，效率越高。但要选择适当，过高时馏出液量少，分馏效率低。

② 填充物　在柱中放入填充物可以增大蒸气和回流液的接触面积，接触面积越大，分离越完全。填充物的品种或样式很多，效率各异。填装时，填充物之间应有空隙，使气液流动阻力小。

③ 分馏柱的绝热性能　如果分馏柱的绝热性能差，即热量向柱周围散失过快，则气液两相之间的热平衡受到破坏，分离效率下降。为了提高绝热性能，通常将柱身裹上石棉绳、玻璃布等保温材料。

④ 蒸馏速度　如果蒸馏速度太快，会破坏气液两相之间平衡，同样导致分离效率下降。

（2）仪器装置

分馏装置与蒸馏装置相似，所不同的是圆底烧瓶和蒸馏头之间加一分馏柱。其装配原则和注意事项与安装蒸馏装置相同。

（3）分馏操作

分馏操作与蒸馏操作大致相同，先将待分馏的混合液加入烧瓶中，放 2～3 粒沸石，然后安装仪器。缓慢通入冷却水，加热，当蒸气到达柱顶后，调节加热速度，使液体以每秒钟 2～3 滴流出为宜。收集各馏分并记录各自的温度范围。

第3章　化学实验常用仪器及使用方法

3.1 电 子 天 平

3.1.1　电子天平基本原理

电子天平是一种高准确度计量仪器，广泛应用于各行各业的实验室中。电子天平使用现代电子控制技术进行称量，是采用电磁力与被测物体的重力相平衡的原理来测量的。电子天平的支承点用弹性簧片取代机械天平的玛瑙刀口，用差动变压器取代升降枢装置，用数字显示代替指针刻度式。因而，电子天平具有使用寿命长、性能稳定、操作简便和灵敏度高的特点。此外，电子天平具有数字显示、自动调零、自动校准、输出打印等功能，称量速度快，操作简便，属新一代分析天平。

3.1.2　FA2004N型电子天平使用方法

FA系列电子分析天平采用高性能微处理机控制，以确保天平称量结果的高精确度，并具有标准的信号输出口，可直接连接打印机、计算机等设备来扩展天平的使用。FA2004N型电子天平的称量范围为0～200g，读数精度0.1mg。天平外观如图3-1所示，其操作步骤如下。

图3-1　FA2004N型电子天平

(1) 水平调节

观察水平仪，如水平仪水泡偏移，需调整水平调节脚，使水泡位于水平仪中心。

(2) 预热

接通电源，预热至规定时间后，开启显示器进行操作。

(3) 自检

轻按ON键，当显示器显示“0.0000g”时，电子称量系统自检过程结束。

(4) 称重

一般情况下实验室经常用到以下两种称量方式，现分别介绍如下。

① 基本称重　将称量纸放在秤盘上，按“TAR”键一下，将天平清零，等待天平显示零，在称量纸上放置所称物体。称重稳定后，即可读数。

② 使用容器称重　如需用容器装着待测物（如液体）进行称重（不包括容器的重量），方法如下。

a. 将空的容器放在秤盘上。

b. 按“TAR”键清零，等待天平显示零。

c. 将待测物体放入容器中，称重稳定后，即可读数。

称量结束后，按OFF键关闭显示器，切断电源。

3.1.3 注意事项

① 天平如果长时间未用过，或移动过位置，应进行一次校准。校准要在天平通电预热30min以后进行。程序是：调整水平，按下“开/关”键，显示稳定后如不为零则按一下“TAR”键，稳定地显示“0.0000g”后，按一下校准键（CAL），天平将自动进行校准，屏幕显示出“CAL”表示正在进行校准。10s左右，“CAL”消失，表示校准完毕，应显示出“0.0000g”，然后即可进行称量。

② 由于电子天平的体积较小，质量较轻，容易被碰而造成位置及水平的改变，从而直接影响称量结果的准确性。所以使用时应特别注意动作要轻缓，防止开门及放置被称物时动作过重，时常检查水平状态是否正常并注意及时调整水平。

③ 使用过程中要避免可能影响天平示值变动性的各种因素，如：空气对流、温度波动、容器不够干燥等。热的物体必须放在干燥器内冷却至室温后再进行称量。药品不能直接放在天平盘上称量。

3.2 离心机

3.2.1 离心机工作原理

当含有细小颗粒的悬浮液静置不动时，由于重力场的作用使得悬浮的颗粒逐渐下沉。粒子越重，下沉越快，反之密度比液体小的粒子就会上浮。微粒在重力场下移动的速度与微粒的大小、形态和密度有关，并且又与重力场的强度及液体的黏度有关。像红细胞大小的颗粒，直径为数微米，就可以在通常重力作用下观察到它们的沉降过程。此外，物质在介质中沉降时还伴随有扩散现象。扩散是无条件的、绝对的。扩散与物质的质量成反比，颗粒越小扩散越严重。而沉降是相对的、有条件的，要受到外力才能产生。沉降与物体重量成正比，颗粒越大沉降越快。对小于几微米的微粒如病毒或蛋白质等，它们在溶液中成胶体或半胶体状态，仅仅利用重力是不可能观察到沉降过程的。因为颗粒越小沉降越慢，而扩散现象则越严重。所以需要利用离心机产生强大的离心力，才能迫使这些微粒克服扩散产生沉降运动。

离心就是利用离心机转子高速旋转产生的强大的离心力，加快液体中颗粒的沉降速度，把样品中不同沉降系数和浮力密度的物质分离开。离心力（F）的大小取决于离心转子的角速度（ω，$r \cdot min^{-1}$）、物质颗粒的质量（m，mg）和物质颗粒距离心轴的距离（r，cm）。它们的关系是：

$$F = m\omega^2 r$$

为方便起见，F 常用相对离心力也就是地心引力的倍数表示。即把 F 值除以重力加速度 g（约等于 $9.8m \cdot s^{-2}$）得到离心力是重力的多少倍，称作多少个 g。例如离心机转头平均半径是6cm，当转速是 $60000r \cdot min^{-1}$ 时，离心力是 $240000g$，表示此时作用在被离心物质上的离心力是日常地心引力的24万倍。

3.2.2 离心机的使用方法

（1）普通电动离心机的操作步骤

① 将离心试管放入离心机内，管内盛装的液体不能超过其容积的三分之二。如果分离的样品只有一个，需在与其对称的位置放入一个盛有等体积水的离心试管，以保持离心机的转动平衡。

② 接通电源，旋转开关，离心机就可以工作了。注意在接通开关时不能直接将开关拨到转速较高的位置上，而应逐挡加速，慢开慢关。离心时间的长短和转速的高低由待沉淀的物质的性质决定。离心结束关闭开关后，应待其自然减速，禁止用手按住离心机的轴强制其停下，否则会损坏离心机或对手造成伤害。运转过程中如果发现异常振动或响声，应立即关掉开关旋钮，断开电源。查清原因后再重新开启。

③ 使用完毕，将速度挡调到最低位置，关闭开关。

(2) 高速离心机的操作步骤

① 准备 打开离心机上盖，对称装上已配平的试样，盖好机器上盖并锁住。

② 接通电源 将电源线接入单相三线插座。电源指示灯亮，转速显示屏显示数字“000”(有记忆功能的显示上次使用转速)，时间显示窗显示数字“000”。

③ 设置转速 按住或点动加速器或减速器，根据需要设置相应转速。离心开始后速度显示窗闪烁显示预置转速，3s 后自动显示实际转速。

④ 设置定时 按住或点动加时键或减时键，按要求设置离心时间。

⑤ 启动 按启动键启动，机器开始运转，启动灯亮、停止灯熄，经短时间后自动平稳地达到预置转速。当在运转中更改转速时，可按照第③步重复操作。

⑥ 停机 离心结束，时间显示窗显示“000”，自动停机。当转速显示窗显示“000”时，机器发出鸣叫声，以示提醒。如在运转中需停机时则按停止键停止，停机。

3.2.3 注意事项

① 当转速显示为“000”同时机器发出鸣叫声后，方可打开离心机上盖，取出试样。如下次继续分离同类样品，所需转速、定时相同时，重复使用方法中④或⑤的操作。

② 运行完毕，向下按电源开关使机器处于断电状态，取下电源线，擦拭离心机内壁，防止生锈。

3.3 酸 度 计

酸度计(又称 pH 计)是测定液体 pH 值最常用的仪器之一。

3.3.1 酸度计工作原理

仪器由仪器本体和 pH 玻璃电极组成。

仪器本体实际上是一高输入阻抗的毫伏计，由于电极系统把溶液的 pH 值变为毫伏值是与被测溶液的温度有关的，因此，在测 pH 值时，仪器附有一个温度补偿器。温度补偿器所指示的温度应与被测溶液的温度相同。此温度补偿器在测量电极电势时不起作用。

由于每个电极系统的 pH 零电位都有一定的误差，如不对这些误差进行校正，则会对测量结果带来不可忽略的影响。为了消除这些影响，一般酸度计上都有一个“定位”电位器，这个“定位”电位器在用仪器测定溶液 pH 值时，对仪器校正中用来消除电极系统的零电位误差。

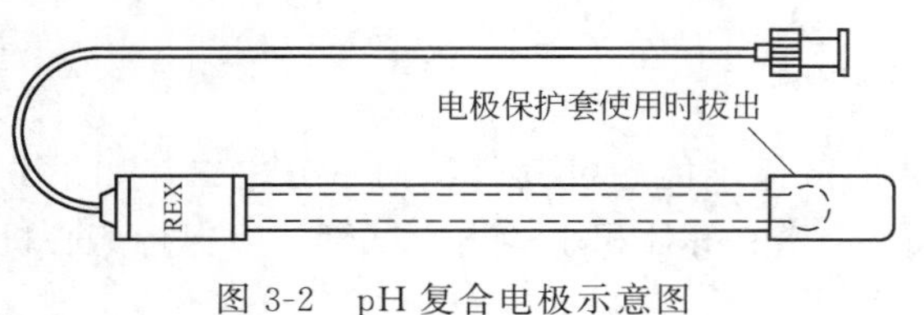

图 3-2 pH 复合电极示意图

仪器本体的“选择”开关用于确定仪器的测量功能：选择“pH”挡时，用于 pH 测量和校正；选择“mV”挡，用于测量电极电势值。

玻璃电极下端呈球形，它是由特种玻璃吹制而成的玻璃薄膜，内装有 $0.1mol \cdot dm^{-3}$ 的 HCl 溶液和 Ag-AgCl 内参比电极。它的电极电势可用下式表示

$$E(\text{玻璃})=E^{\ominus}(\text{玻璃})+0.05917\lg[c(H^{+})/c^{\ominus}]$$

甘汞电极由金属汞、Hg_2Cl_2 和饱和 KCl 溶液组成，其电极电势在给定温度下较为稳定，因此常作参比电极使用。将玻璃电极和甘汞电极插入待测溶液中，可组成一个原电池。由于玻璃电极的电极电势可随待测溶液的 pH 值改变而变化，测定该原电池的电动势，即可得该溶液的 pH 值。现多将二者组合在一起为 pH 复合电极，如图 3-2 所示。

3.3.2 pHS-25 数字式酸度计使用方法

pHS-25 数字式酸度计如图 3-3 所示。

(1) 酸度计标定

实验前应将酸度计标定（在连续使用前每天标定一次）。常规测量采用一点标定法，精确测量要采用两点标定法。

图 3-3　pHS-25 数字式酸度计

① 一点标定法

a. 仪器接上复合电极，用蒸馏水冲洗电极，然后浸入缓冲溶液中。

b. 将“斜率”电位器顺时针旋到底，调节温度电位器，使温度指示值与被测溶液的实际温度值一致。

c. 再将“选择”开关置“pH”挡，调节“定位”电位器，使显示的 pH 值为该温度下缓冲溶液的标准值，仪器标定结束，此时“定位”等各个旋钮就都不能动了，仪器就可测量未知的被测溶液。

② 两点标定法

a. 仪器接入复合电极，“斜率”电位器顺时针旋至最大值，将电极浸入 pH=6.86 的缓冲溶液中，先测量缓冲溶液的温度，随后将温度电位器调节到与被测溶液的实际温度一致。

b. 将“选择”置“pH”挡，调节“定位”电位器使 pH 值显示的数值为该缓冲溶液在此温度下的标准值。

c. 如被测未知溶液是酸性溶液，则将电极从 pH=6.86 的缓冲溶液中取出，用蒸馏水冲洗干净，然后插入 pH=4.00 的缓冲溶液中，调节“斜率”电位器，使数值为该温度下的标准 pH 值；如被测溶液为碱性溶液，则应选用 pH=9.18 的缓冲溶液作为第二次标定调节“斜率”使数显为该温度下标准 pH 值。

d. 反复进行上述 b、c 两步骤，直到不用调节“定位”和“斜率”而两种缓冲液都能达到标准值为止。

e. 将电极从标准缓冲液中取出，用蒸馏水冲洗干净然后测定被测溶液的 pH 值。

(2) 电极电势的测量

拔去短路插头，接上各种适合的离子选择电极和参比电极。仪器“选择”开关置“mV”位，将电极浸入被测溶液中，此时仪器显示的数字就是该离子选择电极的电势（mV）并自动显示正负极性。

3.3.3 注意事项

① 干放的 pH 玻璃电极在使用前必须在蒸馏水中浸泡 8h 以上。

② 仪器原输入端必须保持清洁，不使用时电极接口必须接上厂家配送的短路插；仪器应避免在湿度较大的环境中使用。

3.4 气压计

测量大气压力的仪器称气压计。气压计种类很多，实验室常用的是福廷式气压计，如图 3-4 所示。它是以水银柱平衡大气压力，水银柱的高度即表示大气压力的大小。

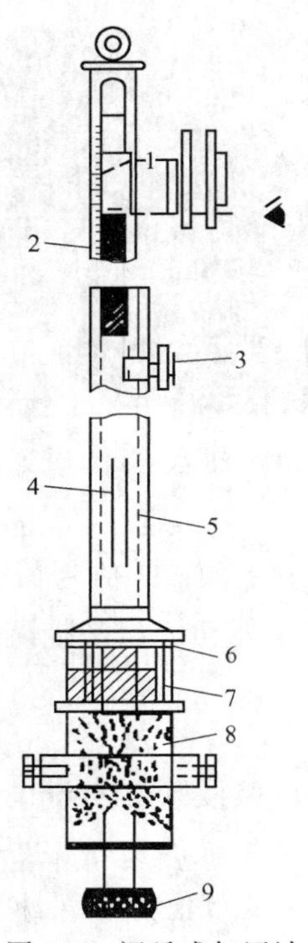

图 3-4 福廷式气压计

1—游标尺；2—黄铜管标尺；3—游标尺调节螺旋；4—温度计；5—黄铜管；6—象牙针；7—水银槽；8—羚羊皮囊；9—调节螺旋

福廷式气压计主要结构是一根一端密封的玻璃管，里面装水银。开口的一端插在水银槽内，玻璃管顶部水银面以上是真空。水银槽底为一羚羊皮囊，转动羚羊皮囊下面的调节螺旋就可以调节水银面的高低。水银槽顶有一倒置的象牙针，其针尖是黄铜管上标尺刻度的零点。玻璃管外面套有黄铜管，黄铜管上部刻有刻度并开有长方形小窗，用来观察水银面的位置，窗前有游标尺。

读数时可按下列步骤进行。

① 观测附属温度表的温度示值，准确到 0.1℃，先读小数，后读整数。

② 慢慢旋转底部的调节螺旋，使水银面与象牙针尖刚好接触。

③ 调节游标尺的位置，使其略高于水银面，然后慢慢下降，直到游标尺下沿与游标尺后面金属片的下沿相重合并与水银弯月面相切。

④ 按游标尺零点所对黄铜标尺的刻度读出大气压力的整数部分，如为 99.2。再从游标尺上找出正好与黄铜标尺上某一刻度线相吻合的刻度线的数值，这根刻度线的数值就是小数部分的读数，如为 6（为小数值），则此时气压表的读数为 99.26kPa。

⑤ 观测完毕后，转动水银杯底的调节手柄，使水银杯水银面离开象牙钉尖 2～3mm。

⑥ 读取气压表读数，经过仪器差校正（数据见产品出厂合格证明书，校正值为＋0.15）、重力校正（包括纬度和高度的校正）和温度校正以后即得当时的气压值，重力校正值和温度校正值可按下列公式计算。

a. 重力校正：包括纬度和高度的校正。

(a) 纬度校正：即将气压读数值校正到相当于纬度 45°时的气压值，可按下式计算：

$$\Delta B_\varphi = -0.00265 B_\varphi \cos 2\varphi$$

式中，B_φ 是气压表的气压读数；φ 是观测地点的纬度，如成都市纬度为 30.67°。从式中可看出，校正值的符号是由 $\cos 2\varphi$ 来决定的，当纬度为 0°～45°时，校正值 ΔB_φ 为负；当纬度为45°～90°时，校正值为正。

（b）高度校正：即将气压读数值校正到相当于海平面的气压值，可按下式计算：

$$\Delta B_h = -0.000000196 B_h h$$

式中，B_h 为气压表的气压读数；h 为气压表安装地点的海拔高度，m（如成都市海拔为506m）。

校正值的符号确定：当气压表处于海平面以上时为负值；当气压表处于海平面以下时为正值。

如果重力校正整理为一项，并用 ΔB_g 表示，则有

$$\Delta B_g = \Delta B_\varphi + \Delta B_h$$

b. 温度校正：即将气压读数值校正到相当于0℃时的气压值，可按下式计算：

$$\Delta B_t = B_t - \frac{-0.0001634t}{1+0.0001818t}$$

式中，B_t 为气压表的气压示值，kPa；t 为气压表的温度值，℃。

从式中可看出：当观测温度高于0℃时，校正值为负值，反之为正值。

例如：温度 $t=22$℃，纬度 $\varphi=60°$，海拔高度 $h=140$m，气压表的气压差校正值为+0.15mbar（原为气象单位，1mbar＝100Pa），而气压表示值为1015.2mbar，根据计算得

$$总的校正值 = 0.83-0.03+0.15-3.6=-2.65(\text{mbar})$$

经过全部校正后气压值为：

$$1015.2-2.65=1012.55(\text{mbar})=101.255(\text{kPa})$$

3.5　电导率仪

3.5.1　电导率测量原理

电导率仪是用来测量电解质溶液电导率的仪器。电导率仪的测量原理是将两块平行的极板放到被测溶液中，在极板的两端加上一定的电势（通常为正弦波电压），然后测量极板间流过的电流。

根据欧姆定律，电导（G）是电阻（R）的倒数，是由电压和电流决定的。电导率是距离1cm和截面积1cm^{2}的两个电极间所测得电阻的倒数，由电导率仪直接读数。电解质的电导率除与电解质种类、溶液浓度及温度有关外，还与所用电极的面积 A、两极间距离 l 有关。在电导率仪中，常用的电极有铂黑电极和铂光亮电极（统称为电导电极），对于某一给定的电极来说，l/A 为常数，叫做电极常数。每一电导电极的常数由制造厂家给出。

在国际单位制中，电导率的单位是西门子•米$^{-1}$，其他单位有：S•cm^{-1}，μS•cm^{-1}。1S•m^{-1}＝0.01S•cm^{-1}＝10000μS•cm^{-1}。

3.5.2　DDS-11A型电导率仪使用方法

DDS-11A型电导率仪（指针式）仪器如图3-5所示。其操作步骤如下。

① 开机　开电源开关前，观察表针是否指零，如不指零，可调整表头上的螺丝使表针指零。插接电源线，打开电源开关，并预热15min。

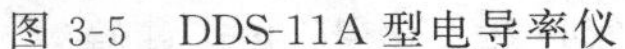
图 3-5 DDS-11A 型电导率仪

图 3-6 DDS-11A 型数显电导率仪

② 校正 将校正、测量开关扳在校正位置，调节常数旋钮至所用电极的常数标称值，然后调节校正器旋钮使指针指示到满刻度。

③ 测量 将量程选择开关扳到所需要的测量范围，如预先不知被测溶液电导率的大小，应先把其扳在最大电导率测量挡，然后逐挡下降，以防表针被打弯。

④ 测量读数 待指针转动稳定后方可读数（如量程开关选在红点，读表头上红色刻度，如为黑点，则读黑色刻度）。测量结果应为：表头读数×量程开关上选择倍数（如量程为 10^3，则在读数的基础上乘以 10^3），量纲为 $\mu S \cdot cm^{-1}$。

⑤ 测量完毕，关闭电源。

DDS-11A 型数显电导率仪如图 3-6 所示。其操作步骤如下。

① 开机 插接电源线，打开电源开关，并预热 10min。

② 温度补偿 用温度计测出被测液的温度后，调节温度补偿旋钮，使其指示的温度值与溶液温度相同。

③ 常数校正 将仪器测量开关置校正挡，将电极浸入被测溶液，调节常数校正钮，调节“常数”钮使显示数（忽略小数点位置）与所使用电极的常数标称值一致。如电极常数为 0.962，调“常数”钮使显示 962。常数为 1.06，则调“常数”钮使显示 1060。

④ 测量 将“校正-测量”开关置于“测量”位，将“量程”开关扳在合适的量程挡，待显示稳定后，仪器显示数值即为溶液在实际温度时的电导率。如果显示屏首位为 1.，后三位数字熄灭，表明被测值超出量程范围，可扳在高一挡量程来测量。如读数很小，为提高测量精度，可扳在低一挡的量程挡。

3.5.3 注意事项

① 电极的引线、插头不能受潮，否则将影响测量的准确性。

② 测量高纯水时，应采用密封测量槽或将电极接入管路之中。高纯水应在流动状态下进行，防止 CO_2 溶入水中而使电导率增加，影响测试准确度。

③ 盛放被测溶液的容器必须清洁，无离子沾污。

④ 当被测溶液的电导率低于 $200\mu S \cdot cm^{-1}$ 时，宜选用 DJS-1C 型光亮电极；当被测溶液的电导率高于 $200\mu S \cdot cm^{-1}$ 时，宜选用 DJS-1C 型铂黑电极；当被测溶液的电导率高于 $20mS \cdot cm^{-1}$ 时，可选用 DJS-10 电极，此时，测量范围可扩大到 $200mS \cdot cm^{-1}$。

3.6　分光光度计

3.6.1　分光光度计原理

物质中分子内部的运动可分为电子的运动、分子内原子的振动和分子自身的转动，因此分子具有电子能级、振动能级和转动能级。

当分子被光照射时，将吸收能量引起能级跃迁，即从基态能级跃迁到激发态能级。而三种能级跃迁所需的能量是不同的，需用不同波长的电磁波去激发。电子能级跃迁所需的能量较大，一般在1～20eV，吸收光谱主要处于紫外及可见光区，这种光谱称为紫外可见光谱。如果用红外线（能量为1～0.025eV）照射分子，此能量不足以引起电子能级的跃迁，而只能引发振动能级和转动能级的跃迁，得到的光谱为红外光谱。若以能量更低的远红外线（0.025～0.003eV）照射分子，只能引起转动能级的跃迁，这种光谱称为远红外光谱。由于物质结构不同对上述各能级跃迁所需能量都不一样，因此对光的吸收也就不一样。各种物质都有各自的吸收光带，因而就可以对不同物质进行鉴定分析，这是光度法进行定性分析的基础。

分光光度计的基本工作原理是溶液中的有色物质对光的选择性吸收。各种不同物质都具有各自的吸收光谱，当某单色光通过溶液时，其能量就会因被吸收而减弱，光能量减弱的程度与物质的浓度有一定的比例关系，服从朗伯-比耳定律：

$$A=\varepsilon cl$$

式中，A为吸光度，它是入射光强度I_0与透过光强度I_t比值的对数，即$A=\lg(I_0/I_t)$；c为有色物质溶液的浓度；l为液层厚度；ε为摩尔吸光系数，其数值大小与入射光的波长、溶液的性质、温度等有关。若入射光的波长、溶液的温度和比色皿（液层厚度）均一定，则吸光度A与溶液的浓度成正比。分光光度计就是按上述物理光学现象设计的。

3.6.2　721A型分光光度计使用方法

721A型分光光度计采用了3位半数字面板表显示。可分别测量透过率、吸光度和浓度。波长范围360～800nm，吸光度A范围0～2。该仪器由光源灯、单色器、比色皿座架、光电管、稳压电源、对数放大器及数字面板表等部件构成。仪器如图3-7所示。其操作步骤如下。

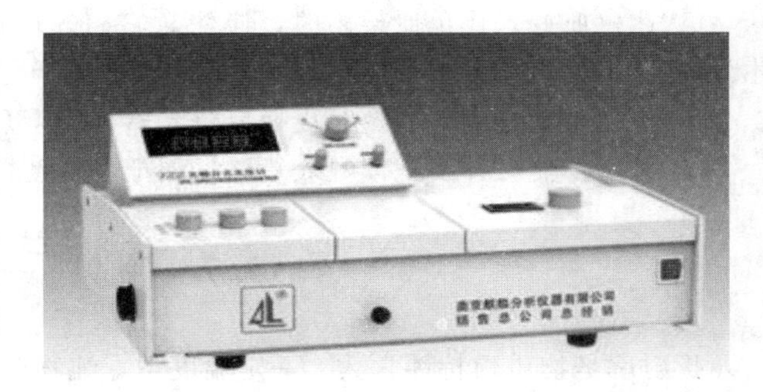

图3-7　721A型分光光度计

（1）测试前的准备

①把波长盘调整到所需波长；②把仪器检测室盖板打开；③将“T”键按下；④将电源“开关”接通，指示灯即亮；⑤调整面板上“零位细调”，使指示在0.00，即透过率“T”的零点；⑥把仪器检测室盖板合下，调整面板上“光量粗、细调”，使指示在100.0，然后将检测室盖板打开，仪器预热30min。

（2）“透过率”（T）的测量

① 按下“T”键。将检测室盖板打开，调节“零位细调”电位器，使指示为00.0，同时“－”号闪烁（00.0表示为“零”偏“正”，－00.0表示为“零”偏“负”，应该调到00.0或－00.0变化，表示“零”位合适）。

② 合下检测室盖板，用参比溶液调节“光量粗、细调”电位器，使指示为100.0。须反复几次①、②项操作达到要求（如果在测量过程中或改变波长后将检测室盖板合下而指示为1，表示透过率已超出规定199.9范围，须将“光量粗、细调”电位器逆时针旋转调至所需指示）。

③ 将被测溶液置于光路中，指示读数即为被测溶液的透过率值。

(3)“吸光度”（A）的测量

① 按下“A”键。将检测室盖板打开，调节“零位细调”电位器，使指示为00.0，同时“－”号闪烁。如果指示读数不是此值时，应调整“消光调零”电位器，使其达到要求。重复操作①项。

② 将被测溶液置于光路中，指示读数即为被测溶液的“吸光度”值。

(4) 浓度（c）的测量

① 方法同“吸光度”（A）测量①项操作。不同之处在于按下“c”键。

② 将已知标准溶液置于光路，然后调整“浓度调节”电位器使指示为100.0（一般情况用吸光度为1左右的标准溶液调至100.0）。

③ 将被测溶液置于光路，指示读数即为被测溶液的浓度（按比例计算被测溶液的值）。

3.6.3 注意事项

① 仪器不能连续使用2h以上，如必须连续工作，需间歇0.5h。

② 使用过程中，吸光度测定结束后，需及时打开比色皿暗盒盖，使光电管处于遮光位置，延长使用寿命。

③ 测定时比色皿要先用蒸馏水冲洗，再用被测溶液洗3次，以免改变被测溶液的浓度。

④ 溶液装入比色皿后，要用擦镜纸或滤纸条擦干比色皿外部，擦时要注意保护透光面，拿比色皿时，只能捏住毛玻璃的两边。

⑤ 比色皿放入比色皿架内时，应注意它们的位置，尽量使它们前后一致，否则容易产生误差。

⑥ 仪器不能受潮，应及时更换单色光器及光电盒内的防潮硅胶。

⑦ 搬动仪器时，要把读数表短路，即把灵敏度挡拨到最小位置。

3.7 阿贝折光仪

折射率是物质的特性常数。一定温度下，纯物质具有确定的折射率，而混合物的折射率则与混合物的组成有关。例如对于溶液，当溶质的折射率小于溶剂的折射率时，浓度越大，混合物的折射率越小；反之亦然。通过物质折射率的测定可以了解物质的组成、纯度及结构等。由于测定折射率所需样品量少、测量精度高、重现性好，常用来定性鉴定液体物质或其纯度以及定量分析溶液的组成等。

3.7.1 阿贝折光仪的原理

阿贝折光仪是测量物质折射率的专用仪器，它能快速而准确地测出透明、半透明液体或固体材料的折射率（测量范围一般为1.3000～1.7000），它还可以与恒温、测温装置连用，测定折射率随温度的变化关系。其工作原理简述如下。

根据折射定律，入射角i和折射角r之间有下列关系：当光线从介质1进入介质2时则

$$\frac{\sin i}{\sin r}=\frac{n_2}{n_1}=\frac{v_1}{v_2}=n_{1,2}$$

式中，n_1，n_2，v_1，v_2分别为1，2两介质的折射率和光在其中的传播速度；$n_{1,2}$是介质2对于介质1的相对折射率。

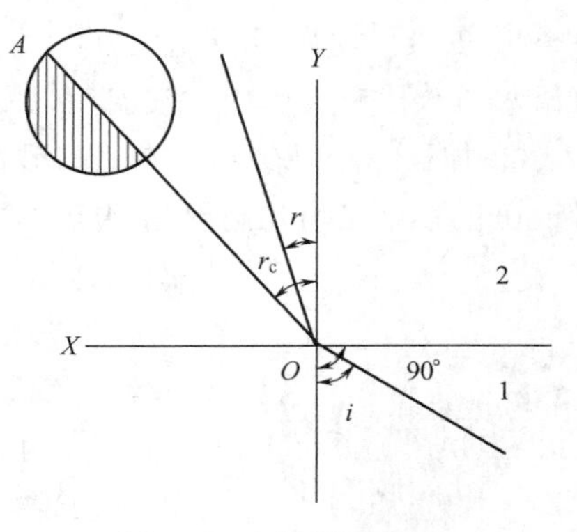

图3-8 光折射示意图

由上式可知，当$n_2>n_1$时，则折射角r恒小于入射角i。当入射角i增加到90°时，折射角相应地增加到最大值r_c，r_c称为临界角。此时介质2中从OY到OA之间有光线通过，而OA到OX之间则为暗区，见图3-8。当入射角为90°时，上式可写成：$n_1=n_2\sin r_c$。即在固定一种介质时，临界折射角r_c的大小和折射率有简单的函数关系。

阿贝折光仪就是根据这个原理设计的。图3-9是仪器构造的示意图。它的主要部分为两块直角棱镜P_{I}、P_{II}，棱镜P_{I}的粗糙表面$A'D'$与P_{II}的光学平面镜AD之间有0.1～0.15mm的空隙，用于装待测液体并使其在P_{I}、P_{II}间铺成一薄层。光线从反射镜射入棱镜P_{I}后，由于$A'D'$面是粗糙的毛玻璃而发生漫反射，从各种角度透过缝隙的被测液体，进入棱镜P_{II}中。由前所知，从各个方向进入棱镜P_{II}的光线均产生折射，而其折射角都落在临界角r_c之内（因为棱镜的折射率大于液体的折射率，因此入射角从0°到90°的全部光线都能通过棱镜而发生折射）。具有临界角r_c的光线穿出棱镜P_{II}后射于目镜上，此时若将目镜的十字线调节到适当位置，则会见到目镜上半明半暗。

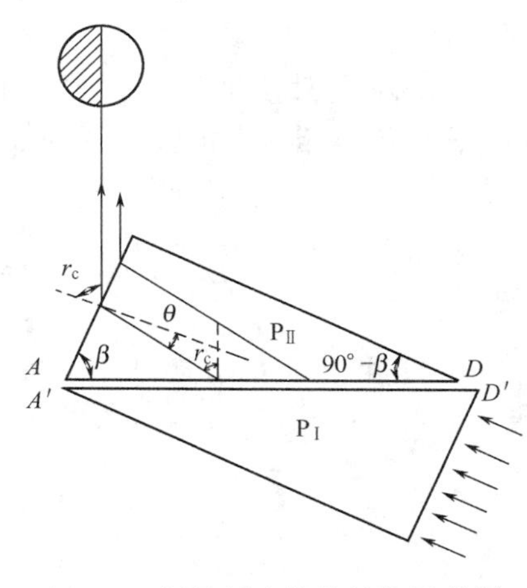

图3-9 阿贝折光仪的结构示意图

从几何光学原理可以证明，缝隙中液体的折射率$n_{液}$与r_c间的关系为：

$$n_{液}=\sin\beta\sqrt{n_{棱镜}^2-\sin^2 r_c}-\cos\beta\sin r_c$$

β对一定的棱镜为一常数，$n_{棱镜}$在定温下也是个定值。所以液体的折射率$n_{液}$是角r_c的函数。由r_c可计算液体折射率。折光仪上已经把读数r_c换算成$n_{液}$的值，可直接读出$n_{液}$的值。

在指定条件下，液体的折射率因所用单色光的波长不同而不同。若用普通白光作为光源，则由于发生色散而在明暗分界线处呈现彩色光带，使明暗交界不清楚。为了能用白光作光源，在仪器中还装有两个各由三块棱镜组成的“阿密西”棱镜作为补偿棱镜（上面的一块“阿密西”棱镜可以转动），调节其相对位置，在适当取向时，可以使从下面的折射棱镜出来的色散光线重新成为白光，消除色带，使明暗界线清楚。此时，用白光测得的折射率即相当

于用钠光 D 线（波长 589nm）测得的折射率 n_D。

3.7.2 阿贝折光仪使用方法

① 安装 将阿贝折光仪放在光亮处，但避免将其置于直晒的日光中，用超级恒温槽将恒温水通入棱镜夹套内，其温度以室内温度计读数为准。

② 加样 松开锁钮，在其磨砂面上滴加几滴试样（滴管切勿触及镜面），合上棱镜，旋紧锁钮。亦可先滴几滴丙酮用于清洗镜面，然后用镜头纸轻轻揩干。待镜面干燥后，滴加数滴试样于辅助棱镜的毛镜面上，闭合辅助棱镜，旋紧锁钮。若试样易挥发，则可在两棱镜接近闭合时从加液小槽中加入，然后闭合两棱镜，锁紧锁钮。

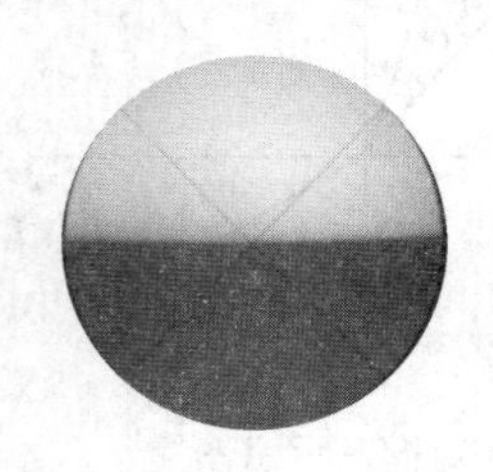

图 3-10 精调后的视窗画面

③ 对光 转动手柄，使刻度盘标尺上的示值为最小，然后调节反射镜，使入射光进入棱镜组，同时从测量镜中观察，使视场最亮。调节目镜，使视场准丝最清晰。

④ 粗调 转动手柄，使刻度盘标尺上的示值逐渐增大，直至观察到视场中出现彩色光带或黑白临界线为止。

⑤ 消色散 转动消色散手柄，使视场内呈现一个清晰的明暗临界线。

⑥ 精调 转动手柄，使临界线正好处在 X 形准丝交点上，若此时又呈微色散，必须重调消色散手柄，使临界线明暗清晰。精调后的视窗画面如图 3-10 所示。

⑦ 读数 从读数标尺上读出折射率。由于眼睛在判断临界线是否处于准丝点交点上时，容易疲劳，为减少偶然误差，应转动手柄，重复测定三次，三个读数相差不能大于 0.0002，最后取其平均值。

⑧ 做完实验后，整理仪器。

3.7.3 注意事项

① 折光仪刻度盘上的标尺零点有时会发生移动，须加以校正。校正的方法是用一种已知折射率的标准液体，一般是纯水，按上述方法进行测定，将平均值与标准值比较，其差值即为校正值。

② 实验中不要忘记记录实验室温度。

③ 先测纯净水的折射率再测酒精溶液的折射率。

④ 阿贝棱镜质地较软，在利用滴管加液时，不能让滴管碰到棱镜面上，以免划伤；闭合棱镜时，应防止待测液层中存在气泡。

⑤ 每次测量后，棱镜表面必须用蒸馏水冲洗干净，用脱脂棉或擦镜纸轻轻把水分吸干、擦净。

3.8 旋光仪的使用

3.8.1 旋光仪基本原理

偏振光通过某种物质后，其振动面将以光的传播方向为轴线转过一定的角度，这种现象叫做旋光现象。旋转的角度称为旋光度。

凡能使线偏振光通过后将其振动面旋转一定角度的物质，称作旋光性物质。旋光性物质不仅限于像石英、朱砂等固体，还包括糖溶液、松节油等具有旋光性质的液体。不同的旋光性物质可使偏振光的振动面向不同方向旋转。若面对光源，使振动面逆时针旋转的物质称为左旋物质；使振动面顺时针旋转的物质称为右旋物质。

旋光仪的构造如图 3-11 所示。

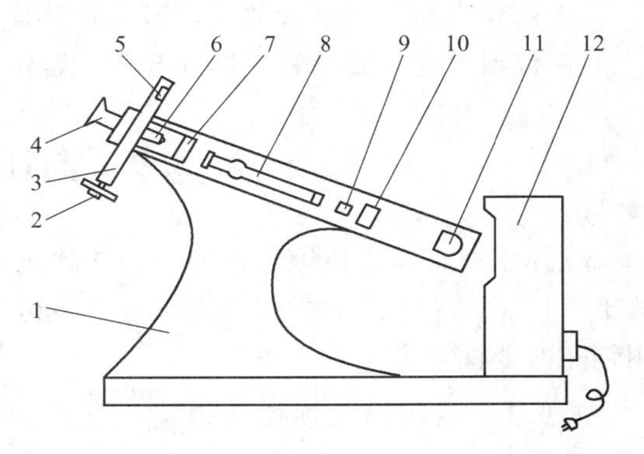

图 3-11　旋光仪构造示意图

1—底座；2—度盘调节手轮；3—刻度盘；4—目镜；5—游标盘；6—物镜；7—检偏片；8—测试管；9—石英片；10—起偏片；11—会聚透镜；12—钠光灯光源

测量采用半阴法，钠光灯发出的光经起偏片后成为平面偏振光，在半波片（劳伦特石英片）处产生三分视场。检偏片与刻度盘连在一起，转动刻度盘调节手轮即转动检偏片，可以看到三分视场各部分的亮度变化情况，如图 3-12 所示。其中图 3-12(a)、图 3-12(c) 为大于或小于零度视场，图 3-12(b) 为零度视场，图 3-12(d) 为全亮视场。找到零度视场，从刻度盘游标处装有放大镜的视窗读数。

将装有一定浓度的某种溶液的试管放入旋光仪后，由于溶液具有旋光性，使平面偏振光旋转了一个角度，零度视场便发生了变化，转动度盘调节手轮，使再次出现亮度一致的零度视场，这时检偏片转过的角度就是溶液的旋光度，从视窗中的读数可求出其数值。

读数装置由刻度盘和游标盘组成，其中刻度盘与检偏镜连为一体，并在刻度盘调节手轮的驱动下可转动。为了避免刻度盘的偏心差，在游标盘上相隔 180°对称地装有左右两个游标，测量时两个游标都读数，取其平均值。

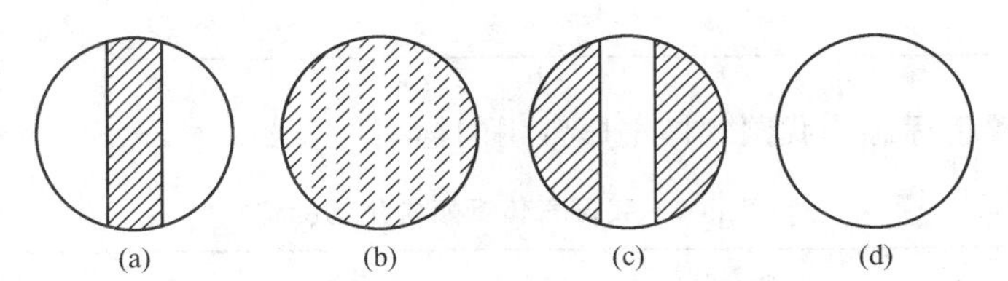

图 3-12　三分视场各部分的亮度变化情况示意图

3.8.2　旋光仪使用方法

① 接通电源并开启仪器电源开关，约 5min 后钠光灯发光正常，就可以开始工作；

② 调节旋光仪的目镜，使视场中三分视场区域及分界线十分清晰 [图 3-12(a) 或(c)]；转动检偏器，观察并熟悉视场明暗变化的规律；

③ 熟悉游角标尺的读数方法，记录最大仪器误差；

④ 检查仪器零位是否准确，即在仪器未放试管时，将旋光仪调到图 3-12(b) 所示的状态，看到视场两部分亮度均匀且较暗时，刻度盘上左右两游标窗口上的相应读数相加除以 2，作为零位读数；

⑤ 将盛满已知浓度或未知浓度溶液的试管依次放入仪器内，重调目镜使三分视场区域及分界线清晰，再旋转检偏器使视场亮度均匀且较暗，如图 3-12(b) 所示的状态，从刻度

盘上左右窗口记下相应的角度；

⑥ 由偏振光被旋转的方向确定物质的旋光性（左旋还是右旋）。

3.8.3 注意事项

① 溶液应装满试管，不能有气泡，如果试管中有气泡，应使气泡处于试管凸起处；

② 试管和试管两端透明窗均应擦净才可装上旋光仪；

③ 操作中注意将试管放妥，避免将其摔碎；

④ 仪器电源不要反复连续地开关，若钠光灯熄灭，需停几分钟后再开。

3.9 高压钢瓶的使用

气体钢瓶是储存压缩气体的特制的耐压钢瓶。使用时，通过减压阀（气压表）有控制地放出气体。由于钢瓶的内压很大（有的高达15MPa），而且有些气体易燃或有毒，所以在使用钢瓶时要注意安全。

3.9.1 高压钢瓶规格及识别

① 高压钢瓶型号、规格（按工作压力分类） 见表3-1。

表 3-1 高压钢瓶型号、规格（按工作压力分类）

钢瓶型号	用途	工作压力/Pa	试验压力/Pa	
			水压试验	气压试验
150	装 O_2、H_2、N_2、CH_4、压缩空气及惰性气体等	1.47×10^7	2.21×10^7	1.47×10^7
125	装 CO_2 等	1.18×10^7	1.86×10^7	1.18×10^7
30	装 NH_3、Cl_2、光气、异丁烷等	2.94×10^6	5.88×10^6	2.94×10^6
6	装 SO_2 等	5.88×10^5	1.18×10^6	5.88×10^5

② 高压钢瓶颜色标志 我国气体钢瓶常用的标记见表3-2。

表 3-2 我国气体钢瓶常用的标记

气体类别	瓶身颜色	标字颜色	字样
氮气	黑	黄	氮
氧气	天蓝	黑	氧
氢气	深蓝	红	氢
压缩空气	黑	白	压缩空气
二氧化碳	黑	黄	二氧化碳
氦	棕	白	氦
液氨	黄	黑	氨
氯	草绿	白	氯
乙炔	白	红	乙炔
氟氯烷	铝白	黑	氟氯烷
石油气体	灰	红	石油气
粗氩气体	黑	白	粗氩
纯氩气体	灰	绿	纯氩

3.9.2 高压气体钢瓶的安全使用

① 钢瓶应放在阴凉，远离电源、热源（如阳光、暖气、炉火等）的地方，并加以固定。可燃性气体钢瓶必须与氧气钢瓶分开存放。

② 搬运钢瓶时要戴上瓶帽、橡皮腰圈。要轻拿轻放，不要在地上滚动，避免撞击和突然摔倒。

③ 高压钢瓶必须要安装好减压阀后方可使用。通常情况下，可燃性气体钢瓶上阀门的螺纹为反丝的（如氢、乙炔），不燃性或助燃性气瓶（如 N_2、O_2）为正丝。各种减压阀绝不能混用。

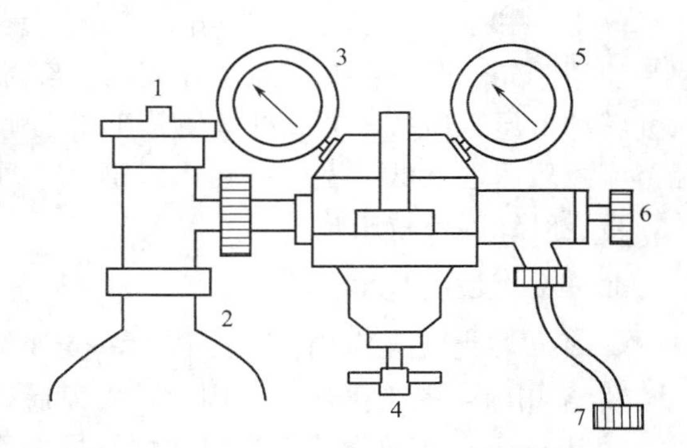

图 3-13　氧气压力表示意图

1—钢瓶总阀门；2—氧气表与钢瓶连接螺旋；3—总压力表；4—调压阀门；5—分压力表；6—供气阀门；7—接氧弹进气口螺旋

④ 开、闭气阀时，操作人员应避开瓶口方向，站在侧面，防止万一阀门或压力表冲出伤人并缓慢操作。

⑤ 氧气瓶的瓶嘴、减压阀都严禁沾污油脂。在开启氧气瓶时还应特别注意手上、工具上不能有油脂，扳手上的油应用酒精洗去，待干后再使用，以防燃烧和爆炸。

⑥ 氧气瓶与氢气瓶严禁在同一实验室内使用。

⑦ 钢瓶内气体不能完全用尽，应保持在 0.05MPa 表压以上的残留压力，以防重新灌气时发生危险。

⑧ 钢瓶须定期送交检验，合格钢瓶才能充气使用。

3.9.3 气体减压阀的构造及正确使用

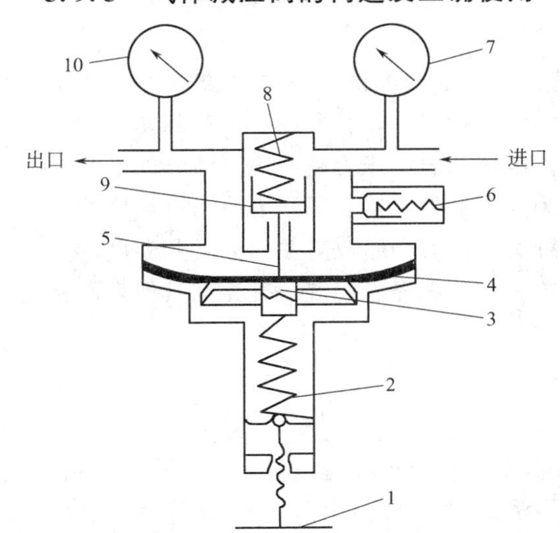

图 3-14　气体减压工作原理示意图

1—旋转手柄；2—主弹簧；3—弹簧垫块；4—薄膜；5—顶杆；6—安全阀；7—高压表；8—压缩弹簧；9—活门；10—低压表

气体钢瓶充气后，压力可达 150×101.3kPa，使用时必须用气体减压阀。其构造如图 3-13 所示。其结构原理如图 3-14 所示。当顺时针方向旋转手柄时，压缩主弹簧，作用力通过弹簧垫块、薄膜和顶杆使活门打开，这时进口的高压气体（其压力由高压表指示）由高压室经活门调节减压后进入低压室（其压力由低压表指示）。当达到所需压力时，停止转动手柄，开启供气阀，将气体输到受气系统。

停止用气时，逆时针旋松手柄，使主弹簧恢复原状，活门由压缩弹簧的作用而密闭。当调节压力超过一定允许值或减压阀出故障时，安全阀会自动开启排气。

安装减压阀时，应先确定尺寸规格是否与钢瓶和工作系统的接头相符，用手拧满螺纹后，再用扳手上紧，防止漏气。若有漏气应再旋紧螺纹或更换皮垫。

在打开钢瓶总阀门之前，以如图3-13所示氧气压力表为例，首先必须仔细检查调压阀门是否已关好（手柄松开是关）。切不能在调压阀门处在开放状态（手柄顶紧是开）时，突然打开钢瓶总阀门，否则会出事故。只有当手柄松开（处于关闭状态）时，才能开启钢瓶总阀门，然后再慢慢打开调压阀门。

停止使用时，应先关钢瓶总阀门，到压力表下降到零时，再关调压阀门（即松开手柄）。

使用时先逆时针打开钢瓶总开关，观察高压表读数，记录高压瓶内总的氧气压，然后顺时针转动低压表压力调节螺杆，使其压缩主弹簧将活门打开。这样进口的高压气体由高压室经节流减压后进入低压室，并经出口通往工作系统。使用结束后，先顺时针关闭钢瓶总开关，再逆时针旋松减压阀。

3.9.4 使用注意事项

① 不可将钢瓶内的气体全部用完，一定要保留0.05MPa以上的残留压力（减压阀表压）。

② 使用时，要把钢瓶牢牢固定，以免摇动或翻倒。

③ 开关气门阀要慢慢地操作，切不可过急或强行用力把它拧开。

3.10 表面张力仪

目前，人们对物质的本性认识越来越深刻，因此，对科学家和科技工作者来说，物质边界层的研究显得更为重要，通常，多相系统的各相之间，存在着界面，一般水的界面是气-液界面，称为表面，桌子的界面是气-固界面，液液的是液-液界面。度量这个无规则排列的边界的物理量有表面界面张力和表面自由能。表面张力仪可以迅速、准确地测出各种液体的表面、界面张力值。在水力、电力部门用来测试电业用油的表面、界面张力值，以加强对绝缘油质的监督；在石油、化工、科研中该仪器也有广泛的应用。

3.10.1 表面/界面张力测试原理

表面张力γ是指作用于液体表面单位长度上使表面收缩的力，或者说液体表面相邻两部分间单位长度内相互牵引的力，它是分子间力的一种表现，其方向与液面相切。由于表面张力的作用，使得液滴的形状总是趋向于球形。液体的表面张力越大，其液滴的形状越接近于球形，越难于在固体平面上散开来。同时，绝大多数的液体表面张力是随着温度的增加而降低的，所以，表面张力的大小，不仅与液体种类、性质和组成有关，而且和温度以及与它相接触的另一相物质的种类、性质和组成等有关。对于洗涤、润湿、乳化和其他表面相关问题，γ可以特别灵敏地进行表征。

3.10.2 JZHY-180 界面张力仪使用方法

JZHY-180界面张力仪如图3-15所示。其操作方法如下。

① 将仪器放在水平、平稳的台面上，使仪器水平。开启仪器电源开关，稳定2min。把铂金环和玻璃杯进行良好的冲洗，先在石油醚中清洗铂金圆环，接着用丙酮漂洗，然后在煤气灯或酒精灯的氧化焰中加热、烘干铂金环。在处理铂金环时要特别小心，以免铂金环变形。然后将铂金环挂在杠杆臂的小钩上，稳定后，开始进行调零工作。

② 液体表面张力的测定　把调整到25℃的试样倒入玻璃杯中，使液体的高度为20～25mm，将玻璃杯放在升降平台上，使铂金环深入到液体中，铂金环达到液面下4～6mm

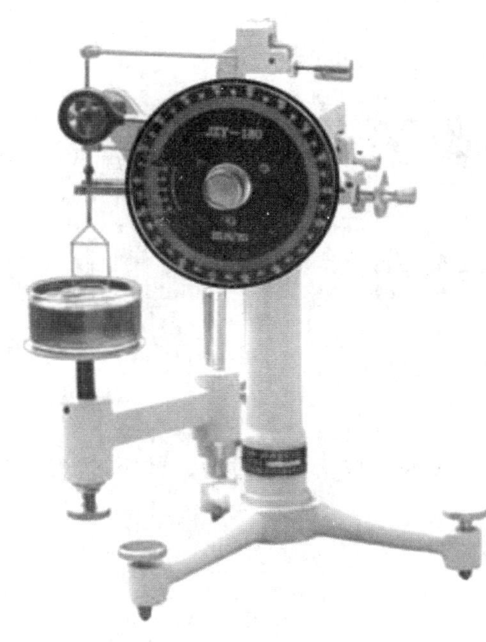
图 3-15　JZHY-180 界面张力仪

处。若此时峰值保持则按保持键，不需要则不用按，再旋转旋钮，升降平台下降，显示值将逐渐增大，最终保持在最大值，若没有按保持键则显示当前张力值，该最大值就是液体的实测表面张力值 γ，然后按键终止试验。

③ 液体界面张力的测定　以石油产品油对水的界面张力为例，把一定量 25℃的蒸馏水倒入玻璃杯中，将玻璃杯放在升降平台中间位置，旋转升降平台下面的旋钮，使铂金环深入到液体中 4～6mm 深度，在蒸馏水中慢慢倒入已调至 25℃试样至约 10mm 高度。注意不要使圆环触及油和水的界面，让油水界面保持 30s，根据需要决定是否按峰值保持键，再旋转旋钮，升降平台下降，记下液膜从界面破裂时的最大值，即得到界面的实测张力值，然后按停止键终止试验。每次试验前都必须对铂金环进行处理。

④ 仪器使用完毕，关闭电源，取下铂金环，清洗干净后，待下次使用。

3.10.3　注意事项

① 将铂金环在流动自来水中清洗干净（注意：不要使铂金环变形），然后将环端在酒精灯上烧红，要烧得充分。

② 将铂金环挂在张力仪吊钩上自然冷却至室温待用。

③ 样品皿清洗，通常情况下，只需要使用自来水和二次蒸馏水。

④ 取被测液体，液体在器皿中高度要高于 7mm，将器皿放入样品盘。

⑤ 每次测试前应确保铂金环及玻璃皿的干净。具体方法如下。

a. 在通常情况下先用流水（最好蒸馏水）清洗，再用酒精灯烧铂金环，当整个环微红时结束，时间为 20～30s，然后挂好待用。但不能悬挂时间太长，以免铂金环上吸附潮气。

b. 在测试前应将玻璃皿清洗并烘干，测试时应先取少许被测样品对玻璃皿进行预润湿，以保持所测数据的有效性。

第4章 基础实验

实验1 硫酸铜的提纯

【实验目的】

1. 了解用重结晶法提纯物质的原理。

2. 学习台秤的使用以及洗涤仪器、加热、溶解、过滤（包括常压过滤、减压过滤）、蒸发、重结晶等基本操作。

【预习要求】

1. 查阅实验部分资料。

2. 思考下列问题。

(1) 在台秤上称量物体时必须注意哪几点？什么叫零点和停点？

(2) 减压过滤的操作步骤有哪些？

(3) 在减压过滤中，①先把沉淀混合物转入布氏漏斗内，后打开自来水开关；②结束过滤时，先关闭自来水开关，后拔掉吸滤瓶上的橡皮管，各有什么影响？

(4) 溶解固体时加热和搅拌起什么作用？

(5) 用重结晶提纯硫酸铜，在蒸发滤液时，为什么加热不可过猛？为什么不可将滤液蒸干？

【实验原理】

可溶性晶体物质中的杂质分为不溶性杂质和可溶性杂质。根据物质溶解度的不同，一般先用溶解、过滤的方法，除去不溶性杂质；然后再用重结晶法使其与少量易溶于水的杂质分离。重结晶的原理是由于晶体物质的溶解度一般随温度的降低而减小，当热的饱和溶液冷却时，待提纯的物质首先以结晶析出，而少量杂质由于尚未达到饱和，仍留在溶液（母液）中。

粗硫酸铜晶体中的杂质通常以可溶性杂质 $FeSO_4$、$Fe_2(SO_4)_3$ 为最多。当蒸发浓缩硫酸铜溶液时，亚铁盐易被氧化为铁盐，而铁盐易水解，有可能生成 $Fe(OH)_3$ 沉淀，混杂于析出的硫酸铜结晶中，所以在蒸发过程中溶液应保持酸性。

若亚铁盐或铁盐含量较多，可先用过氧化氢（H_2O_2）将 Fe^{2+} 氧化为 Fe^{3+}，再调节溶液的 pH 值至约为 4，使 Fe^{3+} 水解成为 $Fe(OH)_3$ 沉淀而除去。其反应式为：

$$2Fe^{2+} + H_2O_2 + 2H^+ = 2Fe^{3+} + 2H_2O$$

$$Fe^{3+} + 3H_2O \xlongequal{pH\approx 4} Fe(OH)_3 \downarrow + 3H^+$$

【仪器和药品】

台秤，烧杯，量筒，洗瓶，漏斗架，普通漏斗，蒸发皿，酒精灯，铁架台，石棉网，布氏漏斗，滤纸，吸滤瓶，研钵，硫酸铜回收瓶（公用）。

硫酸 H_2SO_4（$2mol \cdot dm^{-3}$），氢氧化钠 NaOH（$0.5mol \cdot dm^{-3}$），硫酸铜 $CuSO_4 \cdot 5H_2O$（粗），过氧化氢 H_2O_2（3%），pH 试纸。

【实验内容】

1. 称量和溶解

用台秤称取粗硫酸铜晶体（已在研钵中研细的细粉）5g，放入已洗涤清洁的 $100cm^3$ 烧杯中。用量筒量取 $20cm^3$ 水，将水加入上述烧杯中。然后将烧杯放在石棉铁丝网上加热，并用玻璃棒搅拌。当硫酸铜完全溶解时，立即停止加热。

2. 沉淀和过滤

往溶液中加入 $1cm^3$ 3% H_2O_2 溶液，加热，逐滴加入 $0.5mol \cdot dm^{-3}$ NaOH 溶液直到 pH=4（用玻璃棒蘸取溶液，滴在 pH 试纸上试验），再加热片刻，静置之，使红棕色 $Fe(OH)_3$ 沉降。

将折好的滤纸放入漏斗中，从洗瓶中挤出少量水湿润滤纸，使之紧贴在漏斗上。将漏斗放在漏斗架上。趁热过滤硫酸铜溶液，滤液盛放在清洁的蒸发皿中。从洗瓶中挤出少量水淋洗烧杯及玻璃棒，洗涤水也必须全部滤入蒸发皿中。按同样操作再洗涤一次。将过滤后的滤纸及不溶性杂质投入回收桶中。

3. 蒸发和结晶

在滤液中加入 2 滴 $2mol \cdot dm^{-3}$ H_2SO_4 使溶液酸化，然后在石棉铁丝网上加热、蒸发、浓缩（勿加热过猛以免液体溅失）至溶液表面刚出现薄层结晶时，立即停止加热（注意不可蒸干）；让蒸发皿冷至室温或稍冷片刻，再将蒸发皿放在盛有冷水的烧杯上冷却，使 $CuSO_4 \cdot 5H_2O$ 晶体析出。

4. 减压过滤

将蒸发皿内 $CuSO_4 \cdot 5H_2O$ 晶体全部移到布氏漏斗中，抽气过滤；尽量抽干，并用干净的玻璃棒轻轻挤压布氏漏斗上的晶体，以除去晶体间夹带的母液。停止抽气过滤，取出晶体，把它摊在两张滤纸之间，用手指在纸上轻压以吸干其中的母液。将吸滤瓶中的母液倒入硫酸铜回收瓶中。用台秤称出产品质量，计算产品的产率。

实验 2　化学反应焓变的测定

【实验目的】

1. 了解测定化学反应焓变的原理和方法。
2. 进一步练习电子分析天平、容量瓶和移液管的使用。
3. 了解简易量热器的构造。

【预习要求】

1. 预习化学中的焓（H）、焓变（ΔH）、标准焓变（$\Delta H^{\ominus}$）以及恒压反应热 Q_p 等有关内容。

2. 思考下列问题。

（1）如何用 $CuSO_4 \cdot 5H_2O$ 配制 $250cm^3$ $0.2000mol \cdot dm^{-3}$ 的 $CuSO_4$ 溶液？操作中应注意哪些问题？

(2) 为什么实验中所用锌粉只需用台秤称取，而所用的 $CuSO_4$ 溶液的浓度和体积则要求比较精确？

(3) 对于所用量热器，包括保温杯、玻璃棒及温度计等有什么要求？是否允许有残留的洗涤水滴？为什么？

(4) 为什么采用 t-T 图外推法求反应溶液的 ΔT 值？

(5) 如何根据实验结果计算反应的焓变？

【实验原理】

在恒温下一个化学反应所放出或吸收的热量称为该反应的热效应。一般把在恒温恒压下的反应热效应叫做恒压热效应 Q_p，热力学中用反应体系的焓变 $\Delta_r H_m$ 来表示。即 $\Delta_r H_m = Q_p$。对于放热反应 $\Delta_r H_m$ 为“－”值；对于吸热反应 $\Delta_r H_m$ 为“＋”值。

例如，在 298.15K 下，1mol 锌置换硫酸铜溶液中的铜离子时，放出 217kJ 的热量，即反应 $Zn + Cu^{2+} = Zn^{2+} + Cu$ 的 $\Delta_r H_m^{\ominus}$ (298.15K) $= -217 kJ \cdot mol^{-1}$。

由溶液的比热容和反应前后溶液的温度变化，可求得上述反应的焓变。计算公式如下：

$$\Delta_r H_m^{\ominus} = Q_p = -\Delta TCV\rho \times \frac{1}{n}$$

式中 $\Delta_r H_m^{\ominus}$——反应的焓变，$kJ \cdot mol^{-1}$；

ΔT——反应前后溶液的温度变化，K；

C——溶液的比热容，$kJ \cdot kg^{-1} \cdot K^{-1}$；

V——溶液的体积，dm^3；

ρ——溶液的密度，$kg \cdot dm^{-3}$；

n——所取体积为 V (dm^3) 溶液中溶质的量，mol。

【仪器和药品】

电子分析天平，台秤（公用），玻璃棒，烧杯（$100cm^3$），容量瓶（$250cm^3$），移液管（$50cm^3$ 或 $25cm^3$），洗耳球，简易量热计（保温杯、0～50℃的温度计），秒表。

$CuSO_4 \cdot 5H_2O$（固、分析纯），锌粉（化学纯）。

【实验内容】

1. 准确浓度 $CuSO_4$ 溶液的配制

计算配制 $250cm^3$ $0.2000 mol \cdot dm^{-3}$ 的 $CuSO_4$ 溶液所需 $CuSO_4 \cdot 5H_2O$ 的质量。

在盛有已称好的 $CuSO_4 \cdot 5H_2O$ 的烧杯中，加入约 $40cm^3$ 去离子水，用玻璃棒搅拌，使硫酸铜完全溶解，将此溶液沿着玻璃棒注入洁净的 $250cm^3$ 容量瓶中，再用少量水淋洗烧杯及玻璃棒 3 次以上，洗涤溶液也注入容量瓶中，最后加水到刻度，塞好瓶塞，将瓶内溶液混合均匀。

2. 化学反应焓变的测定

(1) 用台秤称取 3g 锌粉待用。

(2) 用配制好的硫酸铜溶液润洗清洁的 $50.00cm^3$（或 $25.00cm^3$）移液管 2～3 次，然后准确吸取 $100.00cm^3$ 硫酸铜溶液，注入已经用水洗净且擦干的保温杯中，盖好保温杯的盖子（在其泡沫塑料盖中插有精确度为 0.1℃的温度计）。

(3) 不断摇动溶液，每隔 30s 记录一次温度，至 $CuSO_4$ 溶液与保温杯达到热平衡，使温度恒定约 2min。

(4) 迅速向溶液中加 3g 锌粉，立即盖好盖子，继续不停摇动，让锌粉与 $CuSO_4$ 溶液充分混匀反应（摇匀是实验成功的关键），并每隔 30s 记录一次温度。当温度上升到最高点后再继续测定，直至温度从最高点开始下降后再测 3min（见表 4-1）。

表 4-1　反应温度变化记录表

次数											
温度/℃											
次数											
温度/℃											
次数											
温度/℃											
次数											
温度/℃											

（5）测完后将废液体和废固体倒入回收桶中，不要倒入下水道，以免阻塞管道。

（6）如图 4-1 所示，以时间 t 为横坐标、温度 T 为纵坐标作图，用外推法[注]求得反应前后溶液的温度变化 ΔT。

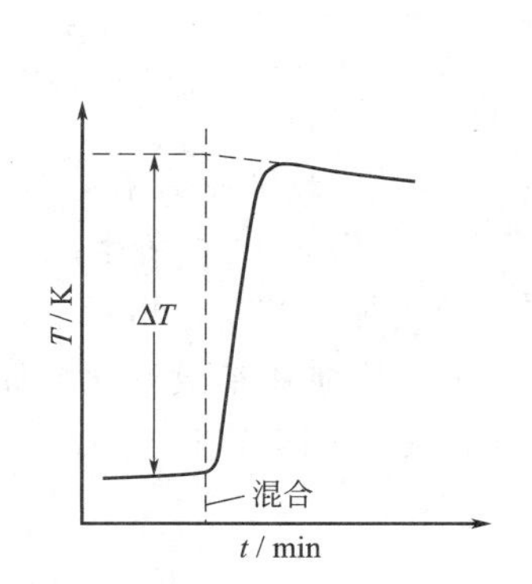

图 4-1　反应时间与温度变化的关系

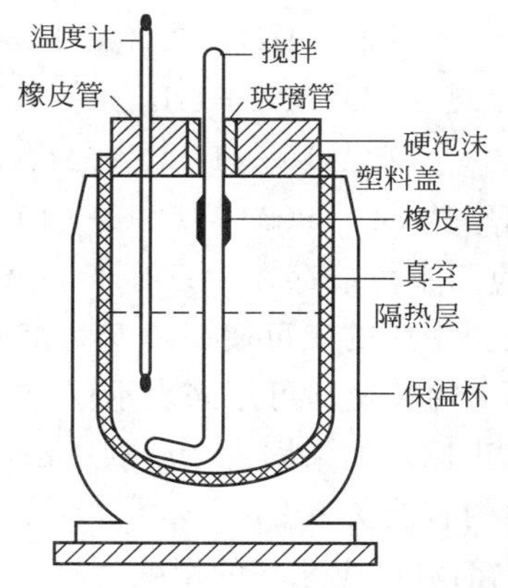

图 4-2　简易量热计

（7）根据实验数据计算 $\Delta_r H_m$ 和测定误差。计算中设溶液的比热容 C 为 $4.18kJ \cdot kg^{-1} \cdot K^{-1}$，溶液的密度 ρ 为 $1.0kg \cdot dm^{-3}$（均近似地以纯水在 298K 左右的数值计），保温杯所吸收的热量予以忽略。

[注]：由于反应后的温度需要一定时间才能升到最高值，而本实验所用简易量热计（见图 4-2）不是严格的绝热体系，因此在这段时间内，量热计不可避免地会与环境发生少量热交换，采用外推法可适当消除这一影响。

实验 3　化学反应速率和化学平衡

【实验目的】

1. 了解浓度、温度、催化剂对化学反应速率的影响。

2. 了解浓度、温度对化学平衡的影响。

3. 练习在水浴中保持恒温，以及量筒、酒精灯的使用操作。

【预习要求】

1. 阅读有关反应速率以及影响反应速率和化学平衡的基本理论，弄清实验要领。

2. 思考下列问题。

(1) 为什么本实验能以淀粉变蓝的快慢来衡量化学反应速率的大小？加入 Na_2SO_3 的量与蓝色出现快慢有无关系？

(2) 实验中加入反应物的顺序有何要求？为什么？

(3) 在本实验中，如何试验温度对化学平衡的影响？预期结果如何？为什么？

【实验原理】

1. 浓度、温度对反应速率的影响

碘酸钾 KIO_3 可以氧化亚硫酸钠而本身被还原。KIO_3 和 Na_2SO_3 在酸性介质中总的反应为

$$2KIO_3+5Na_2SO_3+H_2SO_4 = I_2+5Na_2SO_4+K_2SO_4+H_2O$$

而实际反应可能按下列连续过程进行（在酸性溶液中 Na_2SO_3 以 H_2SO_3 表示）：

(1) $HIO_3+H_2SO_3 = HIO_2+H_2SO_4$

(2) $HIO_2+2H_2SO_3 = HI+2H_2SO_4$

(3) $5HI+HIO_3 = 3I_2+3H_2O$

(4) $I_2+H_2SO_3+H_2O = H_2SO_4+2HI$

反应速率为(4)＞(3)＞(2)＞(1)。因此，只要溶液中有 H_2SO_3 存在，I_2 很快就和 H_2SO_3 反应而不可能存在。只有当 H_2SO_3 全部作用完以后，反应（3）所生成的碘才可能存在。反应中生成的碘可使淀粉变为蓝色。如果在溶液中预先加入淀粉作指示剂，则淀粉变蓝所需时间 t 的长短即可用来表示反应速率的快慢。时间 t 和反应速率成反比，而 $1/t$ 则和反应速率成正比。如果固定 Na_2SO_3 浓度，改变 KIO_3 的浓度，则可以得到 $1/t$ 和 KIO_3 浓度变化之间的直线关系。

2. 催化剂对反应速率的影响

草酸 $H_2C_2O_4$ 与高锰酸钾 $KMnO_4$ 在酸性介质中能发生如下反应：

$$2KMnO_4+5H_2C_2O_4+3H_2SO_4 = 2MnSO_4+10CO_2+K_2SO_4+8H_2O$$

此反应速率较慢。而 Mn^{2+} 对此反应有催化作用，若加入少量 Mn^{2+} 反应速率会增大。

过氧化氢 H_2O_2 溶液在常温下能分解而放出氧，但分解很慢。如果加入催化剂（如二氧化锰、活性炭等），则反应速率立即加快，发生如下反应：

$$2H_2O_2 = 2H_2O+O_2$$

3. 化学平衡的移动

一个可逆反应达到平衡时，若改变平衡的条件，平衡就会发生移动。例如，增大反应物的浓度，平衡就向减小反应物浓度（即增大生成物浓度）的方向移动；升高温度，平衡就向降低温度（即吸热）的方向移动。

【仪器和药品】

温度计，秒表，烧杯（$100cm^3$ 5 只、$400cm^3$ 1 只），量筒（$100cm^3$、$10cm^3$），大试管（3 支），玻璃棒（3 支），细木条，NO_2 平衡仪，酒精灯，石棉铁丝网。

0.01mol·dm^{-3} KIO_3，2mol·dm^{-3} H_2SO_4，0.1mol·dm^{-3} $MnSO_4$，饱和 $H_2C_2O_4$，0.01mol·$dm^{-3}$$KMnO_4$，3%$H_2O_2$，0.1mol·$dm^{-3}$$FeCl_3$，0.1mol·$dm^{-3}$ NH_4SCN，MnO_2（固），0.1%Na_2SO_3（淀粉溶液）[注]。

[注]：0.1%Na_2SO_3（淀粉溶液）1dm^3 溶液中含 1g Na_2SO_3（或 2g $Na_2SO_3\cdot 7H_2O$）、5g 可溶性淀粉及 4cm^3 浓 H_2SO_4。配制时先用少量去离子水将 5g 淀粉调成浆状，然后倒入 100～200cm^3 去离子水中，煮沸，待冷却后加入含有 H_2SO_4 的 Na_2SO_3 溶液，再加去离子水稀释到 1dm^3。此溶液必须用新配制的。

【实验内容】

1. 浓度对反应速率的影响

用专用量筒[注]量取 5cm^3 0.01mol·dm^{-3} KIO_3 溶液，用 100cm^3 量筒量取 45cm^3 水，倒入小烧杯中，用玻璃棒搅拌使混合均匀。用 10cm^3 量筒准确量取 10cm^3 0.1% Na_2SO_3 溶液。准备好秒表，将量筒中的 Na_2SO_3 溶液迅速倒入盛有 KIO_3 溶液的小烧杯中，立即按动秒表，用玻璃棒不断搅拌。在溶液刚出现蓝色时，迅速停止秒表计时，将反应时间记入表 4-2 中。

表 4-2　浓度对反应速率的影响

实验号数	体积/cm^3			反应时间 t/s	$1/t\times 100$	KIO_3 的浓度/mol·$dm^{-3}\times 1200$
	KIO_3	H_2O	Na_2SO_3			
1	5	45	10			
2	10	40	10			
3	15	35	10			
4	20	30	10			

用同样的方法依次按表 4-2 中的实验号数进行实验。

根据上列实验数据，以 KIO_3 的浓度 mol·$dm^{-3}\times 1200$ 为横坐标，$1/t\times 100$ 为纵坐标，绘制曲线。横坐标及纵坐标均以 1cm 为单位。

[注]：不同的试剂用不同的量筒量取，以免多次洗涤。均使用专用量筒，已作好记号，切勿混淆。

2. 温度对反应速率的影响

按上面实验内容 1，往 1 只 100cm^3 小烧杯中加入 5cm^3 0.01mol·$dm^{-3}$$KIO_3$ 溶液及 45cm^3 水，往 1 支试管中加入 10$cm^3$$Na_2SO_3$ 溶液，将该烧杯及试管放入温水浴中升温（可用 400cm^3 烧杯作水浴，加入热水或用小火加热）。待溶液温度高于室温 10℃时，将两溶液混合，搅拌混合均匀。记录从开始混合至出现蓝色所需的时间，并与实验内容 1 中测得的室温时所需时间作比较。

若室温高于 30℃，测定温度可低于室温 10℃，用冰水浴代替热水浴。

3. 催化剂对反应速率的影响

（1）均相（或单相）催化。取 2 支试管，往 1 支试管中加入 1cm^3 2mol·dm^{-3} H_2SO_4、0.5cm^3 0.1mol·dm^{-3} $MnSO_4$、3cm^3 饱和 $H_2C_2O_4$ 溶液。往另 1 支试管加入 1cm^3 2mol·dm^{-3} H_2SO_4、0.5cm^3 去离子水、3cm^3 饱和 $H_2C_2O_4$ 溶液。然后于此两支试管中各加入 3 滴 0.01mol·dm^{-3} $KMnO_4$ 溶液、摇匀，比较两支试管中紫红色褪去的快慢。

(2) 复相（或多相）催化。取1支试管，加入3cm³ 3%H_2O_2溶液，观察是否有气泡产生。然后往试管中再加入少量二氧化锰（MnO_2）粉末，观察是否有气泡（氧气）放出，用细木条余烬插入试管中检验之。

4. 接触面积对反应速率的影响

取2支试管，各加入2cm³ 0.1mol·dm⁻³ $CuSO_4$溶液，然后往1支试管中加入少量锌粉，往另一支试管中加入几颗锌粒，观察两溶液颜色的变化，并比较其反应速率。

5. 浓度对化学平衡的影响

向一只100cm³烧杯中加入15cm³去离子水，然后加入0.1 mol·dm⁻³ $FeCl_3$及0.1 mol·dm⁻³ NH_4SCN溶液各3滴，得到浅血红色溶液。溶液中的红色物质主要是$[Fe(SCN)]^{2+}$。当红色不变时，即表示反应达到平衡。

$$Fe^{3+} + SCN^- \rightleftharpoons [Fe(SCN)]^{2+}$$

将所得溶液等分三份分别装入3支试管中，然后向第1支试管中加入4滴0.1 mol·dm⁻³ $FeCl_3$溶液，向第2支试管中加入4滴0.1mol·dm⁻³ NH_4SCN溶液，第3支试管留作比较用。观察前两支试管中溶液颜色的变化，从而指出浓度对化学平衡的影响。

6. 温度对化学平衡的影响

取2只密闭有塞的锥形瓶，内装处于平衡状态的NO_2和N_2O_4气体（两瓶气体颜色深浅相仿）：

$$\underset{\text{(红棕色)}}{2NO_2} \rightleftharpoons \underset{\text{(无色)}}{N_2O_4} \qquad \Delta H = -58.2\text{kJ}\cdot\text{mol}^{-1}$$

混合气体的颜色深浅视NO_2与N_2O_4的相对含量而定。将1只锥形瓶浸在盛有热水的烧杯中，另1只锥形瓶浸在盛有冷水的烧杯中，比较两瓶气体的颜色，从而作出温度对化学平衡的影响的结论[注]。

[注]：本实验的锥形瓶可公用，每次观察完毕应立即将盛NO_2气体的锥形瓶从水中取出，以便恢复到室温，供其他学生使用。

实验4　醋酸解离度和解离常数的测定

【实验目的】

1. 学习弱酸解离常数的一种测定方法。
2. 练习滴定的基本操作。
3. 学习pH计的使用方法。

【预习要求】

1. 复习弱酸解离平衡理论及pH值等概念。
2. 阅读有关滴定操作及本实验中的pH计的使用说明。
3. 思考下列问题。

(1) 本实验中测定HAc解离常数的原理如何？

(2) 实验中未知浓度的酸的体积应用什么量取？为什么？量取前须用未知酸荡洗吗？

（3）使用 pH 计时，应特别注意之点是什么？

【实验原理】

醋酸 HAc 是弱电解质，在水溶液中存在着下列解离平衡：

$$HAc \rightleftharpoons H^+ + Ac^-$$

	HAc	H^+	Ac^-
起始时浓度/$mol\cdot dm^{-3}$	c	0	0
平衡时浓度/$mol\cdot dm^{-3}$	$c-c\alpha$	$c\alpha$	$c\alpha$

$$K_a^\ominus=\frac{(c_{H^+}/c^\ominus)(c_{Ac^-}/c^\ominus)}{c_{HAc}/c^\ominus}=\frac{(c\alpha)^2}{c-c\alpha}=\frac{c\alpha^2}{1-\alpha}$$

式中，$K_a^\ominus$ 表示弱酸（如醋酸）的解离常数；c 表示弱酸的起始时浓度；α 表示弱酸的解离度；$c^\ominus=1mol\cdot dm^{-3}$。

在一定温度时，用 pH 计（酸度计）测定已知浓度的醋酸的 pH 值。①按 $pH=-\lg c_{H^+}$ 换算成 c_{H^+}；②根据 $c_{H^+}=c\alpha$，可求得对应的醋酸的解离度 α；③根据 $K_a^\ominus=c\alpha^2/(1-\alpha)$，可求得对应醋酸的 $K_a^\ominus$ 值；④在一定温度下，$K_a^\ominus$ 值近似地为一常数，取所得的 $c\alpha^2/(1-\alpha)$ 的平均值，即为该温度时 HAc 的解离常数 $K_a^\ominus$。

【仪器和药品】

pH 计，酸式滴定管，碱式滴定管，移液管（$25cm^3$），锥形瓶（$250cm^3$ 2 只），铁架，小烧杯，滴定管夹，洗耳球，温度计。

标准氢氧化钠 NaOH（$0.1000mol\cdot dm^{-3}$，已标定），醋酸 HAc（未知浓度），酚酞（1%）。

【实验内容】

1. 醋酸溶液浓度的标定

用移液管精确量取 2 份 $25.00cm^3$ 未知浓度 HAc 溶液，分别注入 2 只 $250cm^3$ 锥形瓶中，各加入 2 滴酚酞指示剂。

分别用标准 NaOH 溶液滴定至溶液呈现浅红色且摇荡后半分钟内不消失为止。分别记下滴定前和滴定终点时滴定管中 NaOH 液面的读数，记入到表 4-3 中。计算出所用的 NaOH 溶液的体积，从而求得醋酸溶液的精确浓度。

$$c_{HAc}=c_{NaOH}V_{NaOH}/V_{HAc}$$

2. 配制不同浓度的醋酸溶液

将三只干燥的小烧杯编成 1 号、2 号、3 号，用酸式滴定管向 3 个小烧杯中分别加入已标定的醋酸溶液 $48.00cm^3$、$24.00cm^3$、$12.00cm^3$，接近所要体积时应一滴一滴地加入。再往 2 号和 3 号小烧杯中分别加入 $24.00cm^3$、$36.00cm^3$ 去离子水，并混合均匀，使三个烧杯中的溶液体积都为 $48.00cm^3$，求出配制的各 HAc 溶液的精确浓度填入表 4-3。

3. 醋酸溶液 pH 值的测定

用 pH 计分别测定上述三种浓度醋酸溶液的 pH 值。记录各份溶液的 pH 值及实验时的室温。按表 4-4 计算各溶液中醋酸的解离度及醋酸的解离常数。

4. 数据记录和处理

（1）HAc 溶液浓度的标定见表 4-3。

表 4-3 HAc 溶液浓度的标定

滴定序号		1	2
所取 HAc 溶液的体积 V_{HAc}/cm^3 标准 NaOH 溶液的浓度 c_{NaOH} 滴定后碱式滴定管内液面读数 V_1/cm^3 滴定前碱式滴定管内液面读数 V_0/cm^3 标准 NaOH 溶液的用量 $V_{NaOH}=V_1-V_0$			
HAc 溶液的浓度 c_{HAc}	测定值		
	平均值		

(2) HAc 解离度和解离常数的测定(温度______℃)见表 4-4。

表 4-4 HAc 解离度和解离常数的测定

烧杯编号	HAc 的体积 $/cm^3$	H_2O 的体积 $/cm^3$	HAc 的浓度 c	pH	c_{H^+}	$\alpha=\frac{c_{H^+}}{c}$	$K_a^{\ominus}=\frac{c\alpha^2}{1-\alpha}$
1							
2							
3							

(3) 实验所得标准解离平衡常数的平均值。

实验 5 解离平衡与沉淀反应

【实验目的】

1. 了解弱电解质的解离平衡及其移动。
2. 了解缓冲溶液的配制及其性质。
3. 了解盐类的水解反应及其水解平衡的移动。
4. 了解难溶电解质的多相离子平衡及溶度积规则。
5. 学习离心分离和 pH 试纸的使用等基本操作。

【预习要求】

1. 复习有关弱电解质的解离平衡及难溶电解质的溶度积原理。
2. 阅读离心分离操作要领(见第 2 章 2.8 固液分离及沉淀的洗涤)。
3. 思考下列问题。

(1) 同离子效应对弱电解质的解离度及难溶电解质的溶解度各有什么影响?

(2) 水解和解离的区别何在? Na_2CO_3 和 $Al_2(SO_4)_3$ 溶液能反应的原因何在? 如何证明产生的白色沉淀是 $Al(OH)_3$ 而不是 $Al_2(CO_3)_3$?

(3) 在具有相同浓度的 Ag^+ 和 Pb^{2+} 混合溶液中,逐渐加入 S^{2-},哪种沉淀将首先生成? 为什么?

(4) $Mg(OH)_2$ 能溶于 NH_4Cl 溶液,AgCl 能溶于氨水,为什么?

【实验原理】

(1) 弱电解质在溶液中的解离是可逆的,在一定条件下达到平衡。当条件改变时,平衡将发生移动,如加入含有与弱电解质相同离子的强电解质时,平衡则向生成弱电解质的方向移动，使弱电解质的解离度降低，这种效应叫做同离子效应。

（2）弱酸及其盐或弱碱及其盐的混合溶液，当将其稀释或在其中加入少量的酸或碱时，溶液的 pH 值改变很小，这种溶液称为缓冲溶液。

（3）盐类的水解反应是由于组成盐的离子和水解离出来的 H^+ 或 OH^- 作用，生成弱酸或弱碱的反应的过程。水解后溶液的酸碱性取决于盐的类型。由于水解是吸热反应并有平衡存在，因此，升高温度或稀释溶液，都有利于水解的进行。如果两种都能水解的盐，其中一种水解后溶液呈酸性，另一种水解后溶液呈碱性，当这两种盐溶液相混合时，彼此可加剧水解。例如：$Al_2(SO_4)_3$ 溶液和 $NaHCO_3$ 溶液相混合。

$$Al^{3+} + 3H_2O \rightleftharpoons Al(OH)_3 + 3H^+$$

$$3HCO_3^- + 3H_2O \rightleftharpoons 3H_2CO_3 + 3OH^-$$

$$Al^{3+} + 3HCO_3^- + 3H_2O = Al(OH)_3\downarrow + 3H_2CO_3$$

$$\llcorner 3H_2O + 3CO_2\uparrow$$

会产生 $Al(OH)_3$ 沉淀和 CO_2 气体。

（4）在难溶电解质的饱和溶液中，未溶解的固体和溶解后形成的离子之间存在着多相离子平衡。例如，在含有过量 PbI_2 的饱和溶液中，存在下列平衡：

$$PbI_2(s) \rightleftharpoons Pb^{2+}(aq) + 2I^-(aq)$$

其平衡常数的表达式为：

$$K_{sp}^{\ominus} = c(Pb^{2+})c^2(I^-)$$

$K_{sp}^{\ominus}$ 表示在难溶电解质饱和溶液中，难溶电解质离子浓度幂的乘积，称为溶度积。

根据溶度积规则可以判断沉淀的生成和溶解，例如：

$J_c = c(Pb^{2+})c^2(I^-) > K_{sp}^{\ominus}$　　溶液过饱和，有沉淀析出；

$J_c = c(Pb^{2+})c^2(I^-) = K_{sp}^{\ominus}$　　溶液正好饱和；

$J_c = c(Pb^{2+})c^2(I^-) < K_{sp}^{\ominus}$　　溶液未饱和，无沉淀析出。

如果设法降低含有难溶电解质沉淀的饱和溶液中某一离子的浓度，使离子浓度的乘积小于其溶度积，则沉淀就会溶解。

如果溶液中含有两种或两种以上的离子都能与加入的某种沉淀剂反应生成难溶电解质时，沉淀的先后次序取决于所需沉淀剂离子浓度的大小。沉淀剂离子浓度较小的先沉淀，沉淀剂离子浓度较大的后沉淀。这种先后沉淀的现象叫做分步沉淀。

使一种难溶电解质转化为另一种难溶电解质，即把一种沉淀转化为另一种沉淀的过程，叫做沉淀的转化。一般说来，溶度积较大的难溶电解质易转化为溶度积较小的难溶电解质。

【仪器和药品】

试管，试管夹，离心试管，离心机，玻璃棒，小烧杯，量筒（$10cm^3$），pH 计酒精灯。

酸：HCl($0.1mol \cdot dm^{-3}$、$2mol \cdot dm^{-3}$、$6mol \cdot dm^{-3}$)，HAc($0.1mol \cdot dm^{-3}$、$1mol \cdot dm^{-3}$、$2mol \cdot dm^{-3}$)。

碱：NaOH($0.1mol \cdot dm^{-3}$)，氨水($0.1mol \cdot dm^{-3}$、$0.2mol \cdot dm^{-3}$)。

盐：NaCl($0.1mol \cdot dm^{-3}$、$1.0mol \cdot dm^{-3}$)，NaAc($1mol \cdot dm^{-3}$)，KI($0.02mol \cdot dm^{-3}$、$0.1mol \cdot dm^{-3}$)，$MgCl_2$($0.1mol \cdot dm^{-3}$)，Na_2CO_3($0.1mol \cdot dm^{-3}$)，$Al_2(SO_4)_3$($0.1mol \cdot dm^{-3}$)，$Pb(Ac)_2$($0.01mol \cdot dm^{-3}$)，$Pb(NO_3)_2$($0.1mol \cdot dm^{-3}$)，$NaHCO_3$($0.5mol \cdot dm^{-3}$)，$AgNO_3$($0.1mol \cdot dm^{-3}$)，K_2CrO_4($0.1mol \cdot dm^{-3}$)，NH_4Ac(s)，NaAc(s)，

$NH_4Cl(s)$，$BiCl_3(s)$。

其他：甲基橙（0.1%），酚酞（1%）。

【实验内容】

1. 弱电解质溶液中的解离平衡及其移动

(1) 在2支试管中各盛去离子水$5cm^3$，一支试管中加入$2mol \cdot dm^{-3}$ HCl溶液1滴，另一支试管中加入$2mol \cdot dm^{-3}$ HAc溶液1滴，各加入2滴甲基橙，摇匀。比较溶液的颜色。

(2) 在试管中加入$2cm^3$ $0.1mol \cdot dm^{-3}$ HAc，再加入1滴甲基橙，观察溶液的颜色。再加入少量NH_4Ac固体，振荡试管使其溶解，观察溶液颜色的变化，并解释之。

(3) 在试管中加入$2cm^3$ $0.1mol \cdot dm^{-3}$氨水，再加入1滴酚酞溶液，观察溶液的颜色。再加入少量NH_4Ac固体，振荡试管使其溶解，观察溶液颜色的变化，并解释之。

2. 缓冲溶液的配制和性质

(1) 往2支试管中各加入$3cm^3$去离子水，用pH试纸（pH＝1～14的试纸）测定其pH值，再分别加入5滴$0.1mol \cdot dm^{-3}$ HCl或$0.1mol \cdot dm^{-3}$ NaOH溶液，用pH计测定它们的pH值。

(2) 在一只小烧杯中，加入$1mol \cdot dm^{-3}$ HAc和$1mol \cdot dm^{-3}$ NaAc溶液各$5cm^3$（用量筒尽可能准确量取），用玻璃棒搅匀，配制成HAc-NaAc缓冲溶液。用pH计测定该溶液的pH值，并与计算值比较。

取3支试管，各加此缓冲溶液$3cm^3$，然后分别加入5滴$0.1mol \cdot dm^{-3}$ HCl或$0.1mol \cdot dm^{-3}$ NaOH或去离子水（各加一种），再用pH计测定它们的pH值，并与原来缓冲溶液的pH值比较。pH值是否有变化？

比较（1）、（2）的实验情况，总结出缓冲溶液的特性。

3. 盐类的水解和影响盐类水解的因素

(1) 温度对水解度的影响。在试管中加入少量NaAc固体及$5cm^3$去离子水，振荡试管，待溶解后再加入2滴酚酞溶液，然后将溶液分盛于两支试管中，将一支试管的溶液加热至沸，比较这两支试管中溶液的颜色，并解释之。

(2) 溶液酸度对水解平衡的影响。在试管中盛去离子水$5cm^3$，加入一小粒（绿豆大小）固体$BiCl_3$（或$SnCl_2$），摇动，观察现象，用pH计测定溶液的pH值。再逐滴加入$6mol \cdot dm^{-3}$ HCl溶液至沉淀溶解为止，又加水稀释，有何现象，解释之。

(3) 能水解的盐类间的相互反应。在一支试管中加入$1cm^3$ $0.1mol \cdot dm^{-3}$ $Al_2(SO_4)_3$溶液，再加入$1cm^3$ $0.5mol \cdot dm^{-3}$ $NaHCO_3$溶液，观察现象。从水解平衡移动的观点解释之。写出反应的离子方程式。

4. 沉淀的生成

(1) 取5滴$0.01mol \cdot dm^{-3}$ $Pb(Ac)_2$溶液于试管中，加入5滴$0.02mol \cdot dm^{-3}$ KI溶液，振荡试管，观察有无沉淀生成？

在上述产生PbI_2沉淀的试管中，加入$9.5cm^3$去离子水，用玻璃棒搅动片刻，观察沉淀能否溶解？试用实验结果验证溶度积规则。

(2) 在两支试管中各加入10滴$0.1mol \cdot dm^{-3}$ $AgNO_3$溶液，再分别加入10滴$0.1mol \cdot dm^{-3}$ K_2CrO_4溶液和$0.1mol \cdot dm^{-3}$ NaCl溶液，观察两试管中沉淀的生成和颜色。

根据溶度积规则说明沉淀产生的原因。

5. 分步沉淀

往1支离心试管中加入6滴0.1mol·dm^{-3} NaCl溶液和2滴0.1mol·dm^{-3} K_2CrO_4溶液，稀释至2cm^3，摇匀后逐滴加入6～8滴0.1mol·dm^{-3} $AgNO_3$溶液（边滴边摇）。在离心机上离心沉降后，观察生成的沉淀的颜色（注意沉淀和溶液颜色的差别！）。再往清液中滴加数滴0.1mol·dm^{-3} $AgNO_3$溶液，会出现什么颜色的沉淀？试根据沉淀颜色的变化判断哪一种难溶物先沉淀？

6. 沉淀的转化

往1支离心试管中加入0.1mol·dm^{-3} $Pb(NO_3)_2$溶液10滴，再加入1mol·dm^{-3} NaCl溶液10滴，有何现象？在离心机上离心分离，弃去清液，往沉淀中滴加0.1mol·dm^{-3} KI沉淀并剧烈搅拌，观察沉淀颜色的变化。解释观察到的现象。

7. 沉淀的溶解

（1）取10滴0.1mol·dm^{-3} $MgCl_2$溶液于试管中，加入10滴0.1mol·dm^{-3} Na_2CO_3溶液，观察沉淀的生成和颜色。再加入数滴2mol·dm^{-3} HCl，观察沉淀是否溶解？试解释之。

（2）取10滴0.1mol·dm^{-3} $MgCl_2$溶液于试管中，加入10滴2mol·dm^{-3}氨水，观察沉淀的生成。再向此溶液中加入少量NH_4Cl固体，振荡，观察原有沉淀是否溶解？用离子平衡移动的观点解释上述现象。

（3）取5滴0.1mol·dm^{-3} $AgNO_3$溶液于试管中，加入5滴0.1mol·dm^{-3} NaCl溶液，观察沉淀的生成。再向此溶液滴加2mol·dm^{-3}氨水，振荡，观察原有沉淀是否溶解？说明原因并写出有关离子方程式。

实验6 氧化还原与电化学

【实验目的】

1. 了解原电池的装置和原理。
2. 了解电解和电化学腐蚀的基本原理。
3. 加深认识电极电势与氧化还原反应方向的关系。
4. 定性观察浓度、酸度对氧化还原反应的影响。

【预习要求】

1. 复习氧化还原反应的基本概念，影响电极电势的因素，能斯特方程式以及原电池、电解、电化学腐蚀等有关内容。

2. 思考下列问题。

（1）如何通过实验比较下列电对电极电势的大小：

$$Fe^{3+}/Fe^{2+};Br_2/Br^-;I_2/I^-$$

（2）介质对$KMnO_4$的氧化性有何影响？如何用实验证明？并查看相应的电极电势。

（3）电极电势差值越大的反应是否氧化还原反应进行得越快？

（4）为什么含有杂质的金属比纯金属易腐蚀？

【实验原理】

原电池是利用氧化还原反应产生电流的装置。一般较活泼的金属为负极，较不活泼的金属为正极。放电时，负极发生氧化反应，不断给出电子，通过导线流入正极，正极上发生还原反应。

电解池是电能产生化学反应的装置。电极符号由外电源确定。与直流电源正极相连的电极是阳极，与直流电源负极相连的电极是阴极。在阳极上发生氧化反应，在阴极上发生还原反应。

电化学腐蚀是由于金属在电解质溶液中发生与原电池相似的电化学过程而引起的一种腐蚀，腐蚀电池中较活泼的金属作为阳极被氧化，而阴极仅起传递电子作用，本身不被腐蚀。

所有伴随电子转移的反应称为氧化还原反应。在反应中得到电子的物质是氧化剂，失去电子的物质是还原剂。氧化剂、还原剂的氧化、还原能力的相对高低可用它们的氧化态、还原态组成电对的电极电势的数值来衡量。电极电势代数值越大，该电对所对应的氧化态物质的氧化能力越强，其还原态的还原能力越弱，反之亦然。

根据电极电势的大小，可判断一个氧化还原反应进行的方向。例如：$E^{\ominus}_{Br_2/Br^-}=+1.08V$，$E^{\ominus}_{Fe^{3+}/Fe^{2+}}=+0.771V$，$E^{\ominus}_{I_2/I^-}=+0.535V$，所以对下列两个反应

$$2Fe^{3+}+2I^- \rightleftharpoons I_2+2Fe^{2+} \tag{4-6-1}$$

$$2Fe^{3+}+2Br^- \rightleftharpoons Br_2+2Fe^{2+} \tag{4-6-2}$$

反应（4-6-1）向右进行，反应（4-6-2）向左进行。即 Fe^{3+} 可以氧化 I^- 而不能氧化 Br^-，Br_2 可以氧化 Fe^{2+} 而 I_2 则不能。由此得出：氧化态的氧化能力是 $Br_2>Fe^{3+}>I_2$；还原态的还原能力是 $I^->Fe^{2+}>Br^-$。电对 1 和电对 2 进行氧化还原反应时，其自发进行的方向是：

$$\text{强氧化剂}_1+\text{强还原剂}_2 \longrightarrow \text{弱还原剂}_1+\text{弱氧化剂}_2$$

根据能斯特方程 $E_{\text{氧化态/还原态}}=E^{\ominus}+\frac{0.0592}{n}\lg\frac{c\,(\text{氧化态})^x}{c\,(\text{还原态})^y}$，对于反应

$$MnO_4^-+8H^++5e^- \rightleftharpoons Mn^{2+}+4H_2O$$

则 $E_{MnO_4^-/Mn^{2+}}=E^{\ominus}_{MnO_4^-/Mn^{2+}}+\frac{0.0592}{5}\lg\frac{c(MnO_4^-)c(H^+)^8}{c(Mn^{2+})}$

可知改变 $c(H^+)$ 或 $c(MnO_4^-)$、$c(Mn^{2+})$ 都能改变 MnO_4^- 的氧化性。

【仪器和药品】

烧杯（$100cm^3$ 3 只），盐桥（充有琼脂和 KCl 饱和溶液的 U 形管），锌片，铜片，铜丝（粗、细），伏特计，石墨电极，试管，量筒，洗瓶。

$ZnSO_4$（$1mol\cdot dm^{-3}$），$CuSO_4$（$1mol\cdot dm^{-3}$），Na_2SO_4（$0.5mol\cdot dm^{-3}$），HCl（$1mol\cdot dm^{-3}$、$2mol\cdot dm^{-3}$、浓），H_2SO_4（$2mol\cdot dm^{-3}$、$3mol\cdot dm^{-3}$），NaOH（$6mol\cdot dm^{-3}$），Na_2SO_3（$0.1mol\cdot dm^{-3}$），$KMnO_4$（$0.01mol\cdot dm^{-3}$），HAc（$6mol\cdot dm^{-3}$），KI（$0.1mol\cdot dm^{-3}$），KBr（$0.1mol\cdot dm^{-3}$），$FeCl_3$（$0.1mol\cdot dm^{-3}$），$FeSO_4$（$0.1mol\cdot dm^{-3}$），$K_3[Fe(CN)_6]$（$0.1mol\cdot dm^{-3}$），20%乌洛托品，10%硫脲，饱和溴水，饱和碘水，环己烷，MnO_2（固），酚酞（1%），淀粉-碘化钾试纸，砂纸，铁钉，Zn 粒（化学纯）。

【实验内容】

1. 原电池

在一只小烧杯中加入 $50cm^3$ $1mol\cdot dm^{-3}$ 的 $ZnSO_4$ 溶液，在其中插入锌电极；在另一只小烧杯中加入 $50cm^3$ $1mol\cdot dm^{-3}$ 的 $CuSO_4$ 溶液，在其中插入铜电极。用盐桥把两只烧杯中的溶液连通，即组成了原电池。

将连锌电极的导线与伏特计（或万用表）的负极相连，将连铜电极的导线与伏特计的正极相连，然后观察伏特计指针的偏转方向，记下读数。

2. 电解

(1) 为了让实验现象明显，电解时用15V稳态直流电源代替原电池，在洗净的点滴板上放上滤纸，并滴上数滴 Na_2SO_4 溶液和一滴酚酞溶液，将正、负电极（铜片做电极）保持一点距离放在润湿的滤纸上，观察实验现象，写出电极反应式。

(2) 洗净点滴板，在点滴板上放一条润湿的淀粉-KI试纸，将与电源正、负极相连的石墨棒保持一点距离轻压在试纸上。观察实验现象，写出电极反应式。

总结电极反应与电极电势有何关系。

3. 腐蚀及其防止

(1) 原电池的形成对腐蚀的影响。取一支试管，加入 $2mol \cdot dm^{-3}$ HCl溶液 $1cm^3$，再放入一粒化学纯锌粒，观察有无反应发生？然后再用一段铜丝伸入试管中并与锌粒接触，再观察有何现象发生？为什么？

(2) 乌洛托品的缓蚀作用[注]。取两支试管，各加入 $2mol \cdot dm^{-3}$ HCl溶液 $2cm^3$ 和1滴 $0.1mol \cdot dm^{-3}$ $K_3[Fe(CN)_6]$ 溶液，在其中一支试管中滴加5滴20%的乌洛托品，在另一支试管中加5滴去离子水，然后各放入一颗已去了锈的铁钉。比较两管出现颜色的深浅和快慢。加以说明。

(3) 硫脲的缓蚀作用。取两支试管，各加入 $2mol \cdot dm^{-3}$ H_2SO_4 $3cm^3$，再在1支试管中加入10%硫脲溶液5滴。再在上述两支试管内滴加数滴 $0.1mol \cdot dm^{-3}$ $K_3[Fe(CN)_6]$ 溶液，然后，将用砂纸打光的铁钉分别放入两支试管内，并摇动试管，记录并说明两支试管中所发生的现象。

[注]：硫脲、乌洛托品只起缓蚀作用，所以试管中的试剂加好后应立即进行比较。硫脲在酸性溶液中与 $K_3[Fe(CN)_6]$ 会发生氧化还原反应，有硫析出，会使试管中溶液变浑浊。为使现象明显，可适当多加点 $K_3[Fe(CN)_6]$ 溶液。

4. 氧化还原反应的方向

(1) 取一支试管，向其中加入10滴 $0.1mol \cdot dm^{-3}$ KI溶液和2滴 $0.1mol \cdot dm^{-3}$ 的 $FeCl_3$ 溶液，有无反应？为便于判断，再加入数滴环己烷，充分振荡，观察环己烷层颜色有何变化？然后再向试管中加入 $5cm^3$ 水及几滴 $0.1mol \cdot dm^{-3}$ 的 $K_3[Fe(CN)_6]$ 溶液，观察水层颜色有何变化？用 $0.1mol \cdot dm^{-3}$ KBr溶液代替KI溶液进行上述实验，观察反应能否发生。

(2) 向2支试管中分别加入数滴饱和碘水和饱和溴水，然后各加入10滴 $0.1mol \cdot dm^{-3}$ $FeSO_4$，摇荡试管，观察现象。为便于判断可加入数滴环己烷，振荡试管观察环己烷层有无变化？写出有关反应方程式。

根据实验比较 Br_2/Br^-、I_2/I^- 和 Fe^{3+}/Fe^{2+} 三个电对电极电势的大小，并指出其中哪一物质是最强的氧化剂，哪一物质是最强的还原剂。两个电对发生化学反应时，自发进行的方向如何确定？

5. 酸度对氧化还原反应的影响

(1) 取一支试管，向其中加入少量 MnO_2 固体和 $2cm^3$ $1mol \cdot dm^{-3}$ HCl溶液，用湿润的淀粉-碘化钾试纸检验管口有无气体产生。用浓HCl代替 $1mol \cdot dm^{-3}$ 的HCl溶液进行试验，结果如何？解释两次试验的结果，写出反应方程式。

(2) 在 2 支试管中各加入 10 滴 0.1mol·dm^{-3} KBr 溶液，分别加入 10 滴 3mol·dm^{-3} H_2SO_4 和 10 滴 6mol·dm^{-3} HAc，然后再各加入 2 滴 0.01mol·dm^{-3} $KMnO_4$ 溶液，观察并比较两支试管中紫红色褪色的快慢，写出离子反应方程式并解释之。

6. 介质对氧化还原反应的影响

在三支试管中分别加入 2 滴 0.01mol·dm^{-3} $KMnO_4$ 溶液，然后向第一支试管中加入数滴 3mol·dm^{-3} H_2SO_4 溶液酸化；在第二支试管中加入数滴去离子水；在第三支试管中加入数滴 6mol·dm^{-3} NaOH 溶液碱化。再向各试管滴入 1～2cm^3 0.1mol·dm^{-3} Na_2SO_3 溶液，观察各试管中的现象，写出有关反应方程式。

实验 7　熔点的测定和温度计的校正

【实验目的】

1. 了解熔点测定的重要意义。
2. 掌握熔点测定的基本技能。
3. 了解利用熔点测定法对温度计进行校正的方法。

【实验原理】

1. 熔点

熔点是固体有机化合物固液两态在大气压下达成平衡的温度，纯净的固体有机化合物一般都有固定的熔点，固液两态之间的变化是非常敏锐的，从初熔至全熔（称为熔程）温度不超过 0.5～1℃。

加热纯有机化合物，当温度接近其熔点范围时，升温速度随时间变化约为恒定值，此时用加热时间对温度作图（如图 4-3 所示）。

化合物温度不到熔点时以固相存在，加热使温度上升，达到熔点，开始有少量液体出现，而后固液相平衡，继续加热，温度不再变化，此时加热所提供的热量使固相不断转变为液相，两相间仍为平衡，最后所有的固体熔化后，继续加热则温度线性上升。因此，在接近熔点时，加热速度一定要慢，每分钟温度升高不能超过 2℃，只有这样，才能使整个熔化过程尽可能接近于两相平衡条件，测得的熔点也越精确。

可熔性杂质对于固体有机化合物熔点的影响是使其熔点降低，扩大熔点间隔。物质的蒸气压随温度的升高而增大，如图 4-4 所示。图中曲线 SM 表示固态的蒸气压随温度的变化，

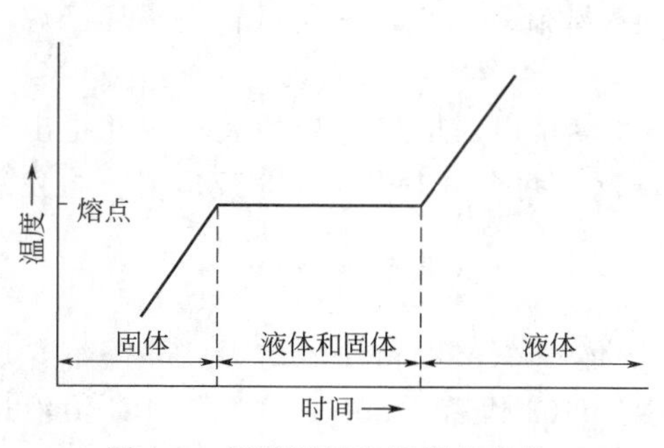

图 4-3　相随时间和温度的变化

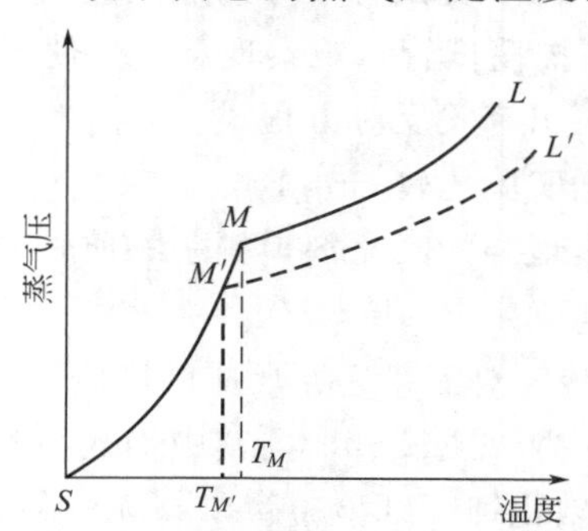

图 4-4　物质蒸气压随温度变化曲线

ML 表示液态时蒸气压与温度的关系，与 M 点相应的温度为 T_M，这时固-液-气三态共存，且达到平衡（即所谓三相点）。温度 T_M 定义为该物质熔点。温度大于 T_M，固态全部转变为液态；反之，温度小于 T_M，则液态转变为固态。微量杂质存在时，根据拉乌尔(Raoult) 定律可知，在一定压力和温度下，增加溶质的物质的量导致溶剂的蒸气分压降低，这时的蒸气压-温度曲线是图 4-4 中 $SM'L'$，M'是三相点，相应温度是 $T_{M'}$，它低于 T_M。这就是有杂质存在的有机物熔点降低的原因。

少数有机化合物，在加热尚未达到其熔点前，即局部分解，分解物的作用与可熔性的杂质相似，因此这一类的化合物没有恒定的熔点。分解得迟早快慢与加热的速度有关，所以加热的情况决定此类化合物分解点的高低，往往是加热快，测得的分解点较高，加热慢时，则分解点低。常用样品的理论熔点见表 4-5。

表 4-5　常用样品的理论熔点

标样	冰	苯胺	二苯胺	萘	乙酰苯胺	苯甲酸	尿素	水杨酸
理论熔点	0℃	50℃	53℃	80.55℃	114.3℃	122.4℃	135℃	159℃

2. 温度计的校正

为了测得精确的熔点，必须对温度计进行校正。温度计有全浸式和半浸式两种。全浸式温度计的刻度是在温度计的汞线全部受热情况下刻出来的，而在实际测定熔点时仅有部分汞线受热，露出汞线的温度当然较受热部分低，因此须对露出的汞线进行校正。此外，由于温度计的质量，其刻度可能不准，这些都会使熔点测定读数与真正熔点之间产生一定的偏差。为了校正温度计，可选用一标准温度计与之比较。通常采用纯有机化合物的熔点作为校正的标准。校正时只需选择数种已知熔点的纯化合物作为标准，测定它们的熔点。以观察到的熔点作纵坐标，文献报道的标准熔点与测得熔点之差 ΔT_f 即校正值作为横坐标，画出如图 4-5 所示的温度计校正曲线。某一测定温度时的校正值可以直接从图中读出。

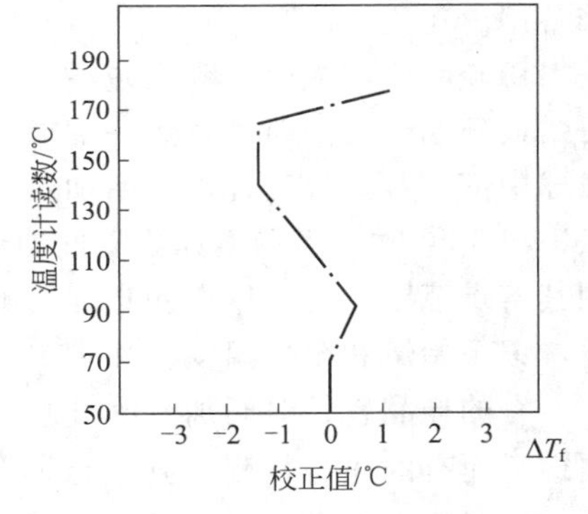

图 4-5　温度计校正曲线

另一种校正温度的方法是用冰水及对纯水进行蒸馏，测定温度计上 0℃及 100℃时的读数。其具体校正方法如下。

在 100cm^3 烧杯中，放入 50g 碎冰和水的混合物，然后将温度计迅速插入冰水中（注意：水银球应全部浸没在冰水中）并进行搅拌，当温度不变时记下读数，即为测定 0℃时的读数。

测定 100℃时读数的方法是蒸馏水，当纯水开始沸腾并有水蒸出时，温度计所示温度恒定，记录此读数即为温度计相应于 100℃时的温度。这样，就可知该温度计 0℃与 100℃时的误差是多少。

3. 毛细管熔点测定法

在有机化学实验中，毛细管熔点测定法是一个很好的方法，但并不是最精确的方法，因为测得的数值常常略高于真实熔点。尽管如此，它的精确度已可满足一般要求。其最大优点是用量少，操作简便。

测定熔点最常用的仪器是提勒（Thiele）管，又称 b 形管，见图 4-6。管口装有开口塞

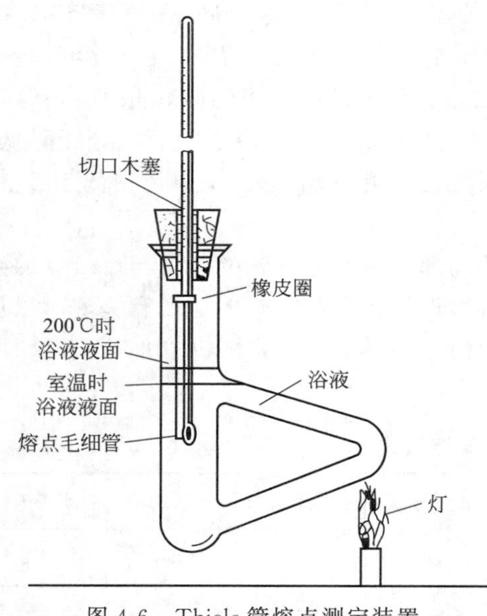

图 4-6 Thiele 管熔点测定装置

子，温度计插入其中，温度计水银球位于 b 形管上下两叉管之间，样品置于水银球中部，浴液的高度可达 b 形管上叉管处。加热位置应于侧管处（见图 4-6），受热浴液沿管作上升运动促使整个 b 形管内浴液循环对流，使温度均匀而不需要搅拌。

影响测定结果的因素有：加热速度、毛细管壁厚薄、直径大小、样品颗粒粗细及样品装填是否紧密，最重要的是温度计的准确程度。

测熔点用的毛细管，外径为 1～1.5mm，长约 5cm。用玻璃棒或镍勺将经过干燥的样品压研成极细的粉末，聚成一堆。把毛细管开口一端垂直插入堆集的样品中，使一些样品进入管内，然后，把该毛细管垂直桌面轻轻上下振动，使样品进入管底，再用力在桌面上上下振动，尽量使样品装得紧密。或将装有样品、管口向上的毛细管，放入长 50～60cm 垂直桌面的玻璃管中，管下可垫一表面皿，使之从高处落于表面皿上，如此反复几次后，可把样品装得很实。样品高度 2～3mm，一个样品需装两至三支毛细管备用。

用硫酸作浴液时，利用硫酸的表面张力，将已装好的毛细管附着在温度计上。如用液体石蜡或硅油作浴液时，可用一细橡皮圈把毛细管固定在温度计上。毛细管底部位于温度计水银球中部，装好温度计，开始加热，若已知样品的熔点，开始可较快地加热，当温度低于熔点 10～15℃时，需调整火焰慢慢加热，每分钟升温 1～2℃。在测未知物时，可先较快地粗测其熔点范围，再根据所测数据细测。这样较节省时间。在测定时，应仔细观察样品变化情况，记录始熔和全熔温度。如 171.5～172.5℃。

有的样品较长时间加热易分解，可先将熔点管热至低于样品熔点 20℃时，再放入样品测定。而有的化合物测不到熔点而只能测得分解点，即到一定温度时样品完全分解而不熔化，这时应记录为：130.5℃（分解）。

在进行第二次测定时，液温需降至低于样品熔点 20～25℃以下再测。两次测得的结果要平行，否则，需测第三次，直至两次结果平行。如无平行结果，可能是样品不纯，或尚未掌握测定方法。每支毛细管只能用一次，样品熔化后，降低温度即凝固，该凝固温度不能算作熔点。

4. 显微镜热板熔点测定法

显微镜热板法及其他改进仪器测熔点的加热方法各异，有电加热机械搅拌和金属板加热等。这些仪器较昂贵，但所需测定的化合物用量较毛细管法更少。

测定时，将被测有机化合物样品置于加热台表面中心位置，盖上隔热玻璃，形成隔热封闭腔体，由控制电路使加热台徐徐加热（加热速度越慢越好）升温。当样品熔化时，立即观测加热台上温度计温度，即为该样品的熔点。利用这种方法测定熔点，除样品很少外还可以清楚地看到样品的晶形结构和熔化全过程。

【实验内容】

1. 毛细管的选择

毛细管的直径一般要求为 1mm 左右，长 80～100mm，毛细管应选取薄一点的，便于传热。用酒精灯加热可以封闭毛细管的一端，另一端保持平整，便于装入样品。

2. 装入样品的方法

本实验要测四种有机物的熔点。我们先将少许待测熔点的干燥样品置于干净的表面皿上，将毛细管熔点管开口的一端向下插入粉末中，然后把熔点管开口向上，另取 50cm 左右的玻璃管垂直于实验桌上，让熔点管从玻璃管内自由落下，在被封口的一端夯实，重复上述操作几次，装样品不宜太多（1～2mm 为宜），沾于管外的样品粉末须擦干净，以免污染加热浴液（本实验浴液为液体石蜡）。

3. 用提勒管加热测熔点

装好样品后，将毛细管熔点管粘贴在温度计旁，用一胶圈将它们固定在一起，样品的位置应在温度计的水银球中间。提勒管的管口有带切口的橡皮塞，将温度计夹于其中，安装如图 4-6。千万不要将水带入提勒管内的液体石蜡中，以免爆溅，将附有样品熔点管的温度计小心插入油浴中，以小火在正确位置缓缓加热，当传热液体温度接近熔点约 10℃时，应减速升温。接近熔点时，升温更慢些，约每分钟升温 0.2℃即可。

4. 熔点的观察和记录

观察固体白色粉末开始熔化（初熔）的温度和液体完全澄清（全熔）的温度（这就是熔程），要求熔程不超过 0.5℃。同一样品测两次熔点应重合，如实记录所测熔点温度。在加热过程中，应观察是否有变色、发泡、炭化和熔点管浸入浴液等现象，并及时处理。照此做完其他三个样品。

5. 实验结果处理

以温度计读数（实测熔点）为纵坐标，以理论熔点值与实测熔点之差 ΔT_f 为横坐标，作出温度计校正曲线，写出实验报告。

实验 8　工业酒精的蒸馏

【实验目的】

1. 掌握蒸馏原理及有关蒸馏设备的安装。

2. 理解溶液的泡点（或沸点）与浓度的关系，浓度改变，泡点（或沸点）会改变，不是恒定的。

【实验原理】

液体在一定温度具有一定的蒸气压。随着温度的上升，蒸气压也随之上升。当液体的蒸气压与大气压相等时，就有大量气泡从液体内部逸出，即液体沸腾。此时的温度称为液体的沸点。将液体加热至沸腾使液体变为气体，然后再使之冷凝并收集于另一容器中的过程叫做蒸馏。

由于不同物质具有不同的沸点，因此，测定系列纯净有机化合物的沸点可用来校正温度计。值得注意的是，沸点与外压有关。作为一条经验规律，在 0.1MPa（760mmHg）附近时多数液体当压力每下降 1.33kPa（10mmHg），沸点约下降 0.5℃。在压力较低时，压力每下降一半，沸点约下降10℃。

沸点测定也用于有机化合物的分离之中。当两物质的沸点相差较大时，可通过蒸馏予以分离，提纯沸点较为接近的有机液体时还要应用分馏（实际上相当于多次连续的普通蒸馏，只是其全部过程都集中在分馏柱或精馏塔中进行而已）。炼油厂的主要任务就是精馏原油。

液体化合物中如有杂质存在，则不仅沸点会发生变化而且沸程也会加大。所以测定沸点也是鉴定有机物纯度的一种方法。依照稀溶液的通性，混合物的沸点将会上升。

应当注意，并非所有溶液的沸点都一定比溶剂的沸点高，一般说来，杂质为高沸点物质（与溶剂相比较）时，溶液沸点一般要上升，反之，杂质为低沸点物质时，溶液沸点一般要下降。此外，具有恒沸点的共沸物，是不能通过普通蒸馏予以分离的。以乙醇为例，如果含水量不多，则形成恒沸物，在101325Pa下，其沸点为78.3℃，其中乙醇含量为95.60%。而纯乙醇的沸点为78.3℃，纯水沸点100℃。这是具有最低恒沸混合物的相图的典型，常见形成恒沸混合物的例子见表4-6～表4-8。

二元最低恒沸点混合物见表4-6。

表4-6 二元最低恒沸点混合物

组分(甲)		组分(乙)		恒沸点混合物		
名称	沸点/℃	名称	沸点/℃	甲质量分数/%	乙质量分数/%	沸点/℃
乙醇	78.3	甲苯	110.5	68.0	32.0	76.7
乙酸乙酯	77.1	乙醇	78.5	69.4	30.6	71.8
叔丁醇	82.5	水	100.0	88.2	11.8	79.9
苯	80.1	异丙醇	82.5	66.7	33.3	71.9
苯	80.1	水	100.0	91.1	8.9	69.4
乙酸乙酯	77.1	水	100.0	91.2	8.8	70.4
水	100.0	乙醇	78.3	4.4	95.6	78.3

二元最高恒沸点混合物见表4-7。

表4-7 二元最高恒沸点混合物

组分(甲)		组分(乙)		恒沸点混合物		
名称	沸点/℃	名称	沸点/℃	甲质量分数/%	乙质量分数/%	沸点/℃
丙酮	56.4	氯仿	61.2	20.0	80.0	64.7
甲酸	100.7	水	100.0	77.5	22.5	107.3
氯仿	61.2	乙酸乙酯	77.1	22.0	78.0	64.5

三元最低恒沸点混合物见表4-8。

表4-8 三元最低恒沸点混合物

组分(甲)		组分(乙)		组分(丙)		恒沸点混合物			
名称	沸点/℃	名称	沸点/℃	名称	沸点/℃	甲质量分数/%	乙质量分数/%	丙质量分数/%	沸点/℃
乙醇	78.3	水	100.0	苯	80.2	18.5	7.4	74.1	64.9
乙酸乙酯	77.1	乙醇	78.3	水	100.0	83.2	9.0	7.8	70.3

【实验内容】

本实验进行工业酒精的蒸馏。

(1) 实验装置安装及蒸馏液的装入。安装设备（参见图 2-32）应从下往上、从左往右进行，但在安装设备之前应先加入 $100cm^3$ 工业酒精于蒸馏瓶中并加入 1～2 粒沸石（加入沸石的目的是防止暴沸）。连接部分应当轻轻旋紧，蒸馏瓶和冷凝管应用夹子夹紧。在冷凝管与接收瓶之间应加一个接引管以改变液体流向（减压蒸馏中，接引管应带支管，并且整个系统保持密封，只用毛细管与大气相连）。

(2) 加热前应先向冷凝管缓缓通入自来水，水流速不宜太大，以免溢满实验水槽。然后，才开始加热。最初宜用小火，以防烧瓶局部过热而破裂，以后慢慢增大火力，使之沸腾后，保持蒸馏速度每秒钟馏出液 1～2 滴为宜。

(3) 分别收集初馏分（77℃以下馏出液），测量体积，收集恒沸点馏分（77～79℃馏出液，95%左右），测量体积并回收。当温度超过 79℃之后，溶液体积减小，温度迅速上升，就停止蒸馏（由于本地海拔高度不为零和温度计的误差等，沸点往往不等于理论值）。

(4) 清洗仪器设备，用过的沸石不要倒入下水道中，以免阻塞下水道。

(5) 注意观察实验现象并记录恒沸点混合物体积，求出回收率，写出实验报告。

实验 9　配合物稳定常数的测定

【实验目的】

1. 掌握连续法测定配合物组成及稳定常数的方法。
2. 掌握分光光度计的使用方法。
3. 用分光光度法中的连续变化法测 Fe^{3+} 与钛铁试剂形成配合物的组成及稳定常数。

【预习要求】

1. 了解连续法测定配合物组成及稳定常数的基本原理。
2. 预习 722 型分光光度计的构造原理和使用方法。
3. 怎样求配位数 n？如何计算配合物的稳定常数？
4. 测定 λ_{max} 的目的是什么？如何决定配合物的最大吸收波长？
5. 使用分光光度计时应注意什么？比色皿大小如何选择？

【实验原理】

溶液中金属离子 M 和配位体 L 形成配位化合物，其反应式为：

$$M+nL \rightleftharpoons ML_n$$

当达到配位平衡时：

$$K=\frac{c_{ML_n}}{c_M c_L^n} \tag{4-9-1}$$

式中，K 为配合物稳定常数；c_M 为配位平衡时金属离子的浓度（严格说应为活度）；c_L 为配位平衡时的配位体浓度；c_{ML_n} 为配位平衡时的配合物浓度；n 为配合物的配位数。

配合物稳定常数不仅反映了它在溶液中的热力学稳定性，而且对配合物的实际应用，特别是在分析化学方法中的应用具有重要的参考价值。

显然，如能通过实验测得式(4-9-1) 中右边各项浓度及 n 值，就能算得 K 值。本实验采用分光光度法来测定这些参数。

1. 分光光度法的实验原理

让可见光中各种波长单色光分别、依次透过有机物或无机物的溶液，其中某些波长的光即被吸收，使得透过的光形成吸收谱带，如图 4-7 所示。这种吸收谱带对于结构不同的物质来说具有不同的特性，因而就可以对不同产物进行鉴定分析。

根据比尔定律，一定波长的入射光强 I_0与透射光强 I 之间的关系如下所示：

$$I=I_0e^{-kcd} \tag{4-9-2}$$

式中，k 为吸收系数，对于一定溶质、溶剂及一定波长的入射光来说，k 为常数；c 为溶液浓度；d 为盛样溶液的液槽的透光厚度。

由式(4-9-2) 可得：

$$\ln\frac{I_0}{I}=kcd \tag{4-9-3}$$

式中，$\frac{I_0}{I}$为透射比，令 $A=\lg\frac{I_0}{I}$，则得：$A=\frac{k}{2.303}cd$。从公式可看出：在固定液槽厚度 d 和入射光波长的条件下，吸光度 A 与溶液浓度 c 成正比，选择入射光的波长，使它对物质既有一定的灵敏度，又使溶液中其他物质的吸收干扰为最小。画出吸光度 A 对被测物质 c 的关系曲线，测定未知浓度物质的吸光度，即能从 $A\sim c$ 关系上求得相应的浓度值，这是光度法定量分析的基础。

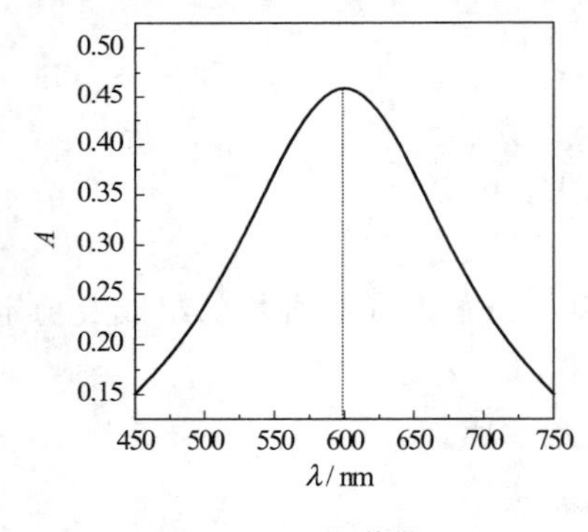

图 4-7　吸收谱带

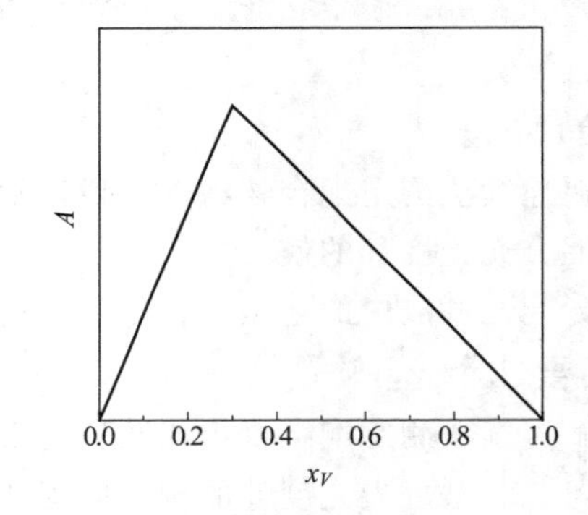

图 4-8　摩尔分数-吸光度曲线

2. 等摩尔数连续递变法测定配合物的组成

连续递变法又称递变法，它实际上是一种物理化学分析方法，可以用来研究当两个组分项混合时，是否发生化合、配合、缔合等作用以及测定两者之间的化学比。其原理是：在保持总的物质的量不变的前提下，依次改变体系中两个组分的摩尔分数比值，并测定吸光度 A，作摩尔分数-吸光度曲线，如图 4-8 所示，从曲线上吸光度的极大值，即能求出 n 值。

为了配制溶液方便，通常取相同摩尔浓度的金属离子 M 和配体 L 溶液，在维持总体积不变的条件下，按不同的体积比配成一系列混合溶液，这样，它们的体积比也就是摩尔分数之比。设 x_V为 $A_{极大}$时吸取 L 溶液的体积分数。即：

$$x_V=\frac{V_L}{V_L+V_M} \tag{4-9-4}$$

M 液的体积分数为 $1-x_V$，则配位数：

$$n=\frac{x_V}{1-x_V} \tag{4-9-5}$$

若溶液中只有配合物有颜色，则溶液的吸光度 A 和 x_V 的含量成正比，作 A-x_V 图，从曲线的极大值位置即可直接求出 n。但在配制成的溶液中除配合物外，尚有金属离子 M 和配体 L 与配合物在同一波长 $\lambda_{最大}$ 中也存在着一定程度的吸收。因此所观察到的吸光度 A 并不是完全由配合物 ML_n 吸收所引起，必须加以校正，其校正方法如下：

作为实验测得的吸光度 A 对溶液组成（包括金属离子浓度为零和配位体浓度为零两点）的图，连接金属离子浓度为零及配位体浓度为零的二点的直线如图 4-9 所示，则直线上所表示的不同组成吸光度数值 A_0，可以认为是由于金属离子 M 和配体 L 吸收所引起，因此把实验所观察到的吸光度 A' 减去对应组成上的该直线读得的吸光度数值 A_0 所得的差值：$\Delta A=A'-A_0$，就是该溶液组成下浓度的吸光度数值。作此吸光度 ΔA-x_V 曲线，如图 4-10 所示。曲线极大值所对应的溶液组成就是配合物组成。用这个方法测定配合物组成时，必须在所选择的波长范围内只有 ML_n 一种配合物有吸收，而金属离子 M 和配体 L 等都不吸收和极少吸收，只有在这种条件下，ΔA-x_V 曲线上的极大点所对应的组成才是所求配合物组成。

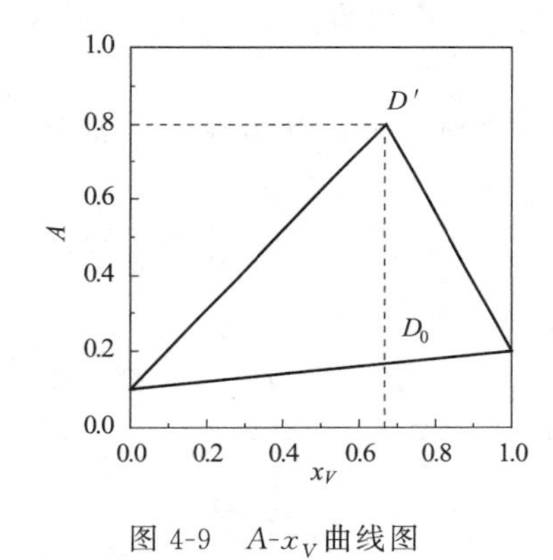

图 4-9　A-x_V 曲线图

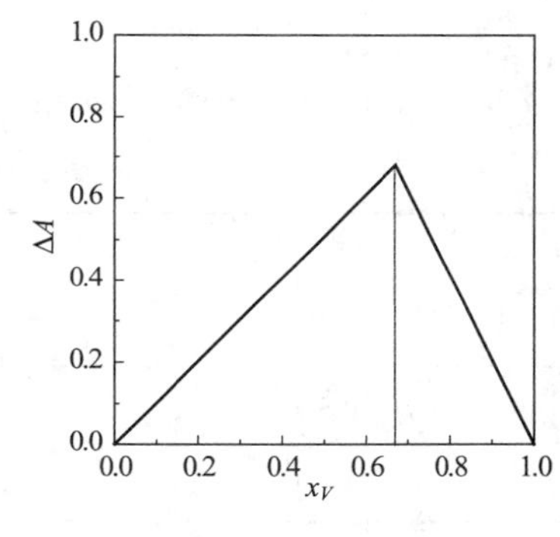

图 4-10　ΔA-x_V 曲线图

3. 稀释法测定配合物的稳定常数

设开始时金属离子 M 和配体 L 的浓度分别为 a 和 b，而达到配合平衡时配合物浓度为 x，则：

$$K=\frac{x}{(a-x)(b-nx)^n} \tag{4-9-6}$$

由于吸光度已经过上述方法进行校正，因此可以认为校正后，溶液吸光度正比于配合物浓度，如果在两个不同的金属离子和配位体总浓度（总物质的量）条件下，在同一坐标上分别画出吸光度对两个不同总摩尔分数的溶液组成曲线，在这两条曲线上找出吸光度相同的二点，如图 4-11 所示则在此两点上对应的溶液的配合物浓度应相同。设对应于二条曲线上的起始金属离子浓度及配位体浓度分别为 a_1、b_1，a_2、b_2。则：

$$K=\frac{x}{(a_1-x)(b_1-nx)^n}=\frac{x}{(a_2-x)(b_2-nx)^n} \tag{4-9-7}$$

解上述方程可得 x，然后即可计算配合物稳定常数 K。

【仪器和药品】

722 型分光光度计，pH 计。

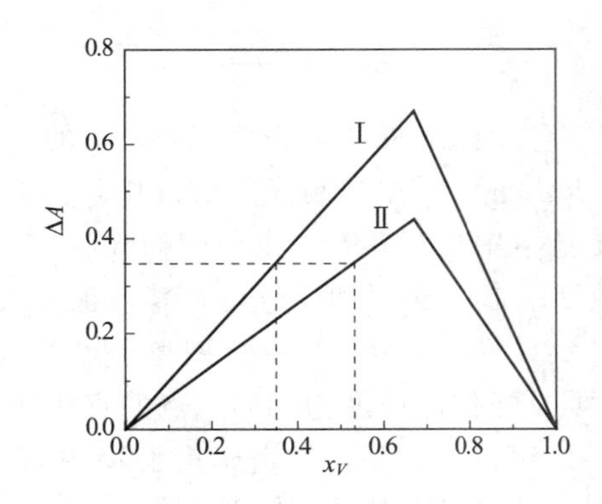

图 4-11 吸光度-溶液组成图

$0.005mol\cdot dm^{-3}$硫酸高铁铵溶液（在 $1000cm^3$ 溶液中含有 $2mol\cdot dm^{-3}$ H_2SO_4 $4cm^3$），$0.005mol\cdot dm^{-3}$钛铁试剂（1.2-三羟基-3,5 二磺酸钠），pH＝4.6 的醋酸-醋酸钠缓冲溶液。

【实验步骤】

1. 按 $1dm^3$ 溶液含有 100g 醋酸铵及 $100cm^3$ 冰醋酸方法配制醋酸-醋酸铵缓冲溶液 $100cm^3$。

2. 按表 4-9 制备 11 个待测溶液样品，然后依次将各种样品加水稀释至 $100cm^3$。

表 4-9 待测样品配制

溶液编号	1	2	3	4	5	6	7	8	9	10	11
Fe^{3+}溶液/cm^3	0	1	2	3	4	5	6	7	8	9	10
钛铁试剂溶液/cm^3	10	9	8	7	6	5	4	3	2	1	0
缓冲溶液/cm^3	25	25	25	25	25	25	25	25	25	25	25

3. 把 $0.005mol\cdot dm^{-3}$硫酸高铁铵溶液及 $0.005mol\cdot dm^{-3}$钛铁试剂溶液分别稀释至 $0.0025mol\cdot dm^{-3}$，然后按表 4-9 制备第二组待测溶液样品。

4. 测上述溶液的 pH 值（只选取其中任一样品即可）。因为硫酸高铁铵与钛铁试剂生成的配合物组成将随 pH 改变而改变，故所测配合物溶液需维持 pH＝4.6。

5. ML_n 溶液分光光度曲线-λ_{max}的选择。

按照［$Fe(Ti)_2$］组成配制溶液如下：取 $0.005mol\cdot dm^{-3}$硫酸高铁铵溶液 $3.3dm^3$，$0.005mol\cdot dm^{-3}$钛铁试剂溶液 $6.7dm^{-3}$，加入缓冲溶液 $25dm^3$，然后稀释至 $100dm^3$（维持 pH＝4.6），把溶液装在 1cm 的比色皿内。先选择某一波长 λ，仪器经调 0%T 后，用蒸馏水调整仪器的 100%T（仪器的使用方法参见 3.6），再测溶液吸光度。测毕，改变波长 λ，重复上述操作程序。测定该溶液的吸收曲线，找出吸收曲线的最大吸收峰所对应的波长 λ_{max}，再取第一组溶液中 1 号和 11 号溶液测定 λ_{max}下的吸光度数值 A，若 A 值等于零，则 λ_{max}即为所求。

注意：Ti 指钛铁试剂。

6. 测定第一组及第二组溶液在波长 λ_{max}下的吸光度数值。

【数据记录与处理】

1. 作两组溶液的吸光度 A 对溶液组成的 A-x 曲线；

2. 按上述方法进行校正，求出二组溶液中配合物的校正吸光度数值（$\Delta A = A - A_0$）；

3. 作第一组溶液校正后的吸光度（ΔA）对溶液组成的图（即 ΔA-x）；

4. 找出曲线最大值下相应于 $x_V/(1-x_V)=n$ 的数值，由此即可得到配合物组成 ML_n；

5. 将第一、第二两组溶液校正后的吸光度（ΔA）数值对溶液组成作图于同一坐标系；

6. 从图 4-11 读出两组溶液中任一相同吸光度下两点所对应的溶液组成（即 a_1、a_2、b_1、b_2数值）；

7. 根据式(4-9-6) 求出 x；

8. 从 x 算出配合物稳定常数。

【注意事项】

1. 比色皿每次使用完毕后，应用蒸馏水洗净，倒置晾干，在日常使用中应注意保护比色皿的透光面，使之不受损坏和产生斑痕，以免影响它的透光率。

2. $FeNH_4(SO_4)_2$溶液易水解，在配制溶液时，稀释前需加 1～2 滴浓硫酸以防水解。

3. 若 M、L 在 λ_{max}有吸收，应对吸收度 A 进行校正后，再作 A'-C_M/C_L 曲线。

【思考题】

1. 为什么只有在维持 $C_M + C_L$ 不变的条件下改变 C_M 和 C_L，使 $C_L/C_M = n$ 时配合物浓度才达到最大?

2. 在两个 $C_M + C_L$ 总浓度下作吸光度对 $C_L/\{C_M + C_L\}$ 的两条曲线，为什么在这两条曲线上吸光度相同的两点所对应的配合物浓度相同。

3. 为什么需控制溶液的 pH 值? 配制硫酸高铁铵溶液为什么要加入适量的硫酸?

4. 从测定值误差估算 K 的相对误差；K 与哪些因素有关?

实验 10　燃烧热的测定

【实验目的】

1. 了解氧弹式量热计的原理、构造和使用方法。

2. 掌握恒容反应热的测定原理。

3. 用氧弹式量热计测量萘的燃烧热。

【预习要求】

1. 理解并掌握标准摩尔燃烧焓、标准摩尔反应焓变及其测定原理。

2. 熟悉实验操作过程和实验成功的关键操作。

3. 掌握实验数据的记录规范和数据处理方法。

4. 思考下列问题。

(1) 在实验过程中，如果出现点火失败的情况，其原因可能有哪些?

(2) 实验所用量热计系统是哪一类系统?

(3) 实验过程中，氧弹内空气对实验结果的影响应该如何矫正?

(4) 利用这套仪器能否测定液体的燃烧热? 如果能，应该如何测定?

【实验原理】

一般化学反应的热效应，往往因反应太慢或反应不完全，导致难以直接测定或测量误差较大。但是，通过盖斯定律可用燃烧热数据间接计算。

$$\Delta_r H_m^{\ominus} = -\sum_B \nu_B \Delta_c H_{m,B}^{\ominus} \tag{4-10-1}$$

因此，燃烧热数据广泛应用于各种热化学相关计算中。

为了使被测物质能迅速而完全地燃烧，需要有强有力的氧化剂。实验过程中，经常使用压力为1.8～2.2MPa的氧气作为氧化剂。用氧弹式量热计进行实验时，将氧弹式量热计放置在装有一定量水的铝制水桶中，水桶外是空气隔热层，再外面是温度恒定的水夹套。样品在体积固定的氧弹式量热计中燃烧放出的热、引火丝燃烧放出的热、助燃镜头纸放出的热和氧弹内微量的氮气氧化生成硝酸的热，大部分被水桶中的水吸收；另一部分则被氧弹、水桶、搅拌器及温度计传感器等所吸收。在量热计与环境没有热交换的情况下，可写出如下的热平衡式：

$$-Q_V m_{待测物} - q_{引火丝} m_{引火丝} + 5.98V - q_{棉纱} m_{棉纱} = m_{水} c\Delta t + C\Delta t \tag{4-10-2}$$

式中 Q_V——被测物质的恒容燃烧热值，$J \cdot g^{-1}$；

$m_{待测物}$——被测物质的质量，g；

$q_{引火丝}$——引火丝的热值，$J \cdot g^{-1}$（铁丝为$-6694J \cdot g^{-1}$）；

$m_{引火丝}$——烧掉了的引火丝质量，g；

5.98——硝酸生成热为$-5983J \cdot mol^{-1}$，当用$0.100mol \cdot dm^{-3}$ NaOH滴定生成的硝酸时，每毫升碱相当于$-5.983J$；

V——滴定生成的硝酸时，耗用$0.100mol \cdot dm^{-3}$ NaOH的体积，cm^3；

$q_{棉纱}$——棉纱的热值，为$-16700J \cdot g^{-1}$；

$m_{棉纱}$——烧掉了的棉纱质量，g；

$m_{水}$——水桶中水的质量，g；

c——水的比热容，$J \cdot g^{-1} \cdot K^{-1}$；

C——氧弹、水桶等的热容，$J \cdot g^{-1}$；

Δt——与环境无热交换时的真实温差。

如在实验时保持水桶中水量一定，把式(4-10-2)右端常数合并得到下式：

$$-Q_V m_{待测物} - q m_{引火丝} + 5.98V - q_{棉纱} m_{棉纱} = K\Delta t \tag{4-10-3}$$

式中，$K = m_{水} c + C$，单位为$J \cdot K^{-1}$，称为量热计常数。

标准摩尔燃烧热是指在标准状态下，1mol物质完全燃烧生成同一温度下的指定产物［C和H的燃烧产物是$CO_2(g)$和$H_2O(g)$］的热效应，以Q_p表示，量值上等于恒压标准摩尔燃烧焓$\Delta_c H_m^{\ominus}$。本实验中，氧弹量热计法测定的是恒容燃烧热Q_V，量值上等于恒容摩尔燃烧热力学能变$\Delta_c U_m$，忽略压力的影响，有$\Delta_c U_m = \Delta_c H_m^{\ominus}$。对于某一化学反应，把气体看成是理想气体，忽略压力对凝聚态物质焓变和热力学能变的影响，考虑质量和摩尔质量的关系，则可由下式将恒容标准摩尔热力学能变换算为标准摩尔反应焓变。

$$\Delta_c H_{m,B}^{\ominus} = \Delta_c H_{m,B}^{\ominus} + \sum_B \nu_B(g)RT \tag{4-10-4}$$

式中，ν_B表示气体的化学计量数。

【仪器和药品】

GR-3500型氧弹量热计1套（附压片机1台），电子天平1台，万用表1台，氧气瓶，酒精灯，三脚架1个，$1dm^3$、$2dm^3$量筒各一个，$50cm^3$容量瓶1个，$5cm^3$量筒1个，

50cm^{3}碱式滴定管1支，250cm^{3}锥形瓶1个，点火丝，棉纱。

分析纯苯甲酸，分析纯萘，0.1000mol·dm^{-3}NaOH标准溶液，酚酞指示剂，蒸馏水。

【实验内容】

1. 在台秤上称取约1g苯甲酸，用压片机压片。将压制好的样片用小刀将没有压紧的部分刮掉，然后在电子天平上准确称量，并记录数据。

2. 向氧弹量热计中加水。拧开氧弹盖，将氧弹盖放在专用架上，装好专用的石英坩埚，用移液管移取5cm^{3}蒸馏水放入氧弹量热计中，并记录数据。

3. 剪取10cm引火丝在天平上称量后，用已称量的棉纱将样片与点火丝连接起来，然后将点火丝两端紧缠于两极上，使药片悬在坩埚上方，盖好氧弹盖，记录数据，并用万用表检查两点火电极是否为通路。

4. 拧下进气管上的螺钉，连接上导气管的紧固螺栓，导气管的另一端与氧气钢瓶上的减压阀连接。打开钢瓶上的阀门及减压阀充氧，当氧弹量热计中的压力达到2.0MPa左右后，关好钢瓶的阀门及减压阀，拧下氧弹量热计上导气管的紧固螺栓，将原来的螺钉装上。充氧后，用万用电表触试氧弹盖上方两电极，检查两电极间是否为通路。若线路不通，则需放出氧气，打开弹盖进行检查。

注意：使用氧气钢瓶，一定要按照要求操作，注意安全。往氧弹量热计内充入氧气时，一定不能超过指定的压力，以免发生危险。

5. 用量筒准确量取2.6dm^{3}自来水装入干净的氧弹量热计水夹套的铝制水桶中，水温应较环境温度低1℃左右。将氧弹放入内桶，插上点火电极的电线，盖好盖板，插入与计算机相连接的测温探头。

6. 打开搅拌开关点火装置，设置每半分钟记录一次温度。待温度基本恒定，按下点火开关，点火。若点火成功，则温度快速上升，记录温度指导温度开始下降后再测5min。若点火未成功，则需要重新压片继续实验。

7. 测试完毕后，打开量热计盖，取出氧弹，泄去废气。放完气后，拧开弹盖，检查燃烧是否完全。若弹氧量热计内有炭黑或未燃烧的试样时，应重新测定。若燃烧完全，则将燃烧后剩下的引火丝在分析天平上称量，并用少量蒸馏水洗涤氧弹内壁，将洗涤液收集在250cm^{3}锥形瓶中，煮沸片刻，用酚酞作指示剂，以0.100mol·dm^{-3} NaOH滴定。

8. 称取1g萘，按上面相同的方法测定萘的燃烧热。注意，测燃烧热时，测试条件应该与测定系统热容时的条件一致。

【数据记录与处理】

记录每半分钟读取的所有温度值和其他相关物理量并填入表4-10和表4-11。

1. 实验数据记录

表4-10 实验过程中的质量和体积记录

苯甲酸的质量/g		萘的质量/g		点火丝的质量/g	
棉纱的质量/g		NaOH的浓度/mol·dm^{-3}		剩余点火丝的质量/g	
标定溶液的体积/cm^3		初始NaOH的体积/cm^3		终态NaOH的体积/cm^3	

表 4-11 实验过程中的温度记录（每 30s 记录一次数据）

序号	初期温度/℃	主期温度/℃	末期温度/℃
1			
2			
3			
4			
5			
6			
7			
8			
9			
10			
11			
12			
13			
14			
15			
16			
17			
18			
19			
20			

2. 温度差 Δt 的计算

从实验数据可知，初期温度和末期温度并非一个恒定值，这是因为系统并非一个完全的绝热系统，同时因为机械搅拌系统也会得到一定的能量，必须对这些能量的传递进行校正，通常采用作图或经验公式等方法消除其影响，下面分别介绍。

（1）雷诺校正法

作“温度-时间曲线”，如图 4-12 所示。画出初期 AB 和末期 CD 两线段的切线，用虚线外延，然后作一垂线 HM，并和切线的延长线相交于 M，H 两点，使得 BEM 包围的面积等于 CHE 包围的面积。M、H 两点的温度差 Δt 即为体系内部由于燃烧反应放出热量致使体系温度升高的数值。

（2）经验公式法

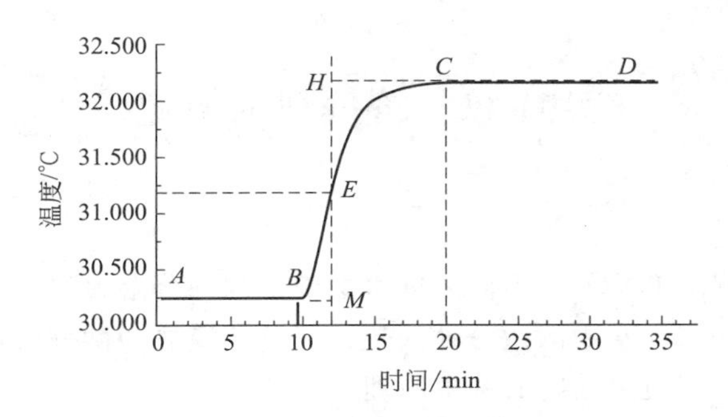

图 4-12　温度-时间曲线

$$\Delta t_{校正}=\frac{V+V_1}{2}m+V_1 r \tag{4-10-5}$$

式中　V——点火前，每半分钟量热计的平均温度变化；

V_1——样品燃烧使量热计温度达最高而开始下降后，每半分钟的平均温度变化；

m——点火后，温度上升很快（大于每半分钟上升 0.3℃）的半分钟间隔数；

r——点火后，温度上升较慢的半分钟间隔数。

在考虑了温差校正后，真实温差 Δt 应该是：

$$\Delta t=t_{高}-t_{低}+\Delta t_{校正} \tag{4-10-6}$$

式中　$t_{低}$——点火前读得量热计的最低温度；

$t_{高}$——点火后，量热计达到最高温度后，开始下降的第一个读数。

式(4-10-6) 的意义可由温度-时间曲线来说明。曲线的 AB 段代表初期温度随时间变化的规律，BC 代表主期温度随时间变化的规律，CD 代表末期温度随时间变化的规律。从 B 点开始点火到最高温度 C 共经历了 $m+r$ 次读数间隔，在这段时间里，系统与环境热交换引起的温度变化可作如下估计：系统在 BC 段的温度已接近最高温度，由于热损失引起的温度下降规律，CD 段温度共下降 $V_1 \cdot r$。而 BC 段介于低温和高温之间，只好采取两区域温度变化的平均值来估计，故 BC 段的温度变化为 $[(V+V_1)/2]\ m$。因此，总的温度改正即如式(4-10-6) 所示。

3. 计算氧弹量热计的热容量和样品的燃烧热

利用苯甲酸燃烧过程的温度-时间数据用经验公式或作图法求出与环境无能量交换时的真实温度差 Δt，代入式(4-10-3) 计算出 K；再利用萘燃烧过程的温度-时间数据用经验公式求出 Δt，将 Δt 和前面计算出的 K 值代入式(4-10-3) 可求出萘的燃烧热。

4. 将所测萘的燃烧热值换算为萘的标准摩尔燃烧焓，并与文献值比较，求出相对误差，分析误差产生的原因。

【思考题】

1. 在本实验装置中哪些是体系？哪些是环境？体系和环境通过哪些途径进行能量交换？如何进行校正？

2. 搅拌过快或过慢有什么影响？

3. 在使用氧气钢瓶及氧气减压阀时，应注意哪些规则？

4. 为什么要测量系统与环境无能量交换时的真实温差？

5. 实验中测定的是固体的燃烧热。那么如何测定高沸点液体和低沸点液体的燃烧热？

实验 11　溶解热的测定

【实验目的】

1. 用电热补偿法测定 KNO_3 在不同浓度水溶液中的积分溶解热。
2. 用作图法求 KNO_3 在水中的微分冲淡热、积分冲淡热和微分溶解热。
3. 掌握电热补偿法测定热效应的基本原理。

【预习要求】

1. 理解各种溶解热及其不同。
2. 熟悉实验操作过程和实验成功的关键操作。
3. 掌握溶解热的测定方法和原理。
4. 掌握实验数据的记录规范和数据处理方法。
5. 思考下列问题。

(1) 实验过程中，为什么要将样品硝酸钾干燥？不进行干燥对实验结果有什么影响？
(2) 实验所用量热计系统是哪一类系统？
(3) 实验过程中，电流和电压为什么要维持恒定？
(4) 如何利用积分溶解热求出其他几种热效应？

【实验原理】

在热化学中，关于溶解过程的热效应，主要有以下几种。

溶解热是指在恒温恒压下，n_2 mol 溶质溶于 n_1 mol 溶剂（或溶于某浓度的溶液）中产生的热效应，用 Q 表示，溶解热可分为积分（或称变浓）溶解热和微分（或称定浓）溶解热。

积分溶解热是指在恒温恒压下，1mol 溶质溶于 n_0 mol 溶剂中产生的热效应，用 Q_S 表示。

微分溶解热是指在恒温恒压下，1mol 溶质溶于某一确定浓度的无限量的溶液中产生的热效应，以 $\left(\frac{\partial Q}{\partial n_2}\right)_{T,p,n_1}$ 表示，简写为 $\left(\frac{\partial Q}{\partial n_2}\right)_{n_1}$。

冲淡热是指在恒温恒压下，1mol 溶剂加到某浓度的溶液中使之冲淡所产生的热效应。冲淡热也可分为积分（或变浓）冲淡热和微分（或定浓）冲淡热两种。

积分冲淡热是指在恒温恒压下，把原含 1mol 溶质及 n_{01} mol 溶剂的溶液冲淡到含溶剂为 n_{02} mol 时的热效应，即为某两浓度溶液的积分溶解热之差，以 Q_d 表示。

微分冲淡热是指在恒温恒压下，1mol 溶剂加入某一确定浓度的无限量的溶液中产生的热效应，以 $\left(\frac{\partial Q}{\partial n_1}\right)_{T,p,n_2}$ 表示，简写为 $\left(\frac{\partial Q}{\partial n_1}\right)_{n_2}$。

积分溶解热（Q_S）可由实验直接测定，其他三种热效应则通过 Q_S-n_0 曲线求得。

设纯溶剂和纯溶质的摩尔焓分别为 $H_m(1)$ 和 $H_m(2)$，当溶质溶解于溶剂形成溶液后，在溶液中溶剂和溶质的偏摩尔焓分别为 $H_{1,m}$ 和 $H_{2,m}$，对于由 n_1 mol 溶剂和 n_2 mol 溶质组成的系统，在溶解前体系总焓为 H。

$$H=n_1H_m(1)+n_2H_m(2) \tag{4-11-1}$$

设溶液的焓为 H'，则

$$H'=n_1 H_{1,m}+n_2 H_{2,m} \tag{4-11-2}$$

因此溶解过程热效应 Q 为

$$\begin{aligned}Q&=\Delta_{mix}H=H-H=n_1[H_{1,m}-H_m(1)]+n_2[H_{2,m}-H_m(2)]\\&=n_1\Delta_{mix}H_m(1)+n_2\Delta_{mix}H_m(2)\end{aligned} \tag{4-11-3}$$

式中，$\Delta_{mix}H_m(1)$ 为微分冲淡热；$\Delta_{mix}H_m(2)$ 为微分溶解热。根据上述定义，积分溶解热 Q_S为：

$$\begin{aligned}Q_S&=\frac{Q}{n_2}=\frac{\Delta_{mix}H}{n_2}=\Delta_{mix}H_m(2)+\frac{n_1}{n_2}\Delta_{mix}H_m(1)\\&=\Delta_{mix}H_m(2)+n_0\Delta_{mix}H_m(1)\end{aligned} \tag{4-11-4}$$

在恒压条件下，$Q=\Delta_{mix}H$，对 Q 进行全微分

$$dQ=\left(\frac{\partial Q}{\partial n_1}\right)_{n_2}dn_1+\left(\frac{\partial Q}{\partial n_2}\right)_{n_1}dn_2 \tag{4-11-5}$$

上式在比值$\frac{n_1}{n_2}$恒定下积分，得

$$Q=\left(\frac{\partial Q}{\partial n_1}\right)_{n_2}n_1+\left(\frac{\partial Q}{\partial n_2}\right)_{n_1}n_2 \tag{4-11-6}$$

全式同时除之 n_2

$$\frac{Q}{n_2}=\left(\frac{\partial Q}{\partial n_1}\right)_{n_2}\frac{n_1}{n_2}+\left(\frac{\partial Q}{\partial n_2}\right)_{n_1} \tag{4-11-7}$$

因

$$\frac{Q}{n_2}=Q_S \qquad \frac{n_1}{n_2}=n_0 \tag{4-11-8}$$

$$Q=n_2Q_S \qquad n_1=n_2n_0$$

则

$$\left(\frac{\partial Q}{\partial n_1}\right)_{n_2}=\left[\frac{\partial(n_2Q_S)}{\partial(n_2n_0)}\right]_{n_2}=\left(\frac{\partial Q}{\partial n_0}\right)_{n_2} \tag{4-11-9}$$

将式(4-11-8)、式(4-11-9) 代入式(4-11-7) 得：

$$Q_S=\left(\frac{\partial Q}{\partial n_2}\right)_{n_1}+n_0\left(\frac{\partial Q_S}{\partial n_0}\right)_{n_2} \tag{4-11-10}$$

对比式(4-11-3) 与式(4-11-6) 或式(4-11-4) 与式(4-11-10) 得，

$$\Delta_{mix}H_m(1)=\left(\frac{\partial Q}{\partial n_1}\right)_{n_2} \text{ 或 } \Delta_{mix}H_m(1)=\left(\frac{\partial Q}{\partial n_0}\right)_{n_2}$$

$$\Delta_{mix}H_m(2)=\left(\frac{\partial Q}{\partial n_2}\right)_{n_1}$$

以 Q_S对 n_0作图，可得图 4-13 的曲线关系。在图 4-13 中，AF 与 BG 分别为将 1mol 溶质溶于 n_{01} mol 和 n_{02} mol 溶剂时的积分溶解热 Q_S，BE 表示在含有 1mol 溶质的溶液中加入溶剂，使溶剂量由 n_{01} mol 增加到 n_{02} mol 过程的积分冲淡热 Q_d。

$$Q_d=Q_Sn_{02}-Q_Sn_{01}=BG-EG \tag{4-11-11}$$

图 4-13 中曲线 A 点的切线斜率等于该浓度溶液的微分冲淡热。

$$\Delta_{mix}H_m(1)=\left(\frac{\partial Q_S}{\partial n_0}\right)_{n_2}=\frac{AD}{CD}$$

切线在纵轴上的截距等于该浓度的微分溶解热。

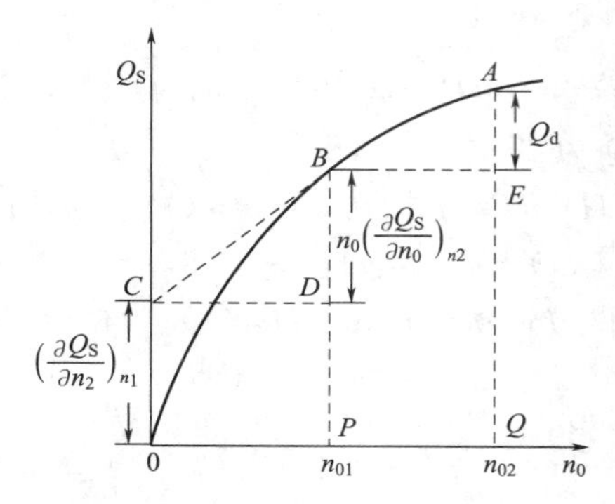

图 4-13 Q_S-n_0关系图

$$\Delta_{mix}H_m(2)=\left(\frac{\partial Q}{\partial n_2}\right)_{n_1}=\left[\frac{\partial(n_2Q_S)}{\partial n_2}\right]_{n_1}=Q_S-n_0\left(\frac{\partial Q_S}{\partial n_0}\right)_{n_2}$$

由图 4-13 可见，欲求溶解过程的各种热效应，首先要测定各种浓度下的积分溶解热，然后作图计算。

测量热效应是在量热计中进行。量热计的类型很多，分类方法也不统一，按传热介质分有固体或液体量热计，按工作温度的范围分有高温和低温量热计等。一般可分为两类：一类是等温量热计，其本身温度在量热过程中始终不变，所测得的量为体积的变化，如冰量热计等；另一类是经常采用的测温量热计，它本身的温度在量热过程中会改变，通过测量温度的变化进行量热，这种量热计又可以分为外壳等温或绝热式等。本实验是采用绝热式测温量热计，它是一个包括量热器、搅拌器、电加热器和温度计等的量热系统，如图 4-14 所示量热计为直径 8cm、容量 $350cm^3$ 的杜瓦瓶，并加盖以减少辐射、传导、对流、蒸发等热交换。电加热器是用直径为 0.1mm 的镍铬丝，其电阻约为 10Ω，装在盛有油介质的硬质薄玻璃管中，玻璃管弯成环形，加热电流一般控制在 300～500mA。为使均匀有效地搅拌，可用电动搅拌器。用贝克曼温度计测量温度变化。在绝热容器中测定热效应的方法有以下两种。

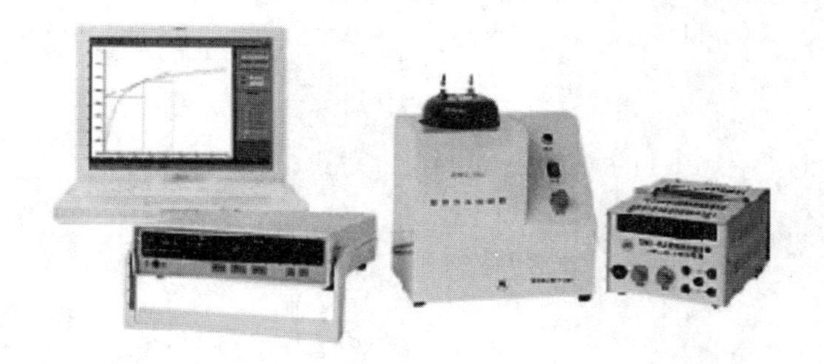

图 4-14 量热计装置示意图

(1) 先测定量热系统的热容量 C，再根据反应过程中温度变化 ΔT 与 C 之乘积求出热效应（此法一般用于放热反应）。

(2) 先测定系统的起始温度 T，溶解过程中系统温度随吸热反应进行而降低，再用电加热法使系统升温至起始温度，根据所消耗电能求出热效应 Q。

$$Q=I^2Rt=IUt$$

式中，I 为通过电阻为 R 的电热器的电流强度，A；U 为电阻丝两端所加电压，V；t

为通电时间，s。这种方法称为电热补偿法。

本实验采用电热补偿法测定KNO_3在水溶液中的积分溶解热，并通过图解法求出其他三种热效应。

【仪器和药品】

杜瓦瓶1套，直流稳压电源（5A，0～30V）1台，精密数字温差仪1台，秒表1只，分析天平1台，研钵1个。

KNO_3(A. R.)，蒸馏水。

【实验内容】

1. 稳压电源使用前在空载条件下先通电预热15min。

2. 将8个称量瓶编号，依次加入在研钵中研细的KNO_3，其质量分别为2.5g、1.5g、2.5g、2.5g、3.5g、4g、4g和4.5g，放入烘箱，在110℃烘1.5～2h，取出放入干燥器中(在实验课前进行)。

3. 用分析天平准确称量上面8个盛有KNO_3的称量瓶，称量后将称量瓶放回干燥器中待用。

4. 在台秤上用杜瓦瓶直接称取200.0g蒸馏水，连好线路（杜瓦瓶用前需干燥）。

5. 检查无误后接通电源，调节稳压电源，使加热器功率约为2.5W，保持电流稳定，当水温慢慢上升到比室温水高出1.5℃时读取准确温度，按下秒表开始计时，同时从加样口加入第一份样品，并将残留在漏斗上的少量KNO_3全部倾入杜瓦瓶中，然后用塞子堵住加样口。记录电压和电流值，在实验过程中要一直搅拌液体，加入KNO_3后，温度会很快下降，然后再慢慢上升，待上升至起始温度点时，记下时间（读准至秒，注意此时切勿把秒表按停)，并立即加入第二份样品，按上述步骤继续测定，直至8份样品全部加完为止。

6. 测定完毕后，切断电源，打开量热计，检查KNO_3是否溶完，如未全溶，则必须重做；溶解完全，可将溶液倒入回收瓶中，把量热器等器皿洗净放回原处。

7. 用分析天平称量已倒出KNO_3样品的空称量瓶，求出各次加入KNO_3的准确质量。

实验过程中注意：保持电流和电压的值恒定，随时注意调节。固体KNO_3易吸水，故称量和加样动作应迅速。固体KNO_3在实验前务必研磨成粉状，并在110℃烘干。量热器绝热性能与盖上各孔隙密封程度有关，实验过程中要注意盖好，减少热损失。

【数据记录与处理】

实验室温度________℃。

加热电流 I=________ mA，加热电压 U=________ mV，加热电阻 R=________ Ω。

溶剂体积 V_A=________ cm^3，溶剂初始温度 T_0________℃。

T_0下，水的密度________ $g \cdot cm^{-3}$，水的摩尔质量 $M=18.015 g \cdot mol^{-1}$。

1. 根据溶剂的质量和加入溶质的质量，求算溶液的浓度，以 n_0 表示。

$$n_0=\frac{n_{H_2O}}{n_{KNO_3}}=\frac{200.0}{18.02}\div\frac{m_{累}}{101.1}=\frac{1122}{m_{累}}$$

2. 按公式 $Q=IUt$ 计算各次溶解过程的热效应。

3. 按每次累积的浓度和累积的热量，求各浓度下溶液的 n_0 和 Q_S。

4. 将数据列表于表4-12并作 Q_S-n_0 图，并从图中求出 n_0=80，100，200，300和400处的积分溶解热和微分冲淡热，以及 n_0 从 80 ⟶100，100 ⟶200，200 ⟶300，300 ⟶

400的积分冲淡热。

表 4-12 KNO_3加量等物理量记录

测定次数	每次加KNO_3的质量/g	累加KNO_3的质量/g	通电时间/s	溶解热 Q/kJ·mol^{-1}	积分溶解热 Q_S/kJ·mol^{-1}	浓度 n_0/mol·dm^{-3}
1						
2						
3						
4						
5						
6						
7						
8						

【思考题】

1. 本实验装置是否可测定放热反应的热效应？
2. 本实验装置可否用来测定液体的比热、水化热、生成热及有机物的混合热效应？
3. 对本实验的装置、线路你有何改进意见？

实验 12 液体饱和蒸气压的测定

【实验目的】

1. 明确纯液体饱和蒸气压的定义及气液两相平衡的概念，理解纯液体饱和蒸气压与温度的关系，进一步克拉贝龙方程式和克劳修斯-克拉贝龙方程式。
2. 采用静态法测定乙酸乙酯在不同温度下的饱和蒸气压，掌握等压计的使用。
3. 学会用图解法求所测液体在实验温度范围内的平均摩尔气化热与正常沸点。

【预习要求】

1. 理解饱和蒸气压、摩尔相变焓。
2. 熟悉实验操作过程和实验成功的关键操作。
3. 理解克劳修斯-克拉贝龙方程测定摩尔相变焓的原理。
4. 熟悉实验数据的记录规范和数据处理方法。
5. 思考下列问题。

(1) 实验过程中，气密性检查的原理和方法？

(2) 实验中排除盛样小球中的空气，如何确认空气排除达到要求？

(3) 实验过程中，如何保证达到两相平衡？

(4) 缓冲储气罐的工作原理？

【实验原理】

饱和蒸气压是指一定温度下与纯液体呈两相平衡时的蒸气压力，它是物质的特性参数。

纯液体的蒸气压随温度变化而改变，温度升高，蒸气压增大；温度降低时，则蒸气压减小。当蒸气压与外界压力相等时，液体便沸腾，外压不同时，液体的沸点也不同，通常把外压为101.325kPa 时的沸腾温度定义为液体的正常沸点。

液体饱和蒸气压与温度的关系可用克-克方程式表示：

$$\frac{\mathrm{d}p}{\mathrm{d}T}=\frac{\Delta_{\mathrm{vap}}H_{\mathrm{m}}}{T\Delta_{\mathrm{vap}}V_{\mathrm{m}}} \tag{4-12-1}$$

做不定积分得

$$\ln p^{*}=-\frac{\Delta_{\mathrm{vap}}H_{\mathrm{m}}}{RT}+C \tag{4-12-2}$$

由式可知，在一定外压时，测定不同温度下的饱和蒸气压，以 $\ln p^{*}$ 对 $1/T$ 作图，可得一直线，由直线的斜率可求得实验温度范围内液体的平均摩尔气化热 $\Delta_{\mathrm{vap}}H_{\mathrm{m}}$。当外压为101325Pa，液体的蒸气压与外压相等时，可从图中求得其正常沸点。

饱和蒸气压的测定方法有三类。

（1）动态法：把待测物质放在一封闭系统中，在不同外压下测量液体的沸点。

（2）静态法：把待测物质放在一封闭系统中，在不同温度下直接测量蒸气压，或在不同外压下测液体的沸点，本实验采用静态法。

（3）饱和气流法：将已饱和的待测液体的蒸气通入某种物质中，使蒸气被完全吸收，测量吸收物质质量的增加，求出蒸气的分压。

本实验采用静态法，通过测定不同外压下液体的沸点，得到其蒸气压与温度间的关系。所采用的装置如图 4-15 所示。

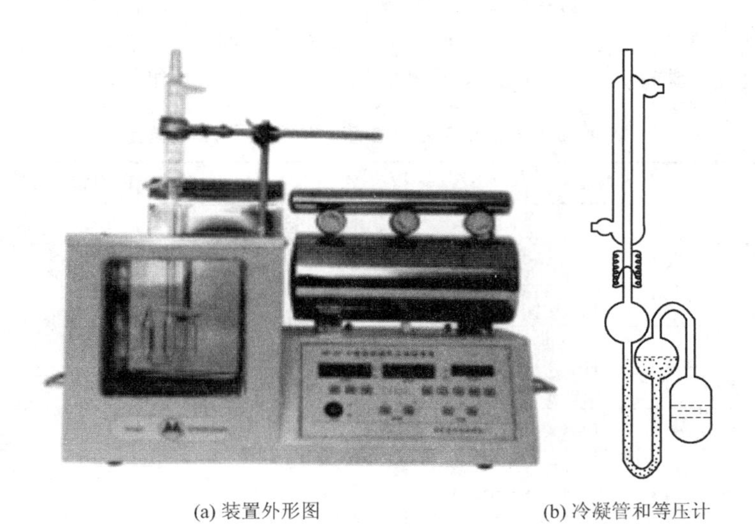

(a) 装置外形图　　(b) 冷凝管和等压计

图 4-15　静态法实验装置

【仪器和药品】

DP-AF-Ⅱ饱和蒸气压组合实验仪一套（含恒温水浴、等压计、数显压力计、控温系统），真空泵，福廷式压力计，烧杯，胶头滴管等。

乙酸乙酯（A. R.），无水乙醇（A. R.）。

【实验内容】

1. 如图4-15所示，将等压计与饱和蒸气压组合实验仪连接，按饱和蒸气压组合实验仪操作说明作气密性检查，确定气密性良好后，通入大气消除真空，从等压计上口用吸管加入乙酸乙酯，通过抽真空、通大气等操作使试样压入盛样球中，装入到盛样球三分之二容积为宜。在U形管中保留部分乙酸甲酯作封闭液。

2. 调节恒温槽的温度为20℃±0.5℃，开动真空泵，抽真空使等压计中试样缓慢沸腾3～4min，让盛样球中的空气排尽。按饱和蒸气压组合实验仪操作说明调节系统内压力，至U形管两侧液面水平为止，读取此时恒温槽温度和精密数字压力计的读数，记下实验室大气压力。

3. 为了检验盛样球内的空气是否排尽，可开启水流泵，使试样缓慢沸腾3～4min，按步骤2再次测定饱和蒸气压，如两次读数基本一致，可确信盛样球中的空气已排尽。

4. 同法每隔3℃测定乙酸甲酯的饱和蒸气压。在升温过程中，应缓慢放入空气，避免U形管中的密封液过度沸腾而导致封闭液减少。在调节U形管两侧液面水平时，进气一定要缓慢，过快将导致封闭液被压入盛样球而使实验失败。

5. 实验完后，缓缓放入空气至大气压为止，再关闭真空泵。

实验过程中应注意：减压系统不能漏气，否则抽气时达不到本实验要求的真空度。必须充分排除盛样小球中的空气。等压计必须放置于恒温水浴中的水面以下，否则其温度与水浴温度不同。打开进空气活塞时，切不可太快，以免空气吸入盛样小球上方，如果发生倒灌，则必须重新排除空气。

【数据记录与处理】

被测液体＿＿＿＿＿＿；室温＿＿＿＿＿＿℃

实验开始时大气压：＿＿＿＿＿＿kPa；实验结束时大气压：＿＿＿＿＿＿kPa。

1. 将温度压力数据列表于表4-13，计算出不同温度下的饱和蒸气压 $p^*=p_{大气}-\Delta p$。

表4-13 实验测定乙酸乙酯的饱和蒸气压和温度

编号	温度		乙酸乙酯的饱和蒸气压		
	t/℃	T/K	表压/kPa	Δp/kPa	p^*/Pa
1					
2					
3					
4					
5					
6					
7					
8					

2. 作图求正常沸点和摩尔相变焓

作蒸气压-温度圆滑曲线图，分析饱和蒸气压随温度的变化关系，给出正常沸点；

根据蒸气压-温度图，读取5组蒸气压-温度数据，列表于表4-14，计算 $\ln p^*$ 和 $1/T$，作 $\ln p^*$-$1/T$ 图，计算乙酸乙酯的摩尔蒸发焓。

表 4-14　从 p-T 图上获得的乙酸乙酯的饱和蒸气压和温度数据

编号	温度		乙酸乙酯的饱和蒸气压	
	T/K	$1/T\times10^{-3}$/K^{-1}	p^*/Pa	$\ln(p^*/Pa)$
1				
2				
3				
4				
5				
6				

【思考题】

1. 克-克方程式在什么条件下才适用？

2. 气化热与温度有无关系？

3. 等压计 U 形管中的液体起什么作用？为什么要用与试样相同的物质作 U 形管的封闭液？

4. 本实验的主要系统误差有哪些？

5. 样品不纯对实验结果有没有影响？

6. 盛样小球中的空气没有排尽对实验结果有没有影响？如何影响？

附：缓冲储气罐的使用

1. 压力装置示意图（见图 4-16）

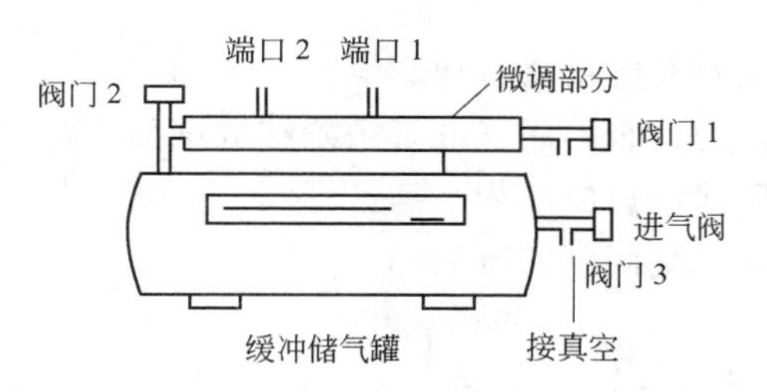

图 4-16　缓冲储气罐示意图

2. 气密性检查

如图 4-16 所示，阀门 1 和气泵相连，打开时真空泵将把压力罐中的气体抽出；阀门 2 与实验装置相连，打开时将在实验装置内建立真空；阀门 3 与大气相通，打开时大气进入系统使真空度降低。作气密性检查时，先打开阀 1 和阀 2，关闭阀门 3，启动真空泵，压力计上所显示的数字即为压力罐的压力值（表压，负号表示低于环境大气压力），达到一定的真空度后，关闭阀 1，停止抽气，观察压力计的数值，若显示的压力值的增加（罐内为负压）低于 0.1kPa・min^{-1}，即为气密性良好。

3. 实验操作

打开阀门 1 和阀门 2，关闭阀门 3，启动真空泵，当达到实验所需的真空度后，关闭阀门 2，阀门 1 常开不动，也可以调节阀门 1。在整个实验过程中，通过阀门 2 和阀门 3 将实验系统调节到不同的压力值：打开阀门 2，系统内的气体被抽出，真空度增加；打开阀门 3，大气进入系统，真空度下降。

4. 操作注意事项

(1) 用阀门 2 和阀门 3 调节系统的真空度时，不可将阀门 2 和阀门 3 同时打开，否则难以进行真空度的调节。

(2) 阀门的开启和关闭均不要用力过猛，以防损坏气密件，影响气密性。

(3) 调节实验系统的真空度时，开启阀门必须缓慢，通过观察压力计数值的变化来观察是否达到调节的目的，以避免系统压力变化太快，导致实验失败。

实验 13 双液系气液平衡相图的测定

【实验目的】

1. 了解阿贝折光仪的测量原理。
2. 掌握沸点仪和阿贝折光仪的使用方法。
3. 用沸点仪测定在实验室大气压力下环己烷-乙醇的气液平衡相图。

【预习要求】

1. 理解饱和蒸气压、相平衡。
2. 理解相图及其绘制。
3. 熟悉实验操作过程和实验成功的关键操作。
4. 熟悉实验数据的记录规范和数据处理方法。
5. 思考下列问题。

(1) 实验过程中，杂质对实验结果有何影响?

(2) 实验中每次加样，为什么不用移液管精确移取试剂?

(3) 实验过程中，如何保证达成两相平衡?

(4) 加热过程中为什么反复倾倒回流液?

【实验原理】

双液系气液平衡的相图主要有 p-x 图、T-x 图和 p-T 图三类，经常使用的是 p-x 图、T-x 图。根据系统的性质，常见的 T-x 图主要包含三种，即：(1) 理想的双液系，其溶液沸点介于两纯物质沸点之间；(2) 各组分对拉乌尔定律发生较大负偏差，其溶液有最高沸点；(3) 各组分对拉乌尔定律发生较大正偏差，其溶液有最低沸点。对应的相图如图 4-17 所示。

第 (2)、第 (3) 两类溶液在最高或最低沸点时的气液两相组成相同，加热蒸发的结果只是使气相总量增加，气液相组成及溶液沸点保持不变，这时的温度叫恒沸温度，相应的组成叫恒沸组成。理论上，第 (1) 类混合物可用一般精馏法分离出两种纯物质，第 (2)、第 (3) 两类混合物只能分离出一种纯物质和一种恒沸混合物。

为了测定双液系的 T-x 图，需在气液相达平衡后，同时测定气相组成、液相组成和溶液沸点。实验测定整个浓度范围内不同组成溶液的气液相平衡组成和沸点后，就可绘出 T-x 图。本实验根据液体对光折射率与浓度的关系，利用折光仪间接测定物系的组成。

【仪器和药品】

沸点仪 1 套，阿贝折光仪 1 台，50～100℃温度计 1 支，直流电源 1 台或者双液系相图

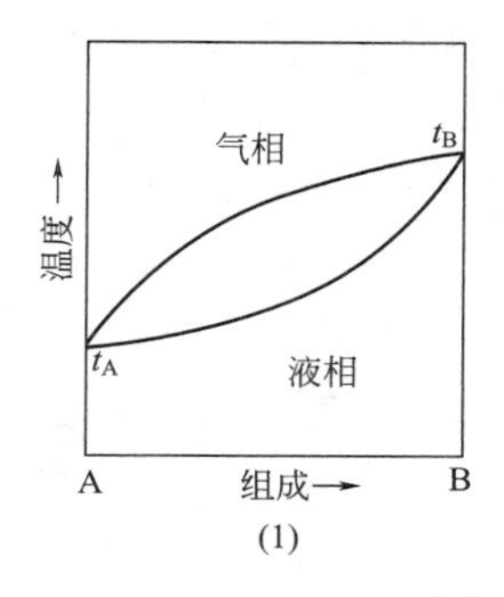

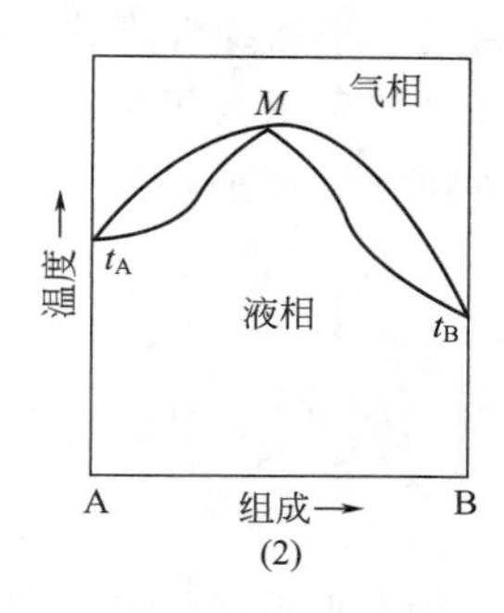

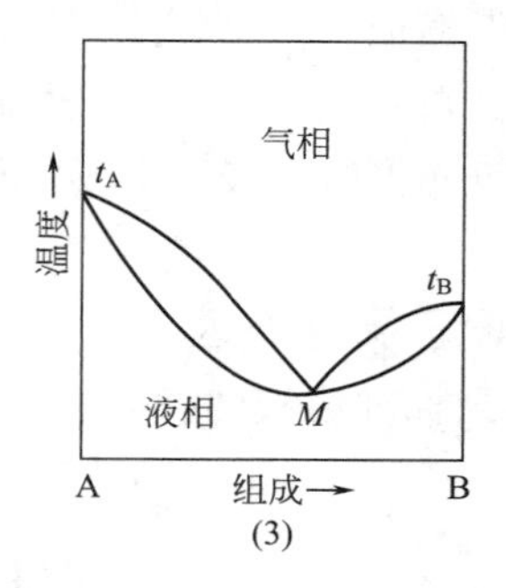

图 4-17　双液系气液平衡的 T-x 相图

综合实验仪；50cm³ 量筒 1 个，长短取样管各 1 支，100cm³ 烧杯 2 个，电吹风 1 把，加热电阻丝。

环己烷（A. R.），无水乙醇（A. R.）。

【实验内容】

1. 了解和熟悉精密直流电源以及阿贝折光仪的使用方法（参看第 3 章仪器部分），并把沸点仪（如图 4-18 所示）连接好冷凝水，加热电阻丝连接到精密直流电源上。

2. 将 6 个干净细口瓶编号，配成 6 份含环己烷的质量分数分别为：0%，20%，40%，60%，80%，100%的乙醇-环己烷标准混合物各 20g，轻轻摇动，混合均匀。用阿贝折光仪测定每份混合物的折射率，每份混合物的折射率测定两次，取平均值，以折射率对组成作标准曲线。

3. 从沸点仪进液口用量筒加入 40cm³ 乙醇，盖上磨口塞及烧瓶的胶塞，调节电阻丝与测温探头，使其浸入液体，但两者不要接触。

图 4-18　沸点仪

1—温度计；2—加样口；3—电热丝；4—分馏液取样口；5—分馏液

4. 通入冷凝水，打开数字式温度计及精密直流电源开关，注意精密直流电源的电流不得大于 2A，一般置于 1.5～1.8A 之间即可，电压可以根据情况适当调节不超过 50V，不宜过大，以免发生危险。

5. 将液体加热至沸腾，待温度稳定后，记下该温度，即沸点，用阿贝折光仪测其折射率，即纯乙醇的折射率，与第一次测定结果比较看是否正确。然后按照表 4-15 的数量依次加入环己烷。每次加完后，加热使混合物沸腾，加热过程中将气相冷凝液倾倒回三口蒸馏瓶 2～3 次，以加速气液平衡，当混合物沸腾后再等待 1～2min，以确保达成两相平衡。达成两相平衡后，记下体系的温度，即为对应系统的沸点温度。立即断电，分别用干净的短滴管和长滴管取气相冷凝液和液相，待其冷却到室温后测其折射率，并记录数据。逐次测定直到沸点降至最低，气、液相组成接近为止。

6. 将蒸馏瓶洗净吹干，加入 40cm³ 环己烷，重复第 5 步的测试方法，先测定环己烷的沸点温度和折射率。再按照表 4-15 的数量依次加入无水乙醇，同样重复第 5 步的测试方法，测定混合物的沸点温度和折射率。逐次测定直到沸点降至最低，气、液相组成接近为止。

注意磨口在取样及加入液体后应立即盖好，防止蒸发损失。测定折射率时也应迅速，以防液体挥发。测定折射率后，将棱镜打开晾干，以备下次测定用，也可用洗耳球鼓空气吹干或用擦镜纸擦干。一定要使系统达到气液平衡即温度稳定后才能取样分析。取样后的滴管不能倒置，必须避免污染，并应待样液冷却后测其折射率。每次取样后的长短取样管应吹干。使用阿贝折光仪时，棱镜上不能触及硬物（特别是滴管）。棱镜上加入被测溶液后立即关闭镜头。

【数据记录与处理】

1. 记录标准溶液的折射率，并填入表 4-15 中。作乙醇-环己烷标准溶液的折射率-组成关系曲线。

表 4-15 乙醇-环己烷标准溶液的折射率

组成(环己烷%)	0%	20%	40%	60%	80%	100%
折射率						

2. 将测定的沸点和折射率填入表 4-16。根据标准曲线确定气液两相的组成，并填于表 4-16 中。

3. 作乙醇-环己烷体系的沸点-组成图，并由图找出乙醇-环己烷的恒沸点的温度和恒沸混合物的组成。

表 4-16 乙醇-环己烷的沸点和组成

混合液组成		沸点/℃	气相冷凝液		液相	
乙醇/cm^3	环己烷/cm^3		折射率	环己烷摩尔分数/%	折射率	环己烷摩尔分数/%
40	0					
0	3					
0	5					
0	5					
0	5					
0	5					
0	5					
0	40					
2	0					
2	0					
2	0					
3	0					
3	0					
3	0					

【思考题】

1. 作乙醇-环己烷标准液的折射率-组成曲线的目的是什么？
2. 每次加入蒸馏瓶中的环己烷或乙醇是否应按记录表规定精确计量？
3. 如何判定气-液相已达平衡状态？
4. 收集气相冷凝液的小槽的尺寸对实验结果有无影响？

5. 实验测得的沸点与标准大气压的沸点是否一致？

6. 为什么测定纯环己烷和乙醇的沸点时要求蒸馏瓶必须是干的，而测混合液沸点和组成时则可不必如此要求？

实验 14　二组分固液相图的绘制

【实验目的】

1. 了解固-液相图的基本特点。
2. 用热分析法测绘铅-锡二组分金属相图。
3. 学会热电偶的制作、标定的测温技术。

【预习要求】

1. 复习简单低共熔二元固液相图的知识。
2. 掌握利用热分析绘制步冷曲线的测定步骤。

【实验原理】

相图是多相（两相及两相以上）系统处于相平衡态时系统的某种物理性质（最常见的物理量是温度）对系统的某一自变量（如组成）作图所得的图形，图中能反映出相平衡情况(相的数目及性质等)，故称为相图。二元或多元相图常以组成为变量，其物理性质则大多取温度，由于相图能反映出多相平衡系统在不同条件（如自变量不同）下的相平衡情况，故研究多相系统的性质以及多相体系平衡的演变（例如冶金工业钢铁、合金冶炼过程、化学工业原料分离制备过程）等都要用到。

二组分系统的自由度数与相数有以下关系：

$$自由度数=组分数-相数+2$$

由于一般物质其固、液两相的摩尔体积相差不大，所以固-液相图受到外界压力的影响较小。这是它与气-液平衡体系的最大差别。

各种系统不同类型相图的解析在物理化学课程中占有重要地位。对相图的制作有很多方法，统称为物理化学分析，而对凝聚相研究（如固-液、固-固等），最常用的方法是借助相变过程中的温度变化，观察这种热效应的变化情况，以确定一些系统的相态变化关系，最常用的方法就是热分析及差热分析方法。本实验就是用热分析法绘制二元金属相图。

二组分金属相图是表示两种金属混合系统组成与凝固点关系的图。由于此系统属凝聚体系，一般认为不受压力影响，通常表示为固液平衡时液相组成与温度的关系。若两种金属在固相完全不溶，在液相可完全互溶，其相图具有比较简单的形式。

步冷曲线法是绘制相图的基本方法之一，是通过测定不同组成混合系统的冷却曲线来确定凝固点与溶液组成的关系。通常是将金属混合物或其合金加热使其全部熔化，然后在一定的环境中自行冷却，根据温度与时间的关系来判断有无相变的发生。图 4-19 是二元金属系统一种常见的步冷曲线。图 4-20 是根据步冷曲线绘制的二组分金属固液相图。图 4-21 为有过冷现象出现时的步冷曲线。

当金属混合物加热熔化后冷却时（见图 4-19)，由于无相变发生，系统的温度随时间变化较大，冷却较快（ab 段)。若冷却过程中发生放热凝固，产生固相，将减小温度随时间的

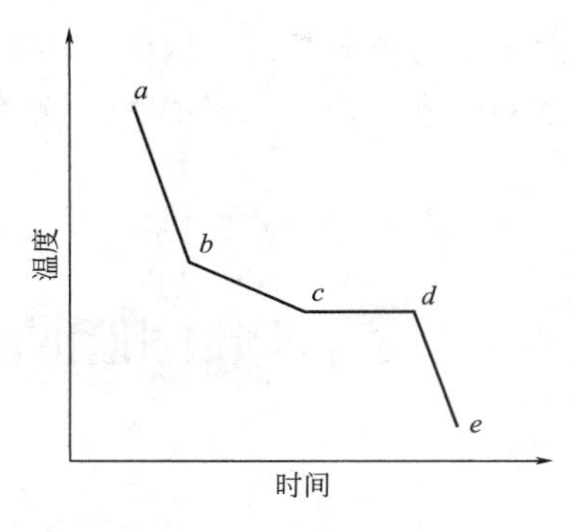

图 4-19 步冷曲线

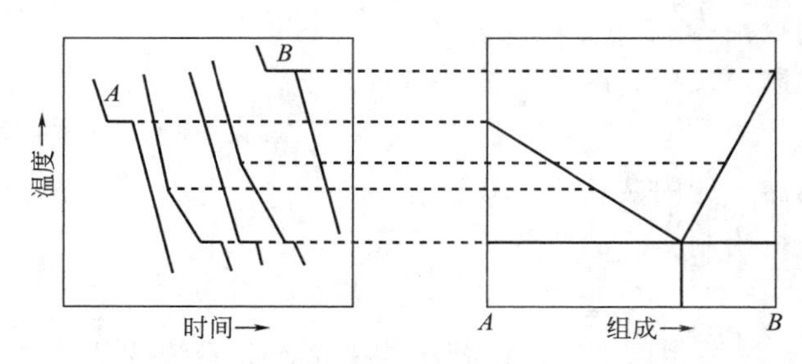

图 4-20 根据步冷曲线绘制相图

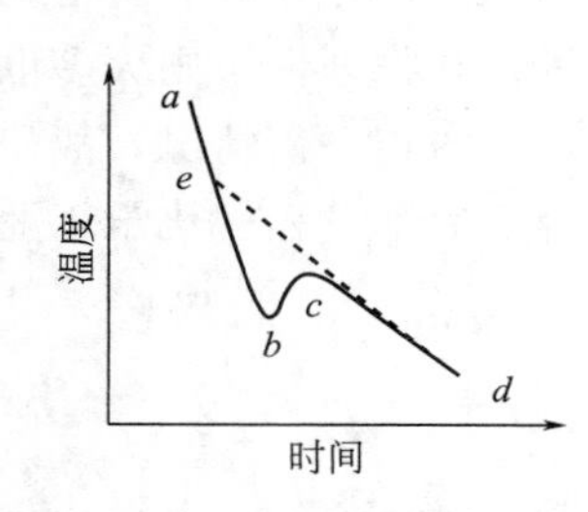

图 4-21 有过冷现象出现的步冷曲线

变化，使系统的冷却速度减慢（bc 段）。当熔融液继续冷却到某一点时，如 c 点，由于此时液相的组成为低共熔物的组成。在最低共熔混合物完全凝固以前系统温度保持不变，步冷曲线出现平台，（如图 cd 段）。当熔融液完全凝固形成两种固态金属后，系统温度又继续下降（de 段）。根据一系列不同组成混合系统的步冷却曲线就可以绘制出完整的二组分固液平衡相图（如图 4-22 所示）。

【仪器和药品】

立式加热炉（800W）1 台，调压变压器（1kVA）1 台，宽肩硬质玻璃样品管（ϕ18mm×200mm，肩 ϕ30mm）8 只，数字式电位差计 1 套，电弧焰发生器 1 套，秒表，冰水浴。镍铬丝（28 号），铅（化学纯），考铜丝（28 号），镍硅丝，锡（化学纯），绝缘小瓷管，铋（化学纯），苯甲酸（化学纯）。

【实验内容】

1. 热电偶的制备

取 60cm 长的镍铬丝和镍硅丝各一段，将镍铬丝用小绝缘瓷管穿好，将其一端与镍硅丝的一端紧密地扭合在一起（扭合头为 0.5cm），将扭合头稍稍加热立即蘸以硼砂粉，并用小火熔化，然后放在高温焰上小心烧结，直到扭头熔成一光滑的小珠，冷却后将硼砂玻璃层除去。

为绝缘起见，使用时常将热电偶套在较细的硬质玻璃管中，管内再注入少量硅油以改善导热性能。

2. 绘制铅-锡混合物的步冷曲线

（1）步冷曲线测量装置如图 4-22 所示。

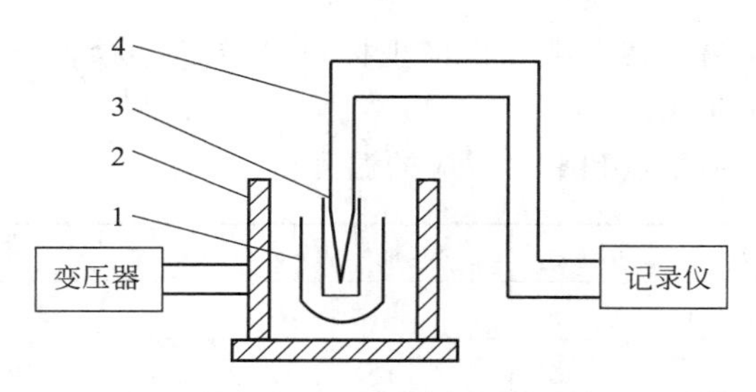

图4-22 步冷曲线测量装置

1—加热炉；2—不锈钢样品管；3—套管；4—热电偶

（2）样品配制

用感量为0.1g的台秤称含铅100%、80%、60%、38.1%、20%、0%的铅-锡混合物各100g，称量至0.1g，分别置于6个宽肩硬质玻璃样品管中，在样品上方各覆盖一层石墨粉。

（3）步冷曲线

将样品管放在加热电炉中，缓慢加热，待样品完全熔化后，用热电偶玻璃套管轻轻搅动，使管内各处组成均匀一致，样品表面上也都均匀地覆盖着一层石墨粉。将热电偶固定于样品管中央，热端插入样品液面下约3cm，但与管底距离应不小于1cm，以避免外界的影响。炉温控制在以样品全部熔化后再升高50℃为宜。用调压变压器控制电炉的冷却速率每分钟降低6～8℃。每隔30s，用电位差计读取热电势值一次，直到三相共存温度以下约50℃。

3. 绘制铋和苯甲酸的步冷曲线

取两支宽肩硬质玻璃样品管，分别装入铋100g和苯甲酸50g。测出其相变时的热电势值。

4. 水的沸点

将热电偶的热端插入沸点仪的气液喷口处，测水的沸点，作为标定热电偶温度值的一个定点。注意校正大气压力对沸点的影响。

注意：以上测定热电偶的冷端均为0℃。

【数据记录与处理】

1. 数据记录（见表4-17）

室温：____________；大气压：____________

表4-17 绘制铅-锡混合物的步冷曲线数据

铅的含量（质量分数）											
0%		20%		40%		61.9%		80%		100%	
温度	时间	温度	时间	温度	时间	温度	时间	温度	时间	温度	时间

2. 数据处理

(1) 用已知纯铅、纯锡的熔点沸点作横坐标，以铅-锡步冷曲线中的平台温度为纵坐标作图，画出热电偶的工作曲线。

(2) 找出各步冷曲线中拐点和平台对应的温度值。

铅的含量(质量分数)	0%	20%	38.1%	60%	80%	100%
拐点温度/℃						
平台温度/℃						

(3) 从热电偶的工作曲线上查出各拐点温度和平台温度，以温度为纵坐标，以组成为横坐标，绘出 Pb-Sn 合金相图。

【附录】

(1) 有关金属的熔点（见表 4-18）。

表 4-18 有关金属的熔点

金属	熔点/℃
锡	232
铋	271.6
铅	326
锌	419
镉	321.2

(2) Pb-Sn 相图的最低共熔点

$T=456K(180℃)$ $x_{Sn}=47\%$ $w_{Sn}=61.9\%$

(3) Pb 及 Sn 的熔点及相应的熔化焓

$T_{Pb}=599K(326℃)$ $\Delta_l^s H_m^{\ominus}=5.12kJ\cdot mol^{-1}$

$T_{Sn}=505K(323℃)$ $\Delta_l^s H_m^{\ominus}=7.196kJ\cdot mol^{-1}$

【思考题】

1. 步冷曲线各段的斜率以及水平段的长短与哪些因素有关？
2. 解释一个经典的步冷曲线的每一部分的含义？
3. 对于不同成分的混合物的步冷曲线，其水平段有什么不同？
4. 如果用差热分析法或差示扫描量热法来测绘相图，是否可行？
5. 试从实验方法比较测绘气-液相图和固-液相图的异同点？

【关键操作及注意事项】

1. 电炉的热惯性与加热的终温、环境的温度、升温速率等均有关系，且关系复杂。一般，第一次升温时，热惯性大约为 50～80℃，第二次升温时热惯性则上升为 80～120℃。用电炉加热样品时，注意温度要适当，温度过高样品易氧化变质；温度过低或加热时间不够则样品没有全部熔化，测不出步冷曲线转折点。

(1) 升温速度的控制　本实验耗时较长，控制好升温速率可以大大缩短实验时间。熔化样品时，升温电压不能一下加得太快，要缓慢升温。一般金属熔化后，继续加热 2min 即可停止加热。

（2）降温速度的控制　降温速率的控制是本实验成功的关键，降温过快，步冷曲线的平台不明显甚至根本找不到平台。在试剂加热后的冷凝过程中注意不要使玻璃管触壁。在体系冷却过程中总组成不能发生变化，要防止挥发、氧化、或混入其他杂质等。

（3）在测定一样品时，可将另一待测样品放入加热炉内预热，以便节约时间，合金有两个转折点，必须待第二个转折点测完后方可停止实验，否则必须重新测定。

2. 热电偶热端应插到样品中心部位，在套管内注入少量的石蜡油，将热电偶浸入油中，以改善其导热情况。搅拌时要注意勿使热端离开样品，金属熔化后常使热电偶玻璃套管浮起，这些因素都会导致测温点变动，必须消除。热电偶的热端应浸在装有高温硅油的玻璃管中，以改善导热条件；搅拌时热端玻璃管的位置应保持不变，保证测温点的一致。热电偶的冷端应保持在 273.2K 冰水的冷阱中，并且在整个测量过程中冷阱内一定要有冰存在，每隔一定的时间搅动一次冰水混合物，以保持冷阱内温度的一致。

3. 数据的记录，为了便于找出相变点温度，在相变点温度附近记录的数据应该密集一些，尤其当出现过冷现象时。为使步冷曲线上有明显的相变点，必须将热电偶结点放在熔融体的中间偏下处，同时将熔融体搅匀。冷却时，将纯金属样品管放在加热的原炉中，把电压推到零缓慢冷却。

4. 本实验成败的关键是步冷曲线上转折点和水平线段是否明显。步冷曲线上温度变化的速率取决于体系与环境间的温差、体系的热容量、体系的热传导率等因素，若体系析出固体放出的热量可以抵消散失热量的大部分，转折变化明显，否则转折就不明显。故控制好样品的降温速度很重要，一般控制在 6～8℃ · min^{-1}，在冬季室温较低时，就需要给体系降温过程加以一定的电压（约 20V）来减缓降温速率。

5. 凝固热的放出使试管内样品的冷却变慢，在步冷曲线上出现转折点及停点，而这种转折点是否明显取决于放出凝固热的量和试管冷却散热的量的关系。若散热快，则步冷曲线上的转折点及停点就很不明显。所以在实验中必须注意保温，必要的时候对保温器进行预热，使其缓慢均匀地冷却，以得到明显的转折点。

6. 测定时被测体系的组成值必须与原来配制样品时组成值一样。如果测定过程中样品各处不均匀，或样品发生氧化变质，这一要求就不能实现。另外，热电偶的热端必须放在熔化了的金属样品中部，冷端必须浸没在冰水中，否则必将大大影响结果的准确性。

7. 本实验所用体系一般为 Sn-Bi、Cd-Bi、Pb-Zn 等低熔点金属体系，但它们的蒸气对人体健康有危害，因而要在样品上方覆盖石墨粉或石蜡油，防止样品的挥发和氧化。石蜡油的沸点较低（大约为 300℃），故用电炉加热样品时注意不宜升温过高，特别是样品近熔化时所加电压不宜过大，以防止石蜡油的挥发和炭化。

8. 固液系统的相图类型很多，二组分间可形成固溶体、化合物等，其相图可能会比较复杂。一个完整相图的绘制，除热分析法外，还需借用化学分析、金相显微镜、X 射线衍射等方法共同解决。

实验 15　三组分液液体系相图的测定

【实验目的】

1. 加深对三组分系统相图、杠杆原理的理解。

2. 掌握用等边三角坐标表示三组分系统相图的方法。

3. 用溶解度法绘制具有一对共轭溶液的三组分相图。

【预习要求】

1. 理解三组分相图、杠杆原理。

2. 理解三组分系统相图的实验绘制方法和原理。

3. 熟悉实验操作过程和实验成功的关键操作。

4. 熟悉实验数据的记录规范和数据处理方法。

5. 思考实验过程中，如果不小心过了终点，是否需要重新做实验？

【实验原理】

为了绘制相图就需要通过实验获得平衡时各相间的组成及两相的连接线，即先使系统达到平衡，然后把各相分离，再用化学分析法或者物理方法确定达到平衡时各相的组成。但系统达到平衡的时间可以相差很大。对于互溶的液体，一般平衡达到的时间很快；对于溶解度较大但不生成化合物的水盐体系，也容易达到平衡。对于一些难溶的盐，则需要相当长的时间，如几个昼夜。由于结晶过程往往要比溶解过程快得多，所以通常把样品置于较高的温度下，使其溶解，然后将其移至温度较低的恒温槽中，使之结晶，加速达到平衡，另外，摇动、搅拌、加大相界面也能加快各相间的扩散速度，加速达到平衡。

水和氯仿的相互溶解度很小，而醋酸却可以与水、氯仿互溶。在水和氯仿组成的两相混合物中加入醋酸，能增大水和氯仿间的互溶度，醋酸越多，互溶度越大，当加入醋酸到某一数量时，水和氯仿能完全互溶，原来由两相组成的混合系统由混变清。在温度恒定的情况下，使两相系统变成均匀的混合物所需要的醋酸量，取决于原来混合物中水和氯仿的比例。同样，把水加到醋酸和氯仿的均相混合物中时，当水达到一定数量，原来的均相体系变成水相和氯仿相的两相混合系统，系统由清变浊。使系统变成两相所需要的水量取决于醋酸和氯仿的起始成分。因此利用系统在相变化时的浑浊和清亮现象的出现，可以判断系统中各组分间互溶度的大小。一般由清到浊，肉眼比较容易分辨。所以实验由均相样品中加入第三种物质使变成两相的方法，测定两相间的相互溶解度。

当两相共存并达到平衡时，将两相分离，测得两相的成分，然后用直线连接这两点，即得连接线。

用等边三角形的方法表示三组分系统相图。等边三角形的三个顶点各代表纯组分，三角形的三条边 AB、BC 和 CA 分别代表 A 和 B，B 和 C，C 和 A 所组成的二组分系统，而三角形内任意一点表示一个三组分的系统。

见图 4-23，经过 P 点作平行于三边的直线，并交三边于 a，b，c 三点。若将三边均匀分成 100 等分，则点 P 的 A、B、C 组分的组成分别为：$A\%=Cb$，$B\%=Ac$，$C\%=Ba$。

对共轭的三组分系统，即三组分中两液体 A、B 及 A、C 完全互溶，而另一对 B、C 不互溶或部分互溶的相图，如图 4-24 所示。图中 $DEFHIJKL$ 是相互溶解度曲线，EI 和 DJ 是连接线。相互溶解度曲线下是两相区，上面是单相区。

绘制溶解度曲线的方法有许多种，本实验采用的方法是：将完全互溶的两组分（如氯仿和醋酸）按照一定的比例配制成均相溶液，再向清亮溶液中滴加另一组分（如水），则系统由清变浊。再往体系里加入醋酸，系统由浊变清。再加入水，系统点又由清变浊，再滴加醋酸使之由浊变清……如此往复，最后连接这些点即可得到相互溶解度曲线。

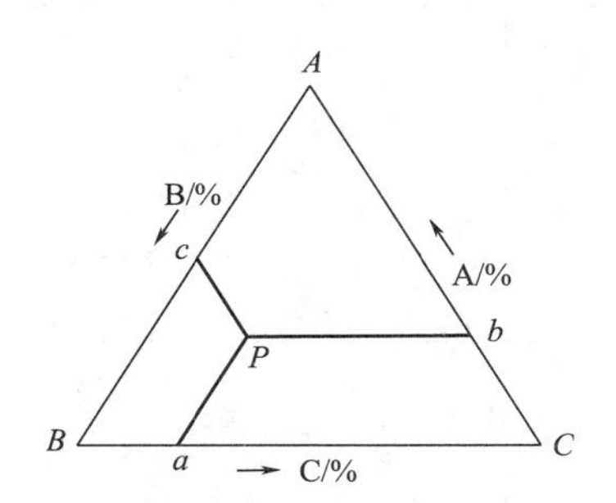

图4-23　三元相图的等边三角形表示方法

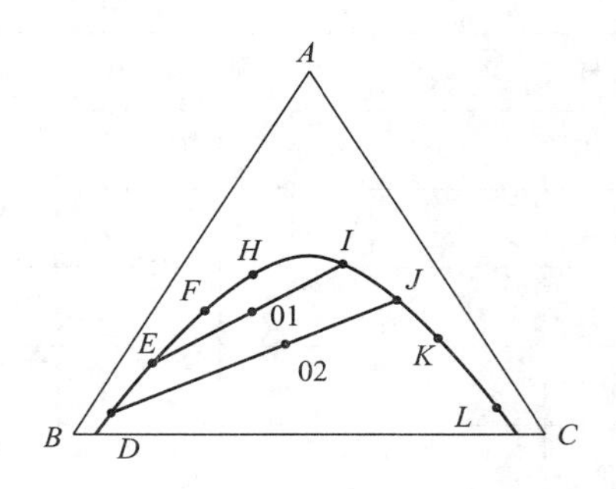

图4-24　一对不互溶或部分互溶的三组分相图

【仪器和药品】

滴定管（50cm^3、酸式）1支，磨口锥形瓶（100cm^3）2只，锥形瓶（200cm^3）2只，磨口锥形瓶（25cm^3）4只，滴定管（50cm^3、碱式）1支，移液管（10cm^3）2支，移液管（5cm^3）2支，移液管（2cm^3）2支，电吹风1把。

氯仿（A. R），冰醋酸（A. R），无水乙醇（A. R），0.5mol·dm^{-3}NaOH，酚酞指示剂。

【实验内容】

1. 将磨口锥形瓶洗净，烘干。系统组分之一是水，所用锥形瓶和移液管都需干燥。

2. 在洁净干燥的酸式滴定管中装入蒸馏水。

3. 移取6cm^{3}氯仿、1cm^{3}醋酸于干燥洁净的100cm^{3}磨口锥形瓶中，混合均匀，标记为1号。然后慢慢滴入水，边滴边摇，直至溶液由清变浊，即为终点，记录水的体积。再向系统中加入2cm^{3}醋酸，系统又成均相，继续用水滴定，使系统再次由清变浊，分别记录此时系统中氯仿、醋酸及水的总毫升数。然后依次加入3.5cm^3、6.5cm^{3}醋酸，同上方法用水滴定，并记录系统中各组分的含量。最后加入40cm^{3}的水，盖紧瓶塞，每隔5min振摇一次，约30min后将此溶液作测量连接线使用。滴定时要一滴一滴加入，并不断振摇。接近终点时，因为溶液已经接近饱和，溶解平衡需要较长时间，因此更要多加振荡。由于分散的“油珠”颗粒能散射光线，所以只要体系出现浑浊并在2～3min内不消失，即可认为已达到终点。

4. 取另一100cm^{3}磨口锥形瓶，标记为2号，移入1cm^{3}氯仿和3cm^{3}醋酸，用水滴定至终点。然后再依次添加2cm^3、5cm^3、6cm^{3}醋酸，分别用水滴定至终点。记录各次各组分的用量。最后加入9cm^{3}氯仿和5cm^{3}醋酸，混合均匀，每隔5min振摇一次，约30min后作为测量另一条连接线使用。

5. 将2只25cm^{3}磨口锥形瓶称重，待用。将溶液1和溶液2静置，待溶液分层后，用干燥洁净的移液管吸取溶液1上层2cm^3，下层2cm^3，分别放入已经称重的25cm^{3}磨口锥形瓶中，再称其质量。然后用水洗入200cm^{3}锥形瓶中，滴入酚酞，用已知浓度的NaOH溶液滴定，以测定其中醋酸含量。

6. 同步骤5，移取溶液2上层液2cm^{3}和下层液2cm^3，称重并滴定。

【数据记录与处理】

1. 记录实验过程中所加样品的体积，并计算质量和组成，计入如表4-19和表4-20。

表 4-19 各组分的体积和质量分数

CH_3COOH		$CHCl_3$		H_2O		$m_{总}/g$	$w/\%$		
V/cm^3	m/g	V/cm^3	m/g	V/cm^3	m/g		CH_3COOH	$CHCl_3$	H_2O

表 4-20 各组分的体积和质量分数

溶液		浓度	$c(NaOH)/mol·dm^{-3}$	
		m 溶液/g	$V(NaOH)/cm^3$	$w/(CH_3COOH)\%$
1	上层			
	下层			
2	上层			
	下层			

2. 溶解度曲线的绘制

根据表 4-18 数据，在三角坐标纸上，绘制各次滴定的组成点，然后用曲线板拟合成一条光滑曲线，即为水-氯仿在醋酸存在情况下的相互溶解度曲线。其中在 BC 边上的相点为实验温度、压力条件下，水在氯仿或氯仿在水中的溶解度。

3. 连接线的绘制

(1) 计算瓶 1、2 中最后的氯仿、醋酸和水的含量，在三角相图中绘制相应的物系点 O_1、O_2。

(2) 由所取各相当质量及滴定用 NaOH 的体积，计算醋酸在各相中的百分数，并将点画在互溶度曲线上。描述水层内（上）的醋酸含量画在含水成分多的一边；描述氯仿层（下）内醋酸含量的点画在含氯仿成分多的一边。

(3) 连接步骤 (2) 所得的两个平衡液层的组成点，即为连接线，该连接线应该通过由 (1) 所得的系统物系点。

【思考题】

1. 实验所得的连接线未通过物系点，原因是什么？如何确保连接线通过物系点？

2. 若用水饱和的氯仿或含水的醋酸能否做此实验，为什么？若能做此实验请举例说明滴定终点的变化确定滴加样品的顺序。

3. 根据一对互溶的三组分系统的相图，分析萃取原理，并用示意图表示。

4. 滴定过程中若不小心超过终点，对实验有无影响？为什么？

附表

不同温度时各物质的密度遵循如下关系

$$\rho_T=\rho_s+\alpha(T-T_s)\times10^{-3}+\beta(T-T_s)^2\times10^{-6}+\gamma(T-T_s)^3\times10^{-9}$$

式中，$T_s=273.15K$。式中各项常数值列于表4-21。氯仿在水中的溶解度见表4-22，水在氯仿中的溶解度见表4-23。

表4-21　物质的密度与温度的关系

物质	常数值			
	ρ_s	α	β	γ
$CHCl_3$	1.5264	−1.856	−0.531	−8.8
CH_3COOH	1.072	−1.1229	0.0058	−2
H_2O	—	—	—	—

表4-22　氯仿在水中的溶解度

温度/℃	0	10	20	30
溶解度($CHCl_3$)/%	105.2	88.8	81.5	77.0

表4-23　水在氯仿中的溶解度

温度/℃	3	11	17	22	31
溶解度(H_2O)/%	1.9	4.3	6.1	6.5	10.9

实验16　差热分析图的测定

【实验目的】

1. 掌握差热分析的基本原理和方法，用差热分析仪测定硫酸铜的差热图，并掌握定性解释图谱的基本方法。

2. 掌握差热分析仪的使用方法。

【预习要求】

1. 了解差热分析的基本原理和方法。

2. 学习分析差热分析图。

【实验原理】

物质在受热或冷却的过程中，如有物理或化学变化会伴有热效应发生。差热分析是测定在同一受热条件下，试样与参比物（在所测定的温度范围内不会发生任何物理或化学变化的热稳定的物质）之间温差（ΔT）对温度（T）或时间（t）关系的一种方法。

差热分析仪结构原理如图 4-25 所示，包括加热器、温度控制仪、放置样品和参比物的坩埚、盛放坩埚并使其温度均匀的保持器、测温热电偶、差热分析仪和计算机。

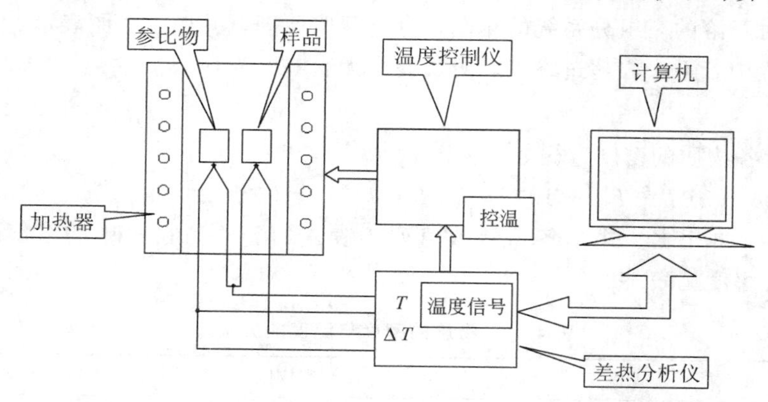

图 4-25 差热分析仪结构原理图

温度控制仪控制加热炉的温度和升温速率，差热分析仪采集样品和参比物之间的温差随温度及时间变化的数据，通过计算机实时绘制温度-温差曲线，并对实验结果进行计算和处理。取两对相同材料热电偶并联而成的热电偶组，将它们分别置于样品和参比物的中心，测量它们的温差（ΔT）和它们的温度 T。

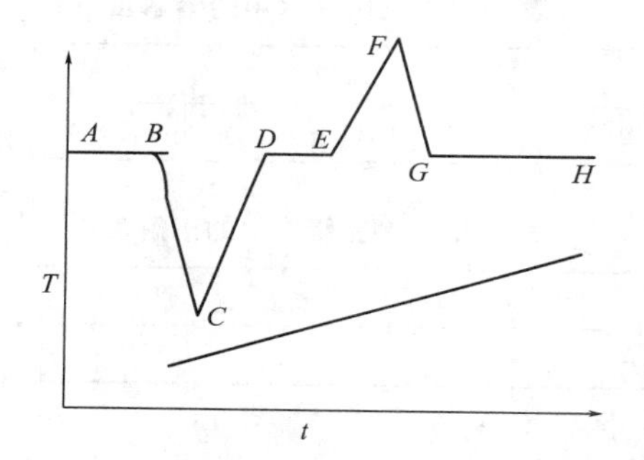

图 4-26 理想的差热分析图

试样与参比物放入坩埚后，按一定的速率升温，如果参比物和试样热容大致相同，就能得到理想的差热分析图，图 4-26 中 T 是由插在参比物的热电偶所反映的温度曲线。AH 线反映试样与参比物间的温差曲线。如试样无热效应发生，那么与参比物间的 $\Delta T=0$，在曲线上 AB、DE、GH 是平滑的基线。当有热效发生而使试样的温度高于参比物，则出现如 BCD 峰顶向下的放热峰。反之，为峰顶向上的 EFG 吸热峰。

差热图中峰的数目、位置、峰面积、方向、高度、宽度、对称性反映了试样在所测量温度范围内所发生的物理变化和化学变化次数、发生转化的温度范围、热效应大小及正负。峰的高度、宽度、对称性除与测试条件有关外还与样品变化过程的动力学因素有关，所测得的差热图比理想的差热图复杂得多。

【仪器和药品】

差热分析仪（NDTA-Ⅱ型或自装差热分析仪等）一套。

$CuSO_4 \cdot 5H_2O$（分析纯），α-Al_2O_3（分析纯），Sn（分析纯）。

【实验内容】

1. 按照仪器说明书连接仪器。

2. 安装样品和参比物

(1) 取下加热器小帽，小心取下加热器。

(2) 打开坩埚保持器小盖，取出坩埚。

(3) 分别将被测样品和参比物装入两只清洁的坩埚内，两者质量（6～7mg）近似相等，适当用力捣实，再将坩埚插进保持器的孔中。

(4) 热电偶顶端涂上少量导热硅脂，再将坩埚保持器上装有坩埚的两个孔对准热电偶，使装样品的坩埚对准“样品”热电偶，装参比物的坩埚对准“参比”热电偶，适当按压坩埚，尽量使坩埚与热电偶接触良好。然后装上保持器小盖。

(5) 小心装上加热器，尽量避免碰撞坩埚保持器，然后装上加热器小帽，将加热器电缆插入加热器电源接口。

(6) 更换样品或因为其他工作需要取下加热器时，应首先切断电源，待加热器温度降低后再操作，避免烫伤。

3. 分别检查以下各部件的连接状态：

检查连接温度控制仪和差热分析仪的电源线；

检查连接温度控制仪的加热电缆；

检查连接加热器和差热分析仪的热电偶；

检查连接差热分析仪和温度控制仪的热电偶；

检查连接差热分析仪和计算机的通讯电缆；检查无误后，分别接通温度控制仪、差热分析仪和计算机电源。

4. 温度控制仪工作参数的设定

(1) 按下“设置”键，温度显示器显示“C”，通过“＋1”、“－1”、“×10”键设置加热器目标温度（单位℃，如 300℃）。

(2) 再按下“设置”键，温度显示器显示“$P1$”，通过“＋1”、“－1”、“×10”键设置加热器功率（单位 W），(使升温速率约为 10℃$\cdot$min^{-1})。

(3) 再按下“设置”键，温度显示器显示“$P2$”，通过“＋1”、“－1”、“×10”键设置加热器保温功率（单位 W）。

(4) 再按下“设置”键，温度显示器显示“$t1$”，通过“＋1”、“－1”、“×10”键设置温度控制仪定时报警时间间隔（单位：s）。

(5) 再按下“设置”键，温度显示器显示“n”，通过“＋1”、“－1”键设置温度控制仪定时报警蜂鸣器开与关。

(6) 再按下“设置”键，温度控制仪退出“设置”状态，进入正常工作状态。

5. 差热分析系统软件使用

(1) 运行“NDTASETUP. EXE”，将本软件安装至硬盘，建议使用“D: \ NDTA \ ”文件夹，然后在桌面上建立名为“NDTA”的快捷方式图标；

(2) 双击“NDTA”图标，系统开始运行，工作界面如图 4-27 所示。

工具条按钮排列如图 4-28 所示。

从左到右依次为：

① 开始采集　当上述所有准备工作完成后，按下温度控制仪“加热”键，加热器开始加热，同时“加热”指示灯亮。点击“开始采集”按钮，系统开始采集实验数据，窗口如图 4-29 所示。

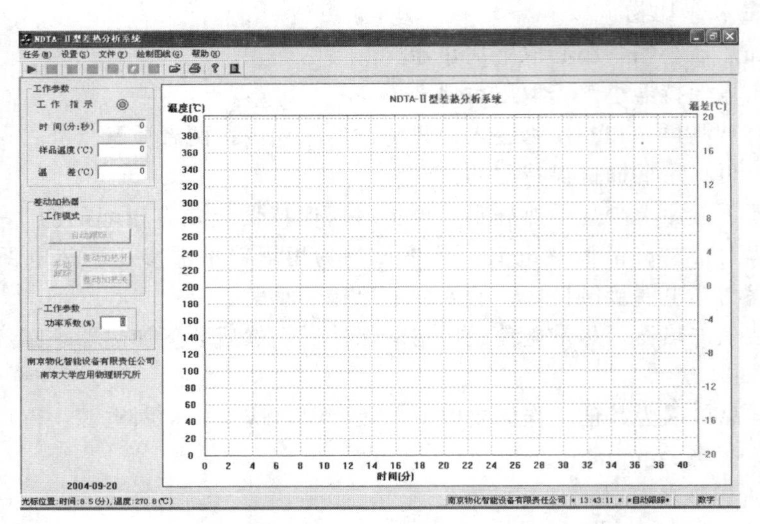

图 4-27　NDTA-Ⅱ型差热分析系统工作界面

图 4-28　工具条

随着时间变化，两条曲线逐渐延伸。蓝色曲线为参比物温度-时间曲线，红色曲线为参比物与样品的温差-时间曲线。移动光标，可在状态栏左侧看到光标所在位置的坐标值。当光标停在温差-时间曲线上时，显示的是温差-时间值，其他位置则显示温度-时间值。双击鼠标左键，在光标位置上出现一个标志并在其下方标出该点的坐标值。

② 停止采集　数据采集完成后，点击此按钮停止采集任务，弹出一个对话框询问是否保存数据，窗口如图 4-30 所示。如回答“是”则再次弹出一个对话框提示保存数据文件的文件名，默认的文件名是：差热分析＋日期＋序号 .TXT，建议使用默认文件名。如回答“否”则放弃全部数据。

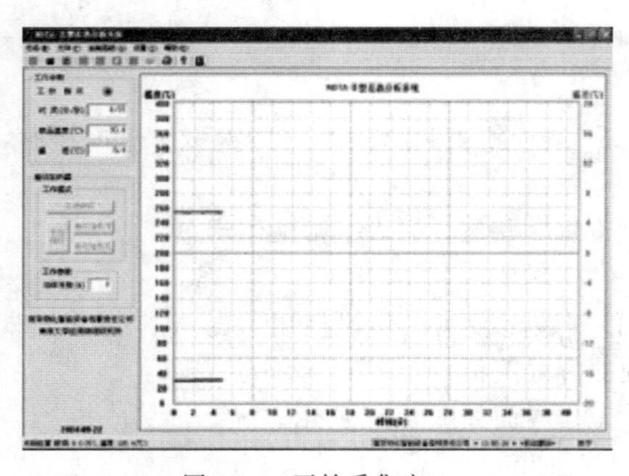

图 4-29　开始采集窗口

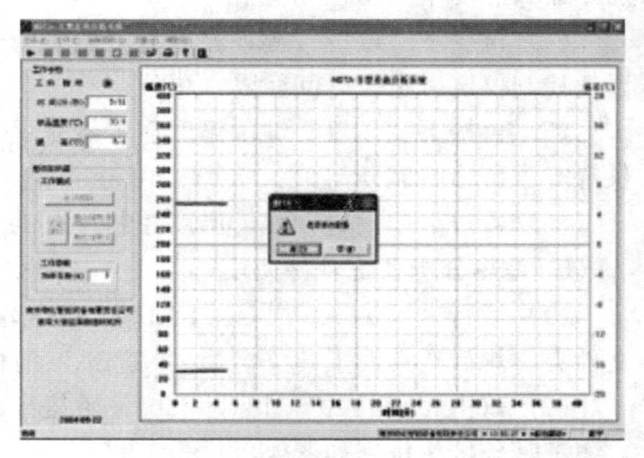

图 4-30　停止采集

③ 温度/温差-时间曲线　点击此按钮，绘制温度/温差-时间曲线。如图 4-31 所示。

④ 温差-温度曲线　点击此按钮，绘制温差-温度曲线。如图 4-32 所示。

⑤ 光滑曲线　当显示温差-温度曲线时，点击此按钮消除曲线毛刺。原始曲线如图 4-33

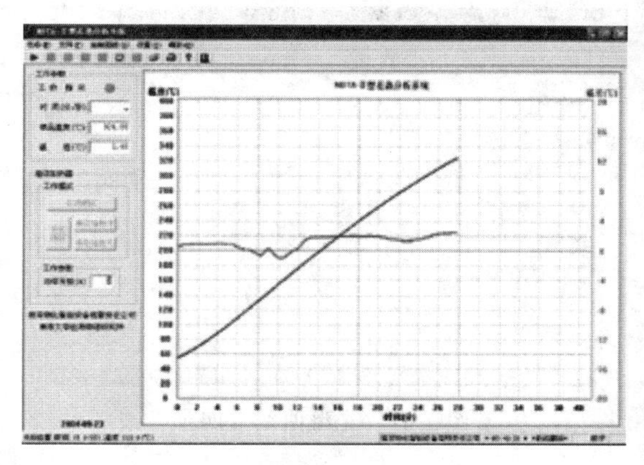

图 4-31　温度/温差-时间曲线

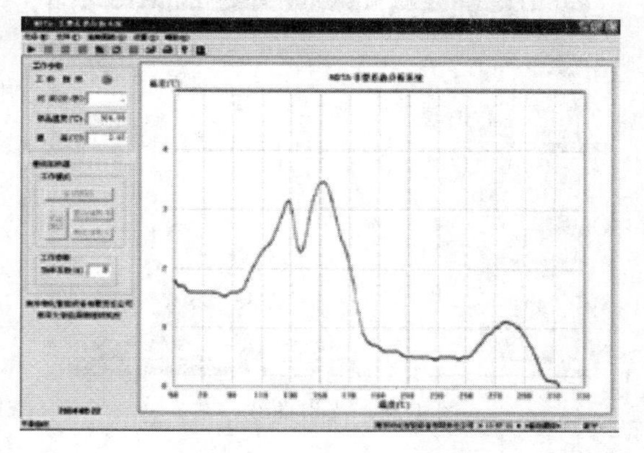

图 4-32　温差-温度曲线

所示，经光滑后的曲线如图 4-34、图 4-35、图 4-36 和图 4-37 所示。

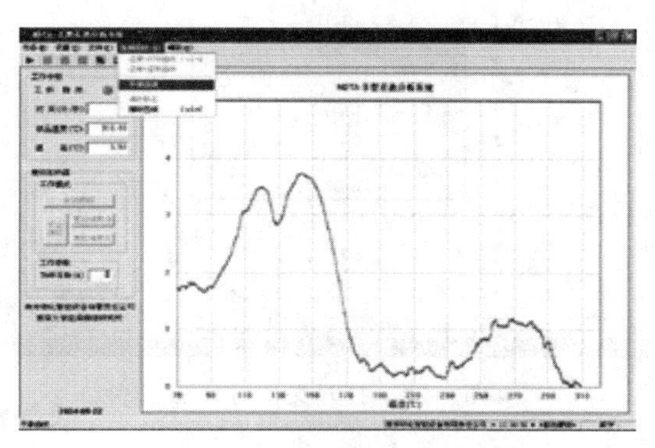

图 4-33　原始曲线

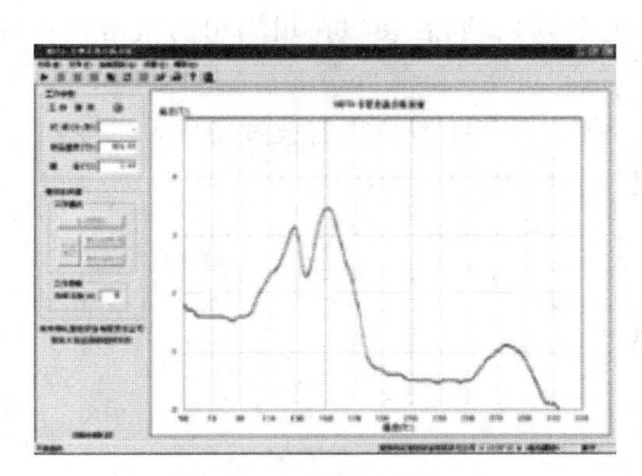

图 4-34　光滑曲线（一）

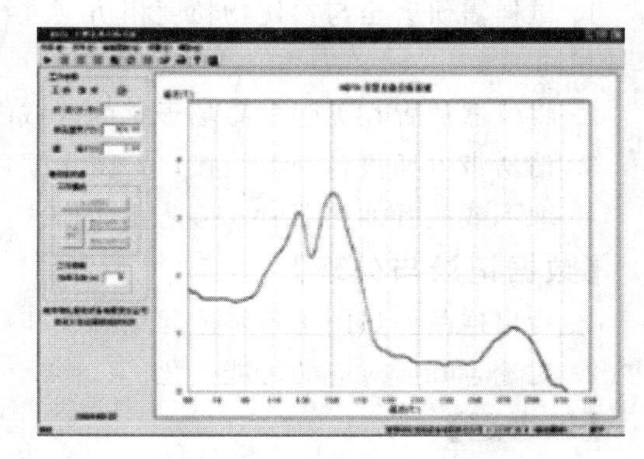

图 4-35　光滑曲线（二）

⑥ 擦除曲线　擦除所有曲线，刷新屏幕。

⑦ 擦除标志　保留曲线，擦除所有标志。

⑧ 打开文件　打开已有的数据文件，绘制温度/温差-时间曲线。窗口如图 4-38 所示。

⑨ 打印　将屏幕所示的曲线、坐标、工作参数和日期时间等输出到打印机。

⑩ 帮助信息　显示版权等信息。

⑪ 退出　结束任务，退出差热分析系统。

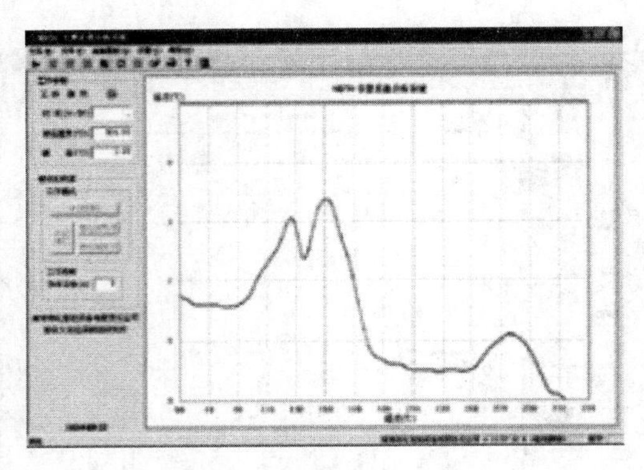

图 4-36 光滑曲线（三）

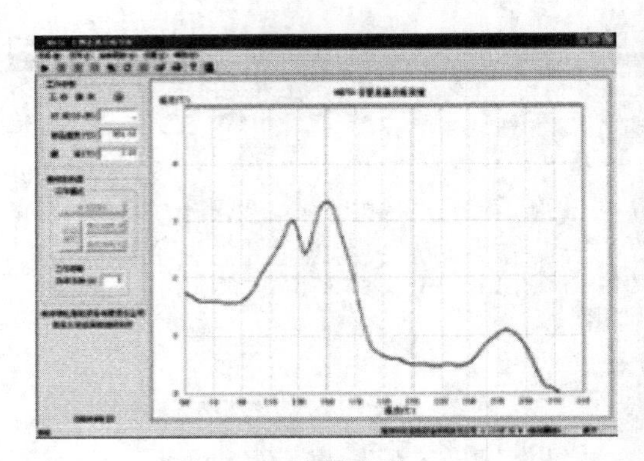

图 4-37 光滑曲线（四）

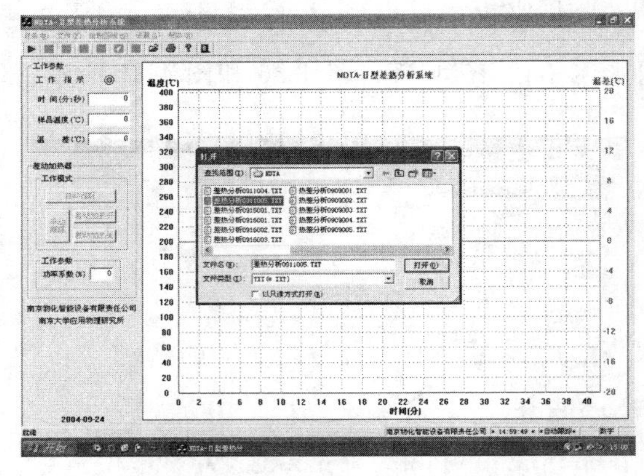

图 4-38 打开文件对话框

【注意事项】

1. 试样需研磨至与参比物粒度相仿（过约 200 目筛），两者装填在坩埚中的紧密程度应尽量相同。

2. 将仪器放置在无强电磁场干扰的区域内，并将 NTH-I 型加热器放置稳固。

3. 请勿带电插拔各种缆线接口，防止损坏仪器。

4. 取下或放置加热器时，应防止烫伤。

【数据记录与处理】

1. 指出样品差热图中各峰的起始温度和峰温。

2. 讨论各峰所对应的可能变化。

【思考题】

1. 差热分析与简单热分析（步冷曲线法）有何异同？

2. 在实验中为什么要选择适当的样品量和适当的升温速率？

3. 测温热电偶插在试样中和插在参比物中，其升温曲线是否相同？

【讨论】

1. 差热分析是一种动态分析方法，因此实验条件对结果有很大的影响，一般要求试样用量尽可能少，这样可得到比较尖锐的峰，并能分辨出靠得很近的峰，样品过多往往会使峰形成“大包”，并使相邻的峰相互重叠而无法分辨。选择适宜的升温速率，低的升温速率基线漂移小，所得峰形显得矮和宽，可分辨出靠得很近的变化过程，但测定时间长。升温速率高时峰形比较尖锐，测定时间短，但基线漂移明显，与平衡条件相距较远，出峰温度误差大，分辨力下降。

2. 作为参比物的材料，要求在整个测定温度范围内保持良好的热稳定性，不应有任何热效应产生，常用的参比物有煅烧过的 α-Al_2O_3、MgO、石英砂等。测定时应尽可能选取与试样的比热、热导率相近的物质作参比物。有时为使试样与参比物热性质相近，可在试样中掺入参比物（为试样量的1～2倍）。

3. 从理论上讲，差热曲线峰面积（S）的大小与试样所产生的热效应（ΔH）大小成正比，即 $\Delta H=KS$，K 为比例常数，将未知试样与已知热效应物质的差热峰面积相比，就可求出未知试样的热效应。实际上，由于样品和参比物间往往存在着比热，热导率、粒度、装填紧密程度等方面不同，在测定过程中又由于熔化导致分解转晶等物理或化学性质的改变、未知物试样和参比物的比例常数 K 并不相同，故用差热分析来进行定量计算误差极大，但可用于鉴别物质，与X射线衍射、质谱、色谱、热重法等方法结合可确定物质的组成、结构及进行反应动力学等方面的研究。

4. 本实验的测试样品为 $CuSO_4 \cdot 5H_2O$，其失水过程为：

$$CuSO_4 \cdot 5H_2O \longrightarrow CuSO_4 \cdot 3H_2O \longrightarrow CuSO_4 \cdot H_2O \longrightarrow CuSO_4$$

从失水过程看失去最后一个水分子显得比较困难，$CuSO_4 \cdot 5H_2O$ 中各水分子的结合力不完全一样，如果与X射线仪配合测定，就可测出其结构为 $[Cu(H_2O)_4]SO_4 \cdot H_2O$，最后一个水分子是通过氢键在 SO_4^{2-} 上的，所以失去困难。

实验17 凝固点降低法测定摩尔质量

【实验目的】

1. 用凝固点降低法测定萘的摩尔质量。
2. 掌握溶液凝固点的测量技术，加深对稀溶液依数性的理解。

【预习要求】

1. 复习凝固点降低的计算、步冷曲线等相关知识。
2. 阅读有关凝固点测定仪的使用说明。
3. 思考下列问题。

（1）本实验使用浓溶液还是稀溶液？为什么？

（2）测凝固点时，纯溶剂温度回升后能有一相对恒定阶段，而溶液则没有，为什么？

【实验原理】

当稀溶液凝固析出纯固体溶剂时，则溶液的凝固点低于纯溶剂的凝固点，其降低值与溶液的质量摩尔浓度成正比。即

$$\Delta T_f = T_f^* - T_f = K_f b_B \qquad (4\text{-}17\text{-}1)$$

式中，ΔT_f为凝固点降低值；T_f^*、T_f分别为纯溶剂、溶液的凝固点；b_B为溶液的质量摩尔浓度；K_f为凝固点降低常数，它只与所用溶剂的特性有关。如果稀溶液是由质量为 m_B 的溶质溶于质量为 m_A 的溶剂中而构成，设 M_B为溶质的摩尔质量，则上式可写成

$$M_B=\frac{K_f m_B}{\Delta T_f m_A} \tag{4-17-2}$$

若已知某溶剂的凝固点降低常数 K_f 值，通过实验测定此溶液的凝固点降低值 ΔT_f，即可计算溶质的分子量 M_B。

通常测定凝固点的方法是将溶液逐渐冷却，使其结晶。但是，实际上溶液冷却到凝固点，往往并不析出晶体，这是因为新相形成需要一定的能量，故结晶并不析出，这就是过冷现象。然后由于搅拌或加入晶种促使溶剂结晶，由结晶放出的凝固热使体系温度回升。

从相律看，溶剂与溶液的冷却曲线形状不同。对纯溶剂，固-液两相共存时，自由度 $f=1-2+1=0$，冷却曲线出现水平线段，其形状如图 4-39(a) 所示。对溶液，固-液两相共存时，自由度 $f=2-2+1=1$，温度仍可下降，但由于溶剂凝固时放出凝固热，使温度回升，回升到最高点又开始下降，所以冷却曲线不出现水平线段，此时应按图 4-39(c) 所示方法加以校正。

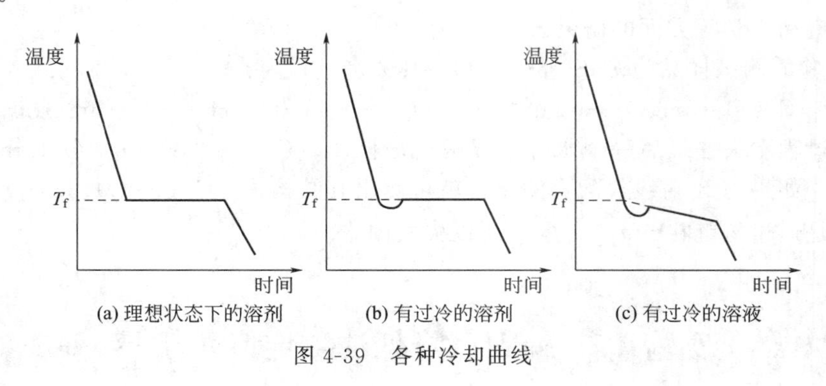

图 4-39 各种冷却曲线

【仪器和药品】

凝固点测定仪 1 套，烧杯 2 个，精密温差测量仪 1 台，放大镜 1 个，普通温度计（0～50℃）1 支，移液管（25cm^3）1 支。

环已烷（或苯），萘，粗盐，冰。

【实验步骤】

1. 按图 4-40 所示安装凝固点测定仪，注意测定管、搅拌棒都必须清洁、干燥，温差测量仪的探头、温度计都必须与搅拌棒有一定空隙，防止搅拌时发生摩擦。

2. 调节冷却液的温度，使其低于溶剂凝固点温度 2～3℃，并经常搅拌，不断加入碎冰，使冰浴温度保持基本不变。

3. 调节温差测量仪，使探头在测量管中时，数字显示为“0”左右。

4. 准确移取 25.00cm^3 溶剂，小心加入测定管中，塞紧软木塞，防止溶剂挥发，记下溶剂的温度值。取出测定管，直接放入冰浴中，不断移动搅拌棒，使溶剂逐步冷却。当刚有固体析出时，迅速取出测定管，擦干管外冰水，插入空气套管中，缓慢均匀搅拌，观察精密温差测量仪的数显值，直至温度稳定，即为环已烷的凝固点参考温度。取出测定管，用手温热，同时搅拌，使管中固体完全熔化，再将测定管直接插入冰浴中，缓慢搅拌，使溶剂迅速冷却，当温度降至高于凝固点参考温度 0.5℃时，迅速取出测定管，擦干，放入空气套管中，每秒搅拌一次，使溶剂温度均匀下降，当温度低于凝固点参考温度时，应迅速搅拌（防

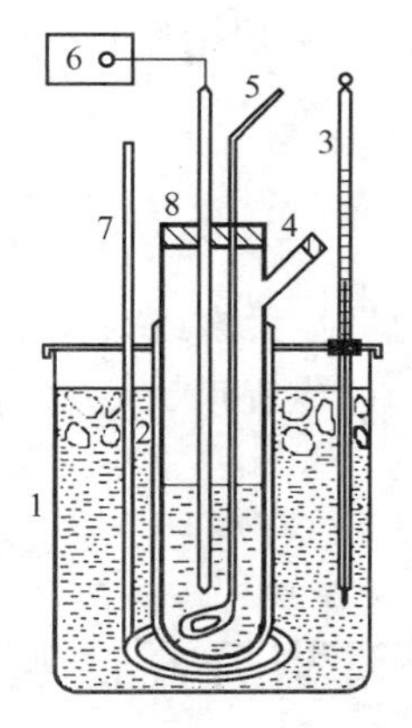

图 4-40　凝固点测定实验装置图

1—大玻璃筒；2—玻璃套管；3—温度计；4—样品加入口；
5—搅拌器；6—温差测量仪；7—搅拌器；8—测定管

止过冷），促使固体析出，温度开始上升，搅拌减慢，注意观察温差测量仪的数字变化，直至稳定，即为溶剂的凝固点，重复测量三次。要求溶剂凝固点的绝对平均误差小于±0.003℃，数据记入表4-24。

5. 溶液凝固点的测定，取出测定管，使管中的溶剂熔化，从测定管的支管中加入事先压成片状的0.2～0.3g的萘，待溶解后，用上述方法测定溶液的凝固点。先测凝固点的参考温度，再精确测量。溶液凝固点是取过冷后温度回升所达到的最高温度，重复三次，要求凝固点的绝对平均误差小于±0.003℃，数据记入表4-24。

【注意事项】

1. 搅拌速度的控制是做好本实验的关键，每次测定应按要求的速度搅拌，并且测溶剂与溶液凝固点时搅拌条件要完全一致。

2. 冷却剂温度对实验结果也有很大影响，过高会导致冷却太慢，过低则易出现过冷现象而测不出正确的凝固点。

3. 测定凝固点温度时，注意防止过冷温度超过0.5℃，为了减少过冷度，可加入少量溶剂的微小晶种，前后加入晶种大小应尽量一致。

【数据记录与处理】

表 4-24　凝固点降低法测定摩尔质量的实验数据　　溶剂温度 $t=$　　℃

物质	凝固点 T_f/K					凝固点降低值 ΔT/K	溶剂密度 /g·cm^{-3}	溶剂质量 m_A/g
	参考温度	1	2	3	平均值			
溶剂(环己烷) $V_A=25.00cm^3$								
溶液(萘) $m_B=$								
萘的摩尔质量 M_B/g·mol^{-1}								

萘的摩尔质量 $M_B=128.17g\cdot mol^{-1}$（理论值）

相对误差：

【思考题】

1. 为什么要先测近似凝固点？

2. 根据什么原则考虑加入溶质的量？太多或太少影响如何？

3. 为什么测定溶剂的凝固点时，过冷程度大一些对测定结果影响不大，而测定溶液凝固点时却必须尽量减少过冷现象？

实验 18 沸点升高法测定分子量

【实验目的】

1. 掌握苯甲酸乙醇溶液沸点的测定方法。

2. 进一步熟悉沸点仪的使用方法。

【预习要求】

1. 复习沸点升高法测定非挥发性溶质摩尔质量的方法和原理等相关知识。

2. 阅读沸点仪使用说明。

【实验原理】

沸点是指液体的蒸气压等于外压时的温度。根据 Raoult 定律，在一定温度时当溶液中含有不挥发性溶质时，溶液的蒸气压总是比纯溶剂低，所以溶液的沸点比纯溶剂高。沸点升高是稀溶液依数性的一种表现。如果已知溶剂的沸点升高常数 K_b，并测得此溶液的沸点升高值 ΔT_b，以及溶剂和溶质的质量 m_A、m_B，则溶质的摩尔质量由下式求得：

$$M_B=K_b\frac{m_B}{\Delta T_b\cdot m_A}$$

【仪器和药品】

沸点测定仪，调压变压器，电热丝，温差计，50.00cm³ 移液管，压片机，冷凝管。

无水乙醇（分析纯），苯甲酸（分析纯）。

【实验内容】

1. 安装沸点仪

参照图 4-41 所示，将已洗净、干燥的沸点仪安装好。检查带有温差计的软木塞是否塞紧。电热丝要靠近烧瓶底部的中心。温差计要泡在液面下，但不要碰到烧瓶和电热丝。

2. 沸点的测定

（1）乙醇沸点的测定

用移液管移取无水乙醇 50.00cm³ 加入沸点仪中，根据情况适当调节温差计热电偶和电热丝高度。电热丝和温差计都要插在液面下。打开冷却水，接通电源。用调压变压器由零开始逐渐加大电压，使溶液缓慢加热。液体沸腾，温差计读数稳定后读数，切断电源，让液体冷却至室温。

（2）苯甲酸乙醇溶液沸点的测定

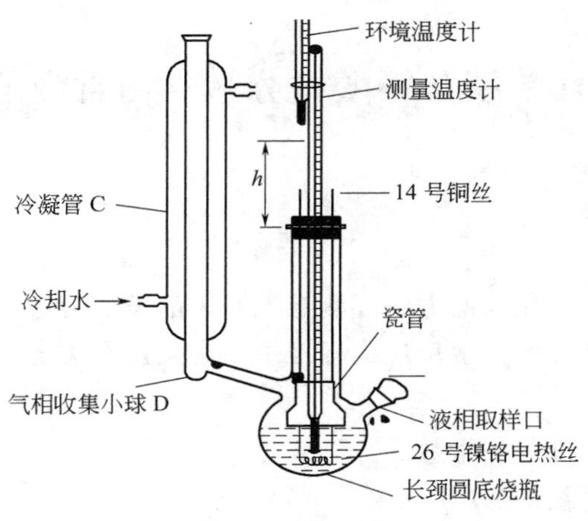

图 4-41　沸点仪

将沸点仪中的乙醇冷却至室温后，用分析天平准确称取约 2.4g 苯甲酸加入沸点仪（先粗称，压片后再精称），按照乙醇沸点的测定方法测定溶液的沸点。再按照此法分两次加入（每次精确称取约 2.4g）苯甲酸，测定溶液沸点，得到三个不同浓度溶液的沸点。

【数据记录与处理】

数据记录见表 4-25。

表 4-25　沸点升高法测定分子量

加入苯甲酸质量/g	0	m_1	m_1+m_2	$m_1+m_2+m_3$
T_B/℃				
$m_{苯甲酸}$/g				
M/g·mol^{-1}				
$\overline{M}$				

1. 根据 $\Delta T_B = T_{溶液} - T_{乙醇}$ 和 $M_B = K_b \dfrac{m_B}{\Delta T_b \cdot m_A}$，由三个不同浓度溶液的沸点和无水乙醇的沸点计算出三个 ΔT，得到三个 M 值，取平均值。

2. 根据 $M_{苯甲酸}$ 理论值，求出相对误差。

$$相对误差 = \frac{实验值 - 理论值}{理论值} \times 100\%$$

提示：乙醇（分析纯）的密度 $\rho_{乙醇} = 0.789\text{g}\cdot\text{cm}^{-3}$，沸点升高常数 $K_b = 1.19\text{K}\cdot\text{mol}^{-1}\cdot\text{kg}^{-1}$。

【注意事项】

1. 电热丝一定要浸没在液体里。
2. 温差计的热电偶不要碰到烧瓶和电热丝。
3. 加热时，电压要由小到大，使液体缓慢升温。

实验 19 氨基甲酸铵分解平衡常数的测定

【实验目的】

1. 学习低真空技术。
2. 掌握静态法测定平衡压力的方法，测定氨基甲酸铵的分解平衡压力。
3. 测定分解压力，计算此分解反应的标准平衡常数及有关的热力学函数。

【预习要求】

1. 理解分解压力、标准平衡常数。
2. 理解温度对化学平衡的影响。
3. 熟悉实验操作过程和实验成功的关键操作。
4. 熟悉实验数据的记录规范和数据处理方法。
5. 思考下列问题。

(1) 实验过程中，气密性检查的原理和方法是什么?

(2) 实验过程中，如何确定达到分解平衡?

(3) 缓冲储气罐的工作原理是什么?

【实验原理】

氨基甲酸铵很不稳定，加热易分解，其分解平衡可用下式表示：

$$NH_2COONH_4(s) \rightleftharpoons 2NH_3(g)+CO_2(g) \tag{4-19-1}$$

该反应为复相反应，在封闭系统中容易达到平衡。在实验条件下，可把气体看成理想气体，压力对固相的影响忽略不计，因此上式的标准平衡常数可表示为：

$$K^{\ominus}=\left[\frac{p(NH_3)}{p^{\ominus}}\right]^2\left[\frac{p(CO_2)}{p^{\ominus}}\right] \tag{4-19-2}$$

式中，$p(NH_3)$ 和 $p(CO_2)$ 分别表示该温度下 NH_3 和 CO_2 的平衡分压，$p^{\ominus}$ 为标准压力。平衡系统的总压 p 为 $p(NH_3)$ 和 $p(CO_2)$ 之和，从上述反应式可知：

$$p(NH_3)=\frac{2}{3}p;\quad p(CO_2)=\frac{1}{3}p$$

代入式 (4-19-2)，整理可得：

$$K^{\ominus}=\frac{4}{27}\left(\frac{p_{总}}{p^{\ominus}}\right)^3 \tag{4-19-3}$$

因此，当系统达到平衡后，测其总压，即可计算压力平衡常数

$$\ln K^{\ominus}=-\frac{\Delta_r H_m^{\ominus}}{RT}+C=-\frac{A}{T}+C \tag{4-19-4}$$

若以 $\ln K^{\ominus}$ 对 $1/T$ 作图，得一直线，求得 $\Delta_r H_m^{\ominus}=RA$，再用下式求出反应标准吉布斯函数变化 $\Delta_r G_m^{\ominus}$ 及标准熵变 $\Delta_r S_m^{\ominus}$。

$$\Delta_r G_m^{\ominus}=-RT\ln K^{\ominus} \tag{4-19-5}$$

$$\Delta_r S_m^{\ominus}=\frac{\Delta_r H_m^{\ominus}-\Delta_r G_m^{\ominus}}{T} \tag{4-19-6}$$

蒸气压的测定方法有三类，详见液体饱和蒸气压的测定实验。本实验采用静态法，通过

测定在温度下的分解压力，得到标准平衡常数与压力之间的关系。

【仪器和药品】

DP-AF-Ⅱ蒸气压测定装置一套（使用方法见实验 12 液体饱和蒸气压的测定），氨基甲酸铵分解玻璃管 1 套。

氨基甲酸铵（A. R），硅油。

【实验内容】

1. 将样品管和等压计洗净、烘干，向等压计的 U 形管中滴入硅油少许，使其形成液封。将装上氨基甲酸铵的小玻球用软胶管套上，并接在等压计上，用金属丝扎紧软胶管两端，然后把等压计固定于恒温槽中。

2. 将恒温槽温度调至 20℃。

3. 开启数字压力计电源，当压力计读数稳定后，调整其读数为零。

4. 开动真空泵抽气，观察压力计读数是否变化，以检查系统是否漏气。

5. 开动真空泵将系统中的空气排出，约 10min 后停止抽气。然后慢慢地将空气逐渐分次放入，直至等压计 U 形管两臂硅油平齐时立即关闭旋塞，观察硅油面，若在 10min 内硅油面保持齐平不变，即可以读取数字压力计的压力，同时记录恒温槽的温度。

注意：压力差两次测量结果相差小于 0.5kPa，才可视为样品管内空气已排空。否则，所读压力计压力差不一定是该温度下氨基甲酸铵的分解平衡压力。

6. 调高恒温槽温度，分别测定 20℃、25℃、30℃、35℃、40℃和 45℃六个温度下的平衡压力。

7. 测量完毕，慢慢打开旋塞将空气放入系统，直至数字压力计指示为零，将设备再次抽气，净化处理后关闭电源。

注意：残留在设备上的氨基甲酸铵的分解产物，能相互反应形成氨基甲酸铵，在环境温度较低时，会黏附在设备内壁上。因此，在测量结束后要进行净化处理，将设备再次抽气。

【数据记录与处理】

1. 记录实验过程中的相关数据，并填入表 4-26。

表 4-26　氨基甲酸铵的分解温度和分解压力

编号	温度		分解压力			平衡常数
	t/℃	T/K	表压/kPa	Δp/kPa	p/kPa	$K^{\ominus}$
1						
2						
3						
4						
5						
6						

2. 利用公式计算不同温度下氨基甲酸铵分解反应平衡常数，给出计算过程，并将结果填入表 4-26。

3. 以 $\ln K^{\ominus}$ 对 $1/T$ 作图，得一直线，根据直线的斜率求出$\Delta_r H_m^{\ominus}$。

4. 再用下式计算反应标准摩尔吉布斯函数变变化$\Delta_r G_m^{\ominus}$ 及标准摩尔反应熵变$\Delta_r S_m^{\ominus}$。

$$\Delta_r G_m^{\ominus} = -RT\ln K^{\ominus}$$

$$\Delta_r S_m^{\ominus} = \frac{\Delta_r H_m^{\ominus} - \Delta_r G_m^{\ominus}}{T}$$

【思考题】

1. 什么叫分解压力？
2. 怎样测定氨基甲酸铵的分解压力？
3. 为什么要抽净小球泡中的空气？若系统中有少量空气，对实验结果有何影响？
4. 如何判断氨基甲酸铵分解已达平衡？
5. 根据哪些原则选用等压计中的密封液？

实验 20 偏摩尔体积的测定

【实验目的】

1. 掌握用比重瓶测定溶液密度的方法。
2. 加深理解偏摩尔量的物理意义。
3. 掌握测定偏摩尔体积的原理和方法。
4. 测定乙醇-水溶液中各组分的偏摩尔体积。

【预习要求】

1. 理解偏摩尔量及其物理意义。
2. 熟悉实验操作过程和实验成功的关键操作。
3. 理解温度对偏摩尔量的影响。
4. 熟悉实验数据的记录规范和数据处理方法。
5. 思考下列问题。

(1) 实验过程中，测定偏摩尔体积后，能否求得其他偏摩尔量，如何求算？

(2) 电解质溶液的偏摩尔体积如何测定和计算？

(3) 三组分溶液中各组分的偏摩尔体积如何测定？

【实验原理】

根据热力学概念，系统的体积 V 为广度性质，其偏摩尔量则为强度性质。在多组分体系中，某组分 i 的偏摩尔体积定义为

$$V_{i,m} = \left(\frac{\partial V}{\partial n_i}\right)_{T,p,n_j(i\neq j)} \tag{4-20-1}$$

若是二组分系统，则有

$$V_{1,m} = \left(\frac{\partial V}{\partial n_1}\right)_{T,p,n_2} \tag{4-20-2}$$

$$V_{2,\mathrm{m}}=\left(\frac{\partial V}{\partial n_2}\right)_{T,p,n_1} \tag{4-20-3}$$

系统总体积

$$V=n_1V_{1,\mathrm{m}}+n_2V_{2,\mathrm{m}} \tag{4-20-4}$$

将式（4-20-4）两边同时除以溶液质量 m

$$\frac{V}{m}=\frac{m_1}{M_1}\cdot\frac{V_{1,\mathrm{m}}}{m}+\frac{m_2}{M_2}\cdot\frac{V_{2,\mathrm{m}}}{m} \tag{4-20-5}$$

令

$$\frac{V}{m}=\alpha,\ \frac{V_{1,\mathrm{m}}}{m}=\alpha_1,\ \frac{V_{2,\mathrm{m}}}{m}=\alpha_2 \tag{4-20-6}$$

式中，α 是溶液的比容；α_1，α_2 分别为组分 1、组分 2 的偏质量体积。将式（4-20-6）代入式（4-20-5）可得：

$$\alpha=w_1\alpha_1+w_2\alpha_2=(1-w_2)\alpha_1+w_2\alpha_2 \tag{4-20-7}$$

将式（4-20-7）对 w_2 微分：

$$\frac{\partial\alpha}{\partial w_2}=-\alpha_1+\alpha_2,\text{即 }\alpha_2=\alpha_1+\frac{\partial\alpha}{\partial w_2} \tag{4-20-8}$$

将式（4-20-8）代回式（4-20-7），整理得

$$\alpha_1=\alpha-w_2\cdot\frac{\partial\alpha}{\partial w_1} \tag{4-20-9}$$

$$\alpha_2=\alpha+w_1\cdot\frac{\partial\alpha}{\partial w_2} \tag{4-20-10}$$

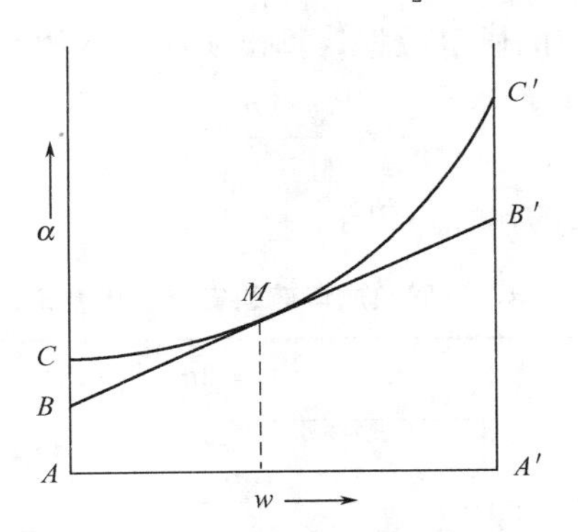

图 4-42　比容-质量百分比浓度的关系

所以，实验求出不同浓度溶液的比容 α，作 α-w 关系图，得曲线 CC'（见图 4-42）。欲求 M 点浓度溶液中各组分的偏摩尔体积，可在 M 点作切线，此切线在两边的截距 AB 和 $A'B'$ 即为 α_1 和 α_2，再由式（4-20-6）就可求出 $V_{1,\mathrm{m}}$ 和 $V_{2,\mathrm{m}}$。

【仪器和药品】

分析天平，比重瓶（$10\mathrm{cm}^3$）1 个，磨口三角瓶（$50\mathrm{cm}^3$）4 个。

无水乙醇（95%），纯水。

【实验内容】

1. 调节恒温槽的温度，要求设定温度至少比室温高 5℃。

2. 配制不同组成的乙醇水溶液。以无水乙醇和纯水为原液，在磨口三角瓶中用天平称重，配制含乙醇质量百分数为 0%、20%、40%、60%、80%、100%的乙醇水溶液，每份

溶液的总质量控制在15g左右。配好后，摇匀，盖紧塞子，以防挥发。

3. 测定比重瓶的体积。用分析天平精确称量两个预先洗净烘干的比重瓶，然后盛满纯水（注意不得存留气泡）置于恒温槽中恒温10min。用滤纸迅速擦去毛细管膨胀出来的水。取出比重瓶，擦干外壁，迅速称重。拿比重瓶应手持其颈部。

4. 测定每份乙醇水溶液的密度。将溶液润洗比重瓶后装满溶液（注意不得存留气泡）置于恒温槽中恒温10min。按照步骤3测定溶液的质量，并计算密度。恒温过程应密切注意毛细管出口液面，如因挥发液滴消失，可滴加少许被测溶液以防挥发误差。为减少挥发误差，动作要敏捷。每份溶液用两个比重瓶进行平行测定或每份样品重复测定两次，结果取其平均值。

【数据记录与处理】

1. 根据25℃时水的密度和称重结果（列于表4-27），求出比重瓶的容积，测定两次求平均。

室温：______℃　　恒温槽温度：______℃　水的密度：______ $g \cdot cm^{-3}$

表4-27　比重瓶容积的测定记录

比重瓶编号	m_0/g	m_1/g	V_0/dm^3
1			
2			

2. 根据所测不同组成溶液的质量数据，算出所配溶液的密度

$$\rho=\frac{m_2-m_0}{m_1-m_2}\cdot\rho_1$$

并计算实验条件下各溶液的比容，记于表4-28。

表4-28　不同组成溶液的密度、比容记录表

溶液组成(乙醇%)	0	20	40	60	80	100
比重瓶质量 m_0/g						
溶液的质量 m_2/g						
溶液密度 $\rho/kg\cdot dm^{-3}$						
比容 $V/dm\cdot kg^{-3}$						

3. 以比容为纵轴、乙醇的质量百分浓度为横轴作曲线。对曲线进行拟合，求的 $\alpha=f(w_2)$ 二项式函数，例如：$\alpha=f(w_2)=a+bx+cx^2$。

4. 计算含乙醇20%、40%、60%的溶液中各组分的偏摩尔体积及100g该溶液的总体积。

【思考题】

1. 偏摩尔体积有可能小于零吗？

2. 在实验操作中如何减小称量误差？

实验 21　液相反应平衡常数的测定

【实验目的】

1. 学习分光光度计的原理和使用方法。
2. 通过实验了解平衡常数与反应物的起始浓度无关。
3. 用分光光度计测定低浓度下铁离子与硫氰酸根离子生成硫氰合铁离子的平衡常数。

【预习要求】

1. 理解液相反应与气相反应的异同。
2. 熟悉实验操作过程和实验成功的关键操作。
3. 熟悉实验数据的记录规范和数据处理方法。
4. 思考如何选择吸收波长。

【实验原理】

对于一些能生成有色离子的反应，通常可利用比色法测定离子的平衡浓度。从而求得反应的平衡常数。比色法的原理是：当一束波长一定的单色光通过有色溶液时，溶液对光的吸收程度与溶液中有色物质（如有色离子）的浓度和液层厚度的乘积成正比，见图 4-43。

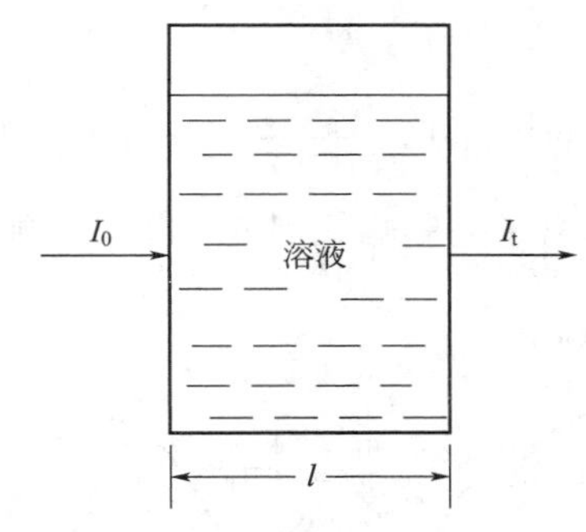

图 4-43　光的吸收示意图

I_0—入射光强度；I_t—入射光强度；l—液层厚度

这就是朗伯-比尔定律，其数学表达式为：

$$A = \varepsilon c l \tag{4-21-1}$$

式中，A 为吸光度；c 为有色物质的浓度；l 为液层厚度；ε 是摩尔吸光系数，它与入射光的波长以及溶液的性质、温度有关。

分光光度法不同于目测比色法。首先它不是利用自然光作为入射光，而采用单色光进行比色分析的；其次它是在指定条件下，让光线通过置于一定尺寸的比色皿中的溶液。此时式 (4-21-1) 就可简化为：

$$\frac{A'}{A} = \frac{c'}{c} \tag{4-21-2}$$

这样利用已知标准溶液的浓度 c'，再由分光光度计分别测出标准溶液的吸光度 A'和待测溶液的吸光度 A，就可从式（4-21-2）求得待测溶液中有色物质的浓度 c 的值。

本实验中，Fe^{3+} 与 SCN^- 在溶液中可生成一系列的配离子，并共存于同一个平衡体系中。当 SCN^- 的浓度增加时，Fe^{3+} 与 SCN^- 生成的配合物的组成发生如下改变：

$$Fe^{3+}+SCN^- \longrightarrow Fe(SCN)^{2+} \longrightarrow Fe(SCN)_2^+ \longrightarrow Fe(SCN)_3 \longrightarrow Fe(SCN)_4^- \longrightarrow Fe(SCN)_5^{2-}$$

而这些不同的配离子颜色也不同。Fe^{3+} 与浓度很低的 SCN^-（一般应小于 $5\times10^{-3}mol\cdot dm^{-3}$），只进行如下反应：

$$Fe^{3+}+SCN^- \rightleftharpoons Fe(SCN)^{2+}$$

即反应被控制在仅仅生成最简单的 $Fe(SCN)^{2+}$ 配离子。其平衡常数表示为：

$$K^{\ominus}=\frac{\dfrac{c[Fe(SCN)^{2+}]}{c^{\ominus}}}{\dfrac{c(Fe^{3+})}{c^{\ominus}}\left(\dfrac{c(SCN^-)}{c^{\ominus}}\right)^2}$$

由于 Fe^{3+} 在水溶液中，存在水解平衡，所以 Fe^{3+} 与 SCN^- 的实际反应很复杂，其机理为：

$$Fe^{3+}+SCN^- \underset{K_{-1}}{\overset{K_1}{\rightleftharpoons}} Fe(SCN)^{2+}$$

$$Fe^{3+}+H_2O \overset{K_2}{\rightleftharpoons} Fe(OH)^{2+}+H^+ \quad (快)$$

$$Fe(OH)^{2+}+SCN^- \underset{K_{-3}}{\overset{K_3}{\rightleftharpoons}} Fe(OH)(SCN)^+$$

$$Fe(OH)(SCN)^+ + H^+ \overset{K_4}{\rightleftharpoons} Fe(SCN)^{2+}+H_2O \quad (快)$$

当达到平衡时，整理得到

$$\frac{c[Fe(SCN)^{2+}]}{c(Fe^{3+})_{平}\ c(SCN^-)_{平}}=\left(K_1+\frac{K_2K_3}{c(H^+)_{平}}\right)\div\left(K-1+\frac{K_{-3}}{K_4c(H^+)_{平}}\right)=K_{平}$$

由上式可见，平衡常数受氢离子的影响。因此，实验只能在同一 pH 值下进行。

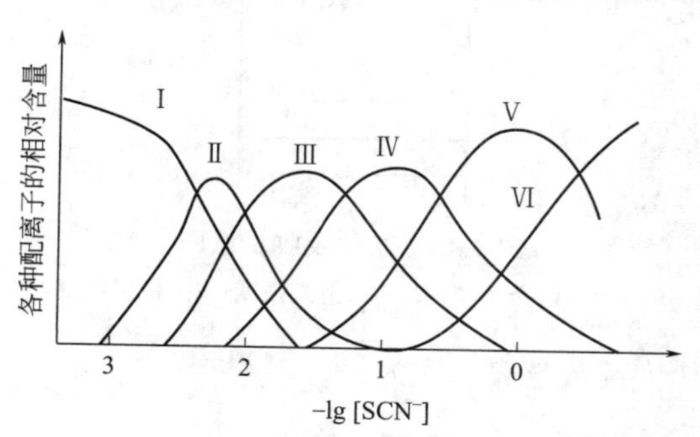

图 4-44　SCN^- 浓度对配合物组成的影响
（Ⅰ～Ⅳ分别代表配位数为 0～5 的硫氰酸铁配离子）

本实验为离子平衡反应，离子强度必然对平衡常数有很大影响，如图 4-44 所示。所以，在各被测溶液中离子强度 $I=\frac{1}{2}\sum m_i\cdot Z_i^2$ 应保持一致。

为了抑制 Fe^{3+} 水解产生棕色的 $Fe(OH)^{2+}$（会干扰比色测定），反应系统中应控制较大的酸度，例如，$c(H^+)=0.50mol\cdot dm^{-3}$。而在此条件下，系统中所用反应试剂（配合剂）$SCN^-$ 基本以 HSCN 形式存在。

待测溶液中 $Fe(SCN)^{2+}$ 的平衡浓度 $c\{[Fe(SCN)]^{2+}\}_{eq}$ 可通过与标准 $Fe(SCN)^{2+}$ 溶液比较测得。进而可得：

$$c(Fe^{3+})_{eq}=c(Fe^{3+})_{始}-c\{[Fe(SCN)]^{2+}\}_{eq} \quad (4\text{-}21\text{-}3)$$

$$c(HSCN)_{eq}=c(HSCN)_{始}-c\{[Fe(SCN)]^{2+}\}_{eq} \quad (4\text{-}21\text{-}4)$$

又 $[H^+]_{eq}\approx[H^+]_{始}$

将各物质的平衡浓度代入式（4-21-3）即可求得 $K^{\ominus}$ 值。

实验中标准 $Fe(SCN)^{2+}$ 溶液的配制是基于：当 $c(Fe^{3+})\gg c(HSCN)$ 时（例如，$c(Fe^{3+})_{始}=0.100mol\cdot dm^{-3}$，$c(HSCN)_{始}=0.0002mol\cdot dm^{-3}$），可认为 HSCN 几乎全部转化为 $Fe(SCN)^{2+}$，即标准 $Fe(SCN)^{2+}$ 溶液的浓度等于 HSCN（或 KSCN）的起始浓度。

【仪器和药品】

分光光度计，比色皿（4个），锥形瓶（干燥，$50cm^3$，5个），移液管（$10cm^3$，4支；$5cm^3$，2支），滤纸，温度计（公用）。

KSCN（$0.00200mol\cdot dm^{-3}$） $Fe(NO_3)_3$（$0.00200mol\cdot dm^{-3}$，$0.200mol\cdot dm^{-3}$）

注：将 $Fe(NO_3)_3\cdot 9H_2O$ 溶于 $1.0mol\cdot dm^{-3}$ HNO_3 中配成，HNO_3 的浓度应尽量准确，以免影响 H^+ 的浓度。

【实验内容】

1. 溶液的配制

（1）配制标准 $Fe(SCN)^{2+}$ 溶液

用移液管分别量取 $10.0cm^3$ $0.200mol\cdot dm^{-3}$ $Fe(NO_3)_3$ 溶液、$2.00cm^3$ $0.00200mol\cdot dm^{-3}$ KSCN 溶液、$8.00cm^3$ H_2O，注入编好号的干燥锥形瓶，轻轻摇荡，使混合均匀。

（2）配制待测溶液

向4只干燥的锥形瓶中，分别按表4-29的编号所示配方比例混合得到待测溶液，具体配制方法如上述标准 $Fe(SCN)^{2+}$ 溶液的配制。

表 4-29　待测溶液的配制

实验编号	1	2	3	4
$0.0020mol\cdot dm^{-3}$ $Fe(NO_3)_3$ 溶液体积 V/cm^3	10.00	10.00	10.00	10.00
$0.0020mol\cdot dm^{-3}$ KSCN 溶液体积 V/cm^3	10.00	8.00	6.00	4.00
H_2O	0.00	2.00	4.00	6.00

2. 平衡常数的测定

（1）调整分光光度计，将波长调到 447nm 处。然后取少量恒温的1号溶液润洗比色皿两次。把溶液倒入比色皿，置于夹套中恒温，然后准确测量溶液的吸光度，更换溶液测定两次，取其平均值。用同样的方法测量2号、3号、4号溶液的吸光度，并将其数据填入表4-30。

（2）计算化学平衡常数 $K^{\ominus}$，将数据列表4-30。

表 4-30 实验数据记录与处理

实验编号		1	2	3	4	标准
吸光度 A(比色皿厚度,____ cm)						
起始浓度 /mol·dm^{-3}	$c(Fe^{3+})_{始}$					
	$c(HSCN)_{始}$					
平衡浓度 /mol·dm^{-3}	$c(H^{+})_{eq}$					
	$c\{[Fe(SCN)]^{2+}\}_{eq}$					
	$c(Fe^{3+})_{eq}$					
	$c(HSCN)_{eq}$					
平衡常数 $K^{\ominus}$						
实验温度 $T=$ K; $K^{\ominus}$的平均值=						

3. 在35℃下，重复上述试验，并将数据填入表4-31。

表 4-31 实验数据记录与处理

实验编号		1	2	3	4	标准平衡常数
吸光度 A(比色皿厚度,____ cm)						
起始浓度 /mol·dm^{-3}	$c(Fe^{3+})_{始}$					
	$c(HSCN)_{始}$					
平衡浓度 /mol·dm^{-3}	$c(H^{+})_{eq}$					
	$c\{[Fe(SCN)]^{2+}\}_{eq}$					
	$c(Fe^{3+})_{eq}$					
	$c(HSCN)_{eq}$					
平衡常数 $K^{\ominus}$						
实验温度 $T=$ K; $K^{\ominus}$的平均值=						

通过测量两个温度下的平衡常数可计算出 $\Delta_r H_m^{\ominus}$，即

$$\ln\frac{K_2^{\ominus}(T_2)}{K_1^{\ominus}(T_1)}=-\frac{\Delta_r H_m^{\ominus}}{R}\left(\frac{1}{T_2}-\frac{1}{T_1}\right)$$

式中，$K_1^{\ominus}$、$K_2^{\ominus}$ 为温度 T_1、T_2时的平衡常数。

【思考题】

1. 如 Fe^{3+}、SCN^- 浓度较大时则不能按下列公式计算 $K^{\ominus}$ 值，为什么？

$$K^{\ominus}=\frac{\dfrac{c[Fe(SCN)^{2+}]}{c^{\ominus}}}{\dfrac{c(Fe^{3+})}{c^{\ominus}}\left(\dfrac{c(SCN^{-})}{c^{\ominus}}\right)^2}$$

2. 为什么可用 $c[Fe(SCN)^{2+}]_{平}=$光密度比$\times c(SCN^{-})_{始}$来计算 $c[Fe(SCN)^{2+}]$？

3. 测定溶液光密度时，为什么需要空的比色皿，如何选择空白液？

实验 22　蔗糖水解反应速率常数及活化能的测定

【实验目的】

1. 根据物质的旋光性质研究蔗糖水解反应，测定蔗糖转化反应的速率常数和活化能。
2. 了解该反应的反应物浓度与旋光度之间的关系。
3. 了解旋光仪的基本原理，掌握旋光仪的使用方法。

【预习要求】

1. 复习比旋光度、反应速率常数和活化能的相关概念。
2. 阅读有关旋光仪的使用说明。
3. 思考下列问题。

(1) 本实验中测定反应速率常数及活化能的原理是什么？

(2) 实验中蔗糖溶液是否可以提前配制好？为什么？

(3) 蔗糖的转化速率常数 k 和哪些因素有关？

【实验原理】

蔗糖在水中转化为葡萄糖和果糖，反应式如下：

$$\underset{\text{蔗糖}}{C_{12}H_{22}O_{11}} + H_2O \longrightarrow \underset{\text{葡萄糖}}{C_6H_{12}O_6} + \underset{\text{果糖}}{C_6H_{12}O_6}$$

蔗糖水解速率极慢，在酸性介质中反应速率大大加快，故用 H^+ 作催化剂。由于反应时 H_2O 是大量存在的，尽管有部分水参加反应，仍近似认为整个反应过程中水的浓度是恒定的，故蔗糖水解反应可近似为一级反应。

一级反应的速率方程可由下表示：

$$-\frac{dc}{dt}=kc \tag{4-22-1}$$

积分式为：

$$\ln c=-kt+\ln c_0 \tag{4-22-2}$$

从式 (4-22-2) 可看出在不同的时间测定反应物的相应浓度，并以 $\ln c_t$ 对 t 作图得一直线，由直线斜率即可求出反应速率常数 k。

物质的旋光能力用比旋光度来度量，比旋光度用下式表示：

$$[\alpha]_D^{20}=\frac{\alpha}{lc_A} \tag{4-22-3}$$

式中，$[\alpha]_D^{20}$ 右上角的 20 表示实验时温度为 20℃；D 是指用钠灯光源 D 线的波长（即 589nm）；α 为测得的旋光度，(°)；l 为样品管长度，dm；c_A 为试样浓度，$g \cdot cm^{-3}$。

溶液的旋光度与溶液中所含旋光物质的种类、浓度、液层厚度、光源波长及反应时的温度等因素有关。当其他条件固定时，旋光度 α 与反应物浓度 c 呈线性关系：

$$\alpha=\beta c \tag{4-22-4}$$

式中，β 是与物质的旋光能力、溶液厚度、溶剂性质、光源波长、反应温度等有关系的常数。

反应物蔗糖是右旋性物质，比旋光度 $[\alpha]_D^{20}=66.6°$。生成物中葡萄糖也是右旋性物质，其比旋光度 $[\alpha]_D^{20}=52.5°$，但果糖是左旋性物质，其比旋光度 $[\alpha]_D^{20}=-91.9°$。由于生成物中果糖的左旋性比葡萄糖右旋性大，所以生成物呈现左旋性质。因此随着反应进行，体系的右旋角不断减小，反应至某一瞬间，体系的旋光度可恰好等于零，之后就变成左旋，直至蔗糖完全转化，这时左旋角达到最大值α_∞。

设体系最初的旋光度为：$\alpha_0=\beta_{反}c_0$（$t=0$，蔗糖尚未转化） (4-22-5)

体系最终的旋光度为：$\alpha_\infty=\beta_{生}c_0$（$t=\infty$，蔗糖已完全转化） (4-22-6)

式(4-22-5)和式(4-22-6)中$\beta_{反}$和$\beta_{生}$分别是联系旋光度与反应物和生成物浓度的比例常数。当时间为t时，蔗糖浓度为c，此时旋光度为α_t，即：

$$\alpha_t=\beta_{反}c+\beta_{生}(c_0-c) \quad (4\text{-}22\text{-}7)$$

由式(4-22-5)、式(4-22-6)和式(4-22-7)联立可解得：

$$c_0=(\alpha_0-\alpha_\infty)/(\beta_{反}-\beta_{生})=\beta'(\alpha_0-\alpha_\infty) \quad (4\text{-}22\text{-}8)$$

$$c=(\alpha_t-\alpha_\infty)/(\beta_{反}-\beta_{生})=\beta'(\alpha_t-\alpha_\infty) \quad (4\text{-}22\text{-}9)$$

将式(4-22-8)和式(4-22-9)代入式(4-22-2)既得：

$$\ln\frac{\alpha_0-\alpha_\infty}{\alpha_t-\alpha_\infty}=-kt \quad (4\text{-}22\text{-}10)$$

显然，以$\ln(\alpha_t-\alpha_\infty)$对$t$作图可得一直线，从直线斜率即可求得反应速率常数$k$。

如果测出两个不同温度时的k值，利用Arrhenius公式求出反应在该温度范围内的平均活化能。

$$\ln\frac{k(T_2)}{k(T_1)}=-\frac{E_a}{R}\cdot\left(\frac{1}{T_2}-\frac{1}{T_1}\right) \quad (4\text{-}22\text{-}11)$$

通常有两种方法测定α_∞：一是将反应液放置在48h以上，让其反应完全后测α_∞；二是将反应液在50～60℃水浴中加热半小时以上再冷却到实验温度测α_∞。前一种方法时间太长，后一种方法容易产生副反应，使溶液颜色变黄。

若采用Guggenheim法处理数据，可以不必测α_∞，其原理如下。

把在t和$t+\Delta t$（Δt代表一定的时间间隔）测得的α分别用α_t和$\alpha_{t+\Delta t}$表示，则有：

$$\alpha_t-\alpha_\infty=(\alpha_0-\alpha_\infty)e^{-kt} \quad (4\text{-}22\text{-}12)$$

$$\alpha_{t+\Delta t}-\alpha_\infty=(\alpha_0-\alpha_\infty)e^{-k(t+\Delta t)} \quad (4\text{-}22\text{-}13)$$

式(4-22-12)减去式(4-22-13)，得：

$$\alpha_t-\alpha_{t+\Delta t}=(\alpha_0-\alpha_\infty)e^{-kt}(1-e^{-k\Delta t}) \quad (4\text{-}22\text{-}14)$$

取对数后

$$\ln(\alpha_t-\alpha_{t+\Delta t})=\ln[(\alpha_0-\alpha_\infty)(1-e^{-k\Delta t})]-kt \quad (4\text{-}22\text{-}15)$$

从式(4-22-15)可看出，只要Δt保持不变，右端第一项为常数，从$\ln(\alpha_t-\alpha_{t+\Delta t})$对$t$作图所得直线的斜率即可求得$k$。

【仪器和药品】

WZZ-3型自动旋光仪1台，旋光管（10cm、20cm）各1支，超级恒温水浴1套，叉形反应管2支，移液管（25cm^3）2支，容量瓶（50cm^3）1个，秒表1块。

蔗糖（分析纯），HCl溶液（分析纯）(2.0mol·dm^{-3})。

【实验步骤】

1. 调恒温水浴至所需的反应温度30℃。
2. 开启旋光仪，打开光源开关，钠灯亮，经15min预热后使之发光稳定。
3. 打开光源开关，若光源开关扳上后，钠光灯熄灭，则将光源开关重复拨动1～2次，使钠灯在直流下点亮为正常。

4. 按测量开关，仪器进入待测状态。将装有蒸馏水或空白溶液的旋光管放入样品室，盖好箱盖，待显示读数稳定后，按清零钮完成校零。旋光管中若有气泡，应使气泡浮于凸颈处；通光面两端若有雾状水滴，可用滤纸轻轻揩干。旋光管端盖不宜旋得过紧，以免产生应力，影响读数。旋光管安放时应注意标记的位置和方向，以保证每次测量时一致。

5. α_t 的测定

用移液管移取10%的蔗糖溶液25.0cm^3放入叉形管直管，移取25.0cm^3 2.0$mol \cdot dm^{-3}$ HCl溶液放入叉形管侧管（注意勿使两溶液混合），然后盖上胶塞，将叉形管置于恒温槽中恒温。待溶液恒温后（不能少于10min），将已恒温的盐酸溶液，倒入蔗糖溶液中，立刻开始计时，作为反应的起点。将溶液摇匀后，迅速用少量混合液清洗旋光管二次，然后将此混合液注满旋光管，盖好盖子（检查是否漏液和形成气泡），擦净旋光管两端玻璃片，立即置于旋光仪中，测定不同时间的旋光度。第一个数据要求在反应开始后2～3min内测定。每2.5min读数一次，直至旋光度为负值为止。

6. α_∞的测定

为了得到反应终了时的旋光度α_∞，将步骤5叉形管中的剩余混合液转入50cm^3容量瓶，置于50～60℃的水浴锅中恒温60min，使水解完全。然后冷却至实验温度，再按上述操作，将此混合液装入旋光管，测其旋光度，此值即可认为是α_∞。

7. 调节恒温水浴温度至35℃，重复上列步骤5和步骤6，测量另一温度下的反应数据。

8. 实验结束后应立即将旋光管洗净擦干，依次关闭测量、光源、电源开关。

【数据记录与处理】

1. 将所测的实验数据记录于表4-32中：

表4-32　数据记录

实验温度：　　℃；　　HCl浓度：　　　$mol \cdot dm^{-3}$

t/min	α_t	$(t+\Delta t)$/min	$\alpha_{t+\Delta t}$	$\alpha_t-\alpha_{t+\Delta t}$	$\ln(\alpha_t-\alpha_{t+\Delta t})$
2.5		22.5			
5		25			
7.5		27.5			
10		30			
12.5		32.5			
15		35			
17.5		37.5			
20		40			

2. 测α_∞，按式（4-22-11），每2.5min读取一次实验数据，以ln（$\alpha_t-\alpha_\infty$）对t作图，直线化求k。

3. 按Guggenheim法处理数据，求k。

4. 从$k(T_1)$及$k(T_2)$利用Arrhenius公式求其平均活化能E_a。

文献参考值：$k(\times10^{-3}min^{-1})$分别为17.455(298.2K)，75.97(308.2K)。$E_a=108kJ \cdot mol^{-1}$。

【思考题】

1. 在测量蔗糖转化速率常数时，选用长的旋光管好？还是短的旋光管好？

2. 试估计本实验的误差，怎样减小误差?

3. 如何根据蔗糖、葡萄糖和果糖的比旋光度计算 α_0 和 α_∞?

4. 实验中，为什么用蒸馏水来校正旋光仪的零点? 试问在蔗糖转化反应过程中，所测的旋光度 α_t 是否需要零点校正?

5. 配制蔗糖溶液时称量不够准确对实验有什么影响?

实验 23 乙酸乙酯皂化反应速率常数及活化能的测定

【实验目的】

1. 掌握电导率仪的使用方法，通过电导法测定乙酸乙酯皂化反应的速率常数。

2. 进一步理解二级反应的特点，学会用图解计算法求取二级反应的速率常数。

3. 了解反应活化能的测定方法。

【预习要求】

1. 复习电导率、反应速率常数和活化能的相关概念。

2. 阅读有关电导率仪的使用说明。

3. 思考下列问题。

(1) 如何通过实验测定反应级数?

(2) 乙酸乙酯皂化反应为吸热反应，在实验过程中如何处理这一影响而使实验得到较好的结果?

(3) 怎样配制乙酸乙酯溶液?

【实验原理】

反应速率与反应物浓度的二次方成正比的反应为二级反应。其速率方程为

$$-\frac{\mathrm{d}c}{\mathrm{d}t}=kc^2 \tag{4-23-1}$$

将速率方程积分可得动力学方程:

$$\frac{1}{c_t}-\frac{1}{c_0}=kt \tag{4-23-2}$$

式中 c_0 为反应物的初始浓度; c_t 为 t 时刻反应物的浓度; k 为二级反应的速率常数。以 $1/c_t$ 对时间 t 作图应为一直线，直线的斜率即为 k。

对大多数反应，反应速率与温度的关系可用阿仑尼乌斯经验方程来表示:

$$\ln k=\ln A-\frac{E_a}{RT} \tag{4-23-3}$$

式中，E_a 为阿仑尼乌斯活化能或叫反应活化能; A 为指前因子; k 为速率常数。

实验中若测得两个不同温度下的速率常数，由式 (4-23-3) 很容易得到:

$$\ln\frac{k_2}{k_1}=\frac{E_a}{R}\left(\frac{1}{T_1}-\frac{1}{T_2}\right) \tag{4-23-4}$$

由式 (4-23-4) 可求活化能 E_a。

乙酸乙酯皂化反应是二级反应

$$CH_3COOC_2H_5+NaOH \longrightarrow CH_3OONa+C_2H_5OH$$

$t=0$	c_0	c_0	0	0
$t=t$	c_t	c_t	c_0-c_t	c_0-c_t
$t=\infty$	0	0	c_0	c_0

动力学方程为

$$\frac{1}{c_t}-\frac{1}{c_0}=kt$$

$$k=\frac{1}{t}\times\frac{c_0-c_t}{c_0 c_t} \tag{4-23-5}$$

由式(4-23-5) 可以看出，只要测出 t 时刻的 c_t 值，c_0 为已知的初始浓度，就可以算出速率常数 k。实验中反应物浓度比较低，因此我们可以认为反应是在稀水溶液中进行的，CH_3COONa 是全部解离的，在反应过程中 Na^+ 的浓度不变，OH^- 的导电能力比 CH_3COO^- 的导电能力大，随着反应的进行，OH^- 不断减少，CH_3COO^- 不断增加，因此在实验中可以测量溶液的电导率（κ）来求算速率常数 k。

体系电导率的减少与产物浓度的增大成正比：令 κ_0、κ_t 和 κ_∞ 分别为 0、t 和 ∞ 时刻的电导率，则：

$t=t$ 时，$c_0-c_t=K(\kappa_0-\kappa_t)$，$K$ 为比例常数；$t\to\infty$ 时，$c_0=K(\kappa_0-\kappa_\infty)$。联立以上式子，整理得：

$$\kappa_t=\frac{1}{kc_0}\times\frac{\kappa_0-\kappa_t}{t}+\kappa_\infty \tag{4-23-6}$$

实验中测出 κ_0 及不同 t 时刻所对应的 κ_t，用 κ_t 对 $\frac{\kappa_0-\kappa_t}{t}$ 作图得一直线，由直线的斜率可求出速率常数 k。若测得两个不同温度下的速率常数 k_1、k_2 后，可用式（4-23-4）求出该反应的活化能。

【仪器和药品】

电导率仪（附铂黑电极）1 套，双管皂化池 1 只，恒温水浴 1 套，秒表 1 只，$20cm^3$ 移液管 1 支，$1cm^3$ 移液管 1 支，$100cm^3$ 容量瓶 1 个，$100cm^3$ 烧杯 1 只。

NaOH 水溶液（$0.100mol \cdot dm^{-3}$），乙酸乙酯（分析纯），电导水。

反应混合器的结构示意见图 4-45。

【实验步骤】

1. 配制溶液

配制与 NaOH 准确浓度（约 $0.100mol \cdot dm^{-3}$）相等的乙酸乙酯溶液。其方法是：找出室温下乙酸乙酯的密度，进而计算出配制 $250cm^3$ $0.100mol \cdot dm^{-3}$（与 NaOH 准确浓度相同）的乙酸乙酯水溶液所需的乙酸乙酯的体积 V，然后用 $1cm^3$ 移液管吸取体积为 $V(cm^3)$ 的乙酸乙酯注入 $100cm^3$ 容量瓶中，稀释至刻度，即为 $0.100mol \cdot dm^{-3}$ 的乙酸乙酯水溶液。

2. 调节恒温槽

将恒温槽的温度调至 (25.0±0.1)℃ [或 (30.0±0.1)℃]。

3. 反应时电导率 κ_t 的测定

干燥皂化池放入恒温槽中并夹好，用移液管移取 $20.00cm^3$ $0.100mol \cdot dm^{-3}$ NaOH 加入 A 管，用另一支移液管移取 $20.00cm^3$ $0.100mol \cdot dm^{-3}$ $CH_3COOC_2H_5$ 加入 B 管内，塞上橡皮塞以防挥发。将洗净并用滤纸吸干的电导电极插入 A 管，恒温 10min 之后，用洗耳球通

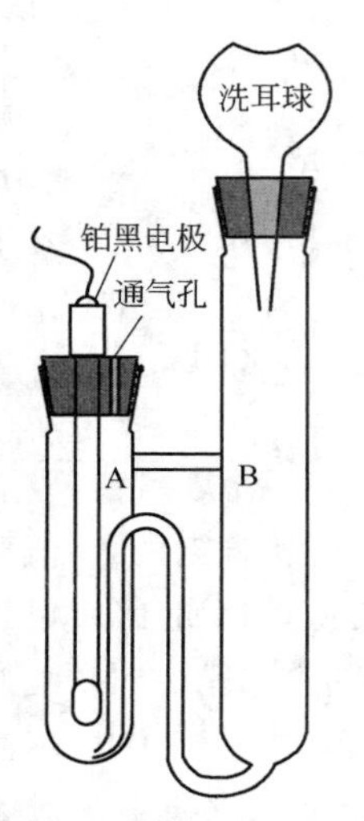

图 4-45 反应混合器结构示意图

过B管上口将乙酸乙酯溶液压入A管，与NaOH混合。当溶液压入一半时，开始记录反应时间。反复压几次，使溶液混合均匀，并立即开始测量其电导率，按规定时间记录反应电导率变化，直至电导率数值变化不大时可停止测量，记下 κ_t 和对应的时间 t。

4. 另一温度下 κ_t 的测定

调节恒温槽温度为 (35.0±0.1)℃ [或(40.0±0.1)℃]。重复上述3步骤，测定另一温度下的不同时间的 κ_t。实验结束后，关闭电源，取出电极，用电导水洗净并置于电导水中保存待用。

注意事项：更换电导池溶液时，都要用电导水淋洗电极和电导池，接着用被测溶液淋洗2～3次，注意不要接触极板，用滤纸吸干电极时，只吸电极底部和两侧，不要吸电极板。电极引线不能潮湿，否则将测不准。

【数据记录与处理】

1. 列数据于表4-33，作电导随时间变化关系曲线，将曲线外推至起始混合的时间求得 κ_0 值。

2. 作 $\frac{\kappa_0-\kappa_t}{t}-t$ 图，由斜率、截距求 k。

3. 根据两个温度下的 k，由 $\ln\frac{k_2}{k_1}=\frac{E_a}{R}\left(\frac{T_2-T_1}{T_1T_2}\right)$ 求 E_a。

表 4-33 溶液的电导率 反应温度：____℃

t/min	0.25	0.5	1	1.5	2	2.5	3	4	5	6
κ_t/mS·cm^{-1}										
$\frac{\kappa_0-\kappa_t}{t}$										
t/min	7	8	9	10	11	12	14	16	18	20
κ_t/mS·cm^{-1}										
$\frac{\kappa_0-\kappa_t}{t}$										

【思考题】

1. 为何本实验要在恒温条件下进行，而且乙酸乙酯和氢氧化钠溶液在混合前还要预先加热？

2. 反应级数只能通过实验来确定，如何从实验结果来验证乙酸乙酯皂化反应为二级反应？

3. 如果氢氧化钠和乙酸乙酯溶液均为浓溶液，能否用此方法求 k 值？为什么？

实验 24　离子迁移数的测定

【实验目的】

1. 掌握希托夫法测定离子迁移数的原理和 LQY 离子迁移数测定装置的使用方法，特别是铜库仑电量计的使用方法。

2. 明确迁移数的概念。

3. 了解电量计的使用原理和方法。

【预习要求】

1. 理解离子迁移数的概念和测量原理。

2. 了解铜库仑计测量电量的原理。

3. 了解希托夫管的构造及测量原理。

4. 了解本实验的注意事项。

【实验原理】

电解质溶液的导电是离子在电场作用下运动的结果，在电解质中，当有电流通过时，正、负离子均参与导电，阳离子向阴极迁移，阴离子向阳极迁移，由于阴、阳离子在溶液中的迁移速度不同，所以搬运电荷的量也不相同，但通过电解质溶液的总电量为两者迁移电量之和，现设定阴、阳离子搬运电量分别为 Q_- 和 Q_+，则总电量为：

$$Q_{总}=Q_-+Q_+$$

在物理化学中，对于电解质溶液的导电机理的研究，用离子迁移数更为直观，通常将一种离子迁移的电量与通过电解质溶液的总电量之比称为该种离子的迁移数，并以符号 t 表示

阳离子迁移数：$t_+=Q_+/Q_{总}$，$Q_+=z^+n_{+迁移}F$

阴离子迁移数：$t_-=Q_-/Q_{总}$，$Q_-=z^-n_{-迁移}F$

并且 $t_++t_-=1$（其中，z^+，z^- 为正负离子所带电荷数，F 为法拉第常数）

测定迁移数的方法有两种，一种是界面移动法，另一种为电解法（即希托夫法）。本实验采用希托夫法测定 $CuSO_4$ 溶液中 Cu^{2+} 的迁移数。希托夫法测定离子迁移数的示意图如图 4-46所示。

将已知浓度的 $CuSO_4$ 溶液装入迁移管中（注：迁移管中所用电极为铜电极），若有 Q 库仑电量通过体系，在阴极和阳极上分别发生如下反应：

阳极：
$$\frac{1}{2}Cu \longrightarrow \frac{1}{2}Cu^{2+}+e^- \tag{4-24-1}$$

阴极：
$$\frac{1}{2}Cu^{2+}+e^- \longrightarrow \frac{1}{2}Cu \tag{4-24-2}$$

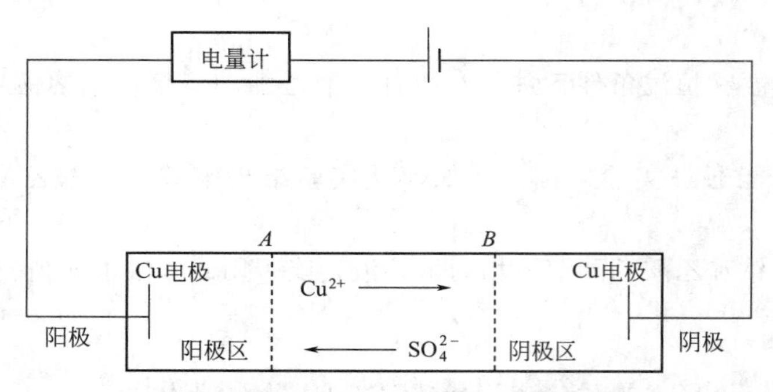

图 4-46 希托夫法测定离子迁移数的示意图

此时，溶液中 Cu^{2+} 向阴极方向迁移，阴极上析出 Cu，电解后阴极区 Cu^{2+} 的物质的量 $n_{电解后}(Cu^{2+})$ 计算如下：

$$n_{电解后}(Cu^{2+})=n_{原始}(Cu^{2+})+n_{迁移}(Cu^{2+})-n_{析出}(Cu)$$

则 $n_{迁移}(Cu^{2+})=n_{电解后}(Cu^{2+})-n_{原始}(Cu^{2+})+n_{析出}(Cu)$

另外，SO_4^{2-} 向阳极方向迁移，阳极附近产生 Cu^{2+}，这时电解后阴极处 SO_4^{2-} 的物质的量 $n_{电解后}(SO_4^{2-})$ 计算如下：

$$n_{电解后}(SO_4^{2-})=n_{原始}(SO_4^{2-})+n_{迁移}(SO_4^{2-}) \tag{4-24-3}$$

则

$$n_{迁移}(SO_4^{2-})=n_{电解后}(SO_4^{2-})-n_{原始}(SO_4^{2-}) \tag{4-24-4}$$

电极反应与离子迁移引起的总结果是阴极区 $CuSO_4$ 浓度减小，阳极区的 $CuSO_4$ 浓度增大，且增加与减小的摩尔数相等。由于流过小室中每一截面的电量相同，因此离开与进入假想中间区的 Cu^{2+} 数相同，SO_4^{2-} 数也相同，所以中间区的浓度在通电过程中保持不变。以阳极区 $CuSO_4$ 浓度的变化为对象，结合上述可得计算离子迁移数的公式如下：

$$t_{SO_4^{2-}}=\frac{n_{迁移}(SO_4^{2-})\times 2\times F}{Q_{总}}=\frac{[n_{电解后}(SO_4^{2-})-n_{原始}(SO_4^{2-})]\times 2\times F}{Q_{总}} \tag{4-24-5}$$

$$t_{SO_4^{2-}}=1-t_{Cu^{2+}} \tag{4-24-6}$$

式中，F 为法拉第常数；$Q_{总}$ 为总电量；“2”表示 SO_4^{2-} 所带电荷为 2。$Q_{总}$ 由铜库仑电量计测定。铜库仑电量计中也是一个 $CuSO_4$ 的电解槽（一种特殊的电解槽，其电流效率为 100%），它和迁移管中 $CuSO_4$ 的电解池串联，其电路连接如图 4-47 所示。

在串联电路中通过迁移管中 $CuSO_4$ 溶液的 $Q_{总}$ 和通过铜库仑电量计中 $CuSO_4$ 溶液的 $Q_{总}$ 是相同的。铜库仑电量计中阴、阳极所发生的反应同式（4-24-1）和式（4-24-2），阴极铜片中析出铜，其质量增大，通过铜库仑电量计中 $CuSO_4$ 溶液的 $Q_{总}$ 计算如下：

$$Q_{总}=z^{+}nF=2\times\frac{阴极铜片中析出铜的质量}{M_{Cu}}\times F \tag{4-24-7}$$

注意：式（4-24-7）中分母为 $0.5M_{Cu}$（M_{Cu} 为 Cu 的摩尔质量），是因为阴极反应式中带有 1/2，“阴极铜片上析出铜的质量”是指铜库仑电量计中阴极铜片。

将式（4-24-7）代入式（4-24-5）得：

$$t_{SO_4^{2-}}=\frac{[n_{电解后}(CuSO_4)-n_{原始}(CuSO_4)]\times M_{Cu}}{阴极铜片上析出铜的质量} \tag{4-24-8}$$

电解前后 $CuSO_4$ 浓度变化（注意是阳极区的 $CuSO_4$ 浓度）由滴定法测定。首先在铜离子溶液中加入过量的碘化钾，铜离子把电离子氧化成碘，生成的碘用硫代硫酸钠标准溶液滴

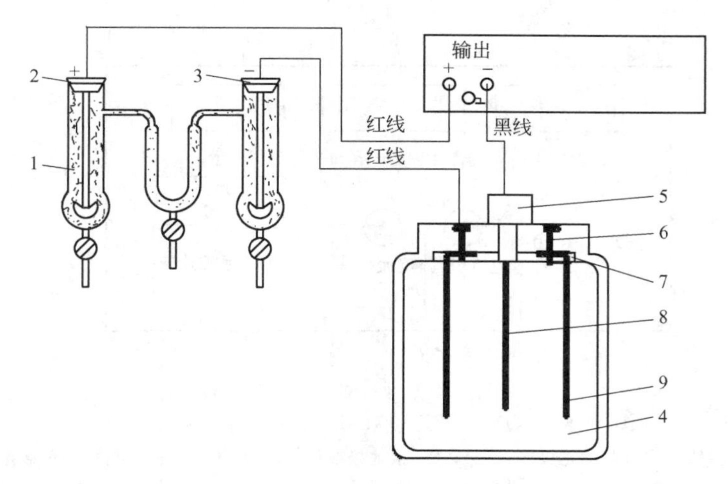

图 4-47　LQY 离子迁移数测定装置的电路连接图

1—Hb 迁移管（迁移管中电极为铜片）；2—阳极；3—阴极；4—库仑计；5—阴极插座；6—阳极插座；7—电极固定板；8—阴极铜片；9—阳极铜片

定，从而间接求出铜离子的量。反应方程式如下：

$$2Cu^{2+} + 4I^{-} \longrightarrow CuI + I_2 \qquad (4\text{-}24\text{-}9)$$

$$I_2 + 2S_2O_3^{2-} \longrightarrow S_4O_6^{2-} + 2I^{-} \qquad (4\text{-}24\text{-}10)$$

【仪器和药品】

LQY 离子迁移数测定装置，锥形瓶。

0.05mol·dm^{-3} $CuSO_4$ 溶液，10% KI 溶液，1mol·dm^{-3} 乙酸溶液，0.05mol·dm^{-3} NaS_2O_3溶液，0.5%淀粉溶液，6mol·dm^{-3} HNO_3。

【实验内容】

1. LQY 离子迁移数测定装置简介

LQY 离子迁移数测定装置的前面板示意图见图 4-48。

2. 具体实验操作步骤

（1）洗净所有的容器，用少量 0.05mol·dm^{-3} $CuSO_4$溶液洗涤希托夫迁移管 3 次，然后在迁移管中装满该溶液，注意迁移管中不应有气泡。

（2）将库仑计的阴极片放在 6mol·dm^{-3} HNO_3溶液中稍微洗涤一下，以除去表面的氧化层，用蒸馏水冲洗后，再用无水乙醇淋洗一下，用热空气将其吹干。在天平上称重得 m_1，然后放入库仑计。

注意：库仑计的使用方法：（1）库仑计中共有三片铜片，两边铜片为阳极，中间铜片为阴极；（2）阳极铜片固定在电极固定板上，不可拆下，阴极铜片由阴极插座固定，拆下或固定阴极铜片时只需逆时针旋松或顺时针旋紧阴极插座即可；（3）电极固定板上有两个阳极插座，实验中可任意插入其中一个插座。

（3）将粗、细电流调节旋钮逆时针旋到底。

（4）按图 4-47 连接好测量线路。连接后面板电源插座。

（5）将电源开关置于“ON”位置，显示板即有显示。顺时针调节粗调旋钮，待接近所需电流 15mA 时，再顺时针调节细调旋钮，直到达到要求，按下计时按钮，开始计时（计时指示灯亮）。

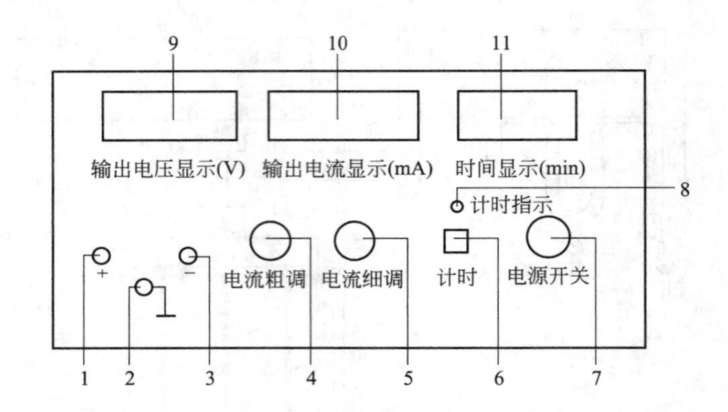

图 4-48 LQY 离子迁移数测定装置的前面板示意图

1—正极接线柱（负载的正极接入处）；2—接地接线柱；3—负极接线柱（负载的负极接入处）；4—电流粗调（粗略调节电流所需电流值）；5—电流细调（精确调节电流所需电流值）；6—计时按钮（按下此按钮，停止或开始计时）；7—电源开关；8—计时指示（计时开始计时指示灯亮）；9—输出电压显示窗口（显示输出的实际电压值）；10—输出电流显示窗口（显示输出的实际电流值）；11—时间显示窗口（显示计时时间）

注意：在调节粗调旋钮时，一定要等电压、电流稳定后，再调下一挡，切莫连续快速调节，另外，高压危险（实验过程电压在 200V 左右）。

(6) 通电 60min 后，先将粗调旋钮逆时针旋到底，再将细调旋钮逆时针旋到底。

注意：粗调旋钮的调节速度不应过快。

(7) 切断电源，取出库仑计中的铜阴极，用蒸馏水冲洗后，用无水乙醇淋洗，再用热空气将其吹干，然后称重得 m_2。

(8) 将阳极区溶液全部放入已知质量的锥形瓶后称重。

(9) 测定阳极区溶液体积及滴定溶液中 Cu^{2+} 浓度：①利用比重瓶测定阳极区的密度后再计算出阳极区溶液的总体积；②取 $10cm^3$ 阳极区溶液加入 10%KI 溶液 $10cm^3$ 和 $1mol\cdot dm^{-3}$ 乙酸溶液 $10cm^3$，先用 $0.05mol\cdot dm^{-3}$ 标准硫代硫酸钠溶液滴定至溶液呈淡黄色，再加入 $1cm^3$ 0.5%淀粉滴至蓝紫色消失，溶液呈象牙粉色。

还需要注意的事项：(1) 通电过程中，迁移管应避免振动；(2) 电解结束时，尽快分流出阳极区溶液，谨防各区域溶液混合。

【数据记录与处理】

1. 数据记录

数据记录见表 4-34 和表 4-35。

表 4-34 基本数据

温度	
铜库仑计电解前阴极铜片的质量 m_1	
铜库仑计电解后阴极铜片的质量 m_2	
电解的电流值	
电解的时间	

表 4-35 各溶液相关质量与浓度

项目	锥形瓶重 /g	锥形瓶重+溶液重/g	溶液密度 /$g\cdot cm^{-3}$	溶液总体积 $V_{总}$/mL	滴定用 NaS_2O_3 体积/mL	$CuSO_4$浓度 /$mol\cdot dm^{-3}$
电解后阳极区溶液						
中间区溶液	…	…	…	…		
原始溶液	…	…	…	…		

2. 此时，$n_{电解后SO_4^{2-}} - n_{原始SO_4^{2-}} =$（电解后阳极区溶液中 $CuSO_4$ 浓度－原始溶液中 $CuSO_4$浓度）$\times V_{总}$

将此结果代入式（4-24-8）中计算得到 $t_{SO_4^{2-}}$，$t_{Cu^{2+}}=1-t_{SO_4^{2-}}$。

【思考题】

1. 实验中 Q 总为什么不用 $Q=It$ 计算？对比使用 $Q=It$ 计算所得 $Q_{总}$ 与使用库仑电量计计算 $Q_{总}$。

2. 请简写利用阴极区电解前后 $CuSO_4$浓度变化求解 $t_{Cu^{2+}}$ 的过程。

实验 25 电池电动势的测定及其应用

【实验目的】

1. 通过实验加深对可逆电池、可逆电极概念的理解。

2. 掌握对消法测定电池电动势的原理及电位差计的使用方法。

3. 学会一些电极和盐桥的制备。

4. 通过测量电池 Ag-AgCl|KCl(m_1)||$AgNO_3$(m_2)|Ag 的电动势求 AgCl 的溶度积 K_{sp}。

5. 测量电池 Zn|$ZnSO_4$(m_1)||Cl^-(m_2)|AgCl-Ag 的电动势随温度的变化，并计算有关的热力学函数。

【预习要求】

1. 明确可逆电池、可逆电极的概念。

2. 了解电位差计、标准电池和检流计的使用及注意事项。

3. 掌握对消法原理和测定电池电动势的线路连接和操作步骤。

4. 掌握用电池电动势法测定化学反应热力学函数的原理和方法。

5. 了解不同盐桥的使用条件。

【实验原理】

化学电池是由两个“半电池”即正负电极放在相应的电解质溶液中组成的。由不同的电极可以组成若干个原电池。在电池反应过程中正极上发生还原反应，负极上发生氧化反应，而电池反应是这两个电极反应的总和，其电动势为组成该电池的两个半电池的电极电势的代数和。若知道了一个半电池的电极电势，通过测量这个电池电动势就可算出另外一个半电池的电极电势。所谓电极电势，它的真实含义是金属电极与接触溶液之间的电势差。它的绝对值至今也无法从实验上进行测定。在电化学中，电极电势是以标准氢电极为标准而求出其他电极的相对值。现在国际上采用的标准电极是标准氢电极，即在 $a_{H^+}=1$ 时，$p_{H_2}=1atm$ 时被氢气所饱和的铂电极，它的电极电势规定为0，然后将其他待测的电极与其组成电池，这样测得电池的电动势即为被测电极的电极电势。由于氢电极使用起来比较麻烦，人们常把具有稳定电位的电极，如甘汞电极，银-氯化银电极作为第二类参比电极。

通过对电池电动势的测量可求算某些反应的ΔH、ΔS、ΔG 等热力学函数、电解质的平均活度系数、难溶盐的活度积和溶液的 pH 等物理化学参数。但用电动势的方法求如上数据时，必须是能够设计成一个可逆电池，该电池所构成的反应应该是所求的化学反应。

例如用电动势法求 AgCl 的 K_{sp}需设计成如下的电池：

$$\text{Ag-AgCl}\,|\,\text{KCl}(m_1)\,||\,\text{AgNO}_3(m_2)\,|\,\text{Ag}$$

该电池的电极反应为：

负极反应：$Ag(s)+Cl^-(m_1) \longrightarrow AgCl(s)+e^-$

正极反应：$Ag^+(m_2)+e^- \longrightarrow Ag(s)$

电池总反应：$Ag^+(m_2)+Cl^-(m_1) \longrightarrow AgCl(s)$

电池电动势：$E=\varphi_{右}-\varphi_{左}$

$$=\left[\varphi^{\ominus}_{Ag^+/Ag}+\frac{RT}{F}\ln a_{Ag^+}\right]-\left[\varphi^{\ominus}_{Ag/AgCl}+\frac{RT}{F}\ln\frac{1}{a_{Cl^-}}\right]$$

$$=E^{\ominus}-\frac{RT}{F}\ln\frac{1}{a_{Ag^+}a_{Cl^-}} \tag{4-25-1}$$

又因为$\Delta G^{\ominus}=-nFE^{\ominus}=-RT\ln\frac{1}{K_{sp}}$ （该反应 $n=1$），

$$E^{\ominus}=\frac{RT}{F}\ln\frac{1}{K^{\ominus}_{sp}} \tag{4-25-2}$$

将式（4-25-2）式代入式（4-25-1）：

$$E=\frac{RT}{F}\ln\frac{1}{K^{\ominus}_{sp}}+\frac{RT}{F}\ln a_{Ag^+}a_{Cl^-}$$

$$=\frac{RT}{F}\ln\frac{a_{Ag^+}\cdot a_{Cl^-}}{K^{\ominus}_{sp}}=\frac{RT}{F}\ln\left[\frac{\gamma_{\pm Ag^+}c_{Ag^+}\gamma_{\pm Cl^-}c_{Cl^-}}{K^{\ominus}_{sp}}(c^{\ominus})^{-2}\right] \tag{4-25-3}$$

所以只要测得该电池的电动势就可根据上式求得 AgCl 的 K_{sp}。

式中 $\gamma_{\pm Ag^+}$ 为 $AgNO_3$ 溶液的平均活度系数；$\gamma_{\pm Cl^-}$ 为 KCl 溶液的平均活度系数。当 $c_{AgNO_3}=0.1000mol\cdot dm^{-3}$时，$\gamma_{\pm Ag^+}=0.734$，$c_{KCl}=1.000mol\cdot dm^{-3}$时，$\gamma_{\pm Cl^-}=0.606$。

化学反应的热效应可以用量热计直接度量，也可以用电化学方法来测量。由于电池的电动势可以准确测量，所得的数据常常比热化学方法所得的可靠。

在恒温恒压条件下，可逆电池所做的电功是最大非体积功 W'，而 W'等于体系自由能的降低即为$-\Delta_r G_m$，而根据热力学与电化学的关系，可得

$$\Delta_r G_m=-nFE \tag{4-25-4}$$

式中，n 是电池反应中得失电子的数目；F 为法拉第常数。由此可见利用对消法测定电池的电动势即可获得相应的电池反应的自由能的改变。

根据吉布斯-亥姆霍兹公式

$$\Delta_r G_m=\Delta_r H_m-T\,\Delta_r S_m \tag{4-25-5}$$

$$\Delta_r S_m=-\left(\frac{\partial \Delta_r G_m}{\partial T}\right)_p=nF\left(\frac{\partial E}{\partial T}\right)_p \tag{4-25-6}$$

将式（4-25-4）和式（4-25-6）代入式（4-25-5）即得：

$$\Delta_r H_m = -nFE + nFT\left(\frac{\partial E}{\partial T}\right)_p \tag{4-25-7}$$

由实验可测得不同温度时的 E 值，以 E 对 T 作图，从曲线的斜率可求出任一温度下的 $(\frac{\partial E}{\partial T})_p$ 值，根据式（4-25-4）、式（4-25-6）、式（4-25-7）可求出该反应的热力学函数 $\Delta_r G_m$、$\Delta_r S_m$、$\Delta_r H_m$。

本实验测定下列电池的电动势，并由不同温度下电动势的测量求算该电池反应的热力学函数。

电池为：$Zn|ZnSO_4(0.1000mol \cdot dm^{-3})||Cl^-(1.000mol \cdot dm^{-3}KCl)|AgCl\text{-}Ag$
（饱和 KCl 盐桥）

该电池的正极反应为：$2AgCl(s) + 2e^- \longrightarrow 2Ag(s) + 2Cl^-$

负极反应为：$Zn(s) \longrightarrow Zn^{2+} + 2e^-$

总电池反应为：$2AgCl(s) + Zn(s) \longrightarrow 2Ag(s) + Zn^{2+} + 2Cl^-$

各电极电势为：

$$\varphi_{右} = \varphi^{\ominus}_{Ag,AgCl,Cl^-} + \frac{RT}{2F}\ln\frac{a_{AgCl}}{a^2_{Cl^-}} = \varphi^{\ominus}_{Ag,AgCl,Cl^-} + \frac{RT}{2F}\ln\frac{1}{a^2_{Cl^-}} \tag{4-25-8}$$

$$\varphi_{左} = \varphi^{\ominus}_{Zn^{2+},Zn} + \frac{RT}{2F}\ln\frac{a_{Zn^{2+}}}{a_{Zn}} = \varphi^{\ominus}_{Zn^{2+},Zn} + \frac{RT}{2F}\ln a_{Zn^{2+}} \tag{4-25-9}$$

实验中可以准确测量不同温度的 E 值，便可计算不同温度下该电池反应的 $\Delta_r G_m$。以 E 对 T 作图求出某任一温度的 $\left(\frac{\partial E}{\partial T}\right)_p$ 便可计算该温度下的 $\Delta_r S_m$，由 $\Delta_r G_m$ 和 $\Delta_r S_m$ 可求出该反应的 $\Delta_r H_m$。

【仪器和药品】

SDC-Ⅱ数字电位差综合测试仪 1 台，银-氯化银参比电极 1 支，铂电极 2 支，铜电极 2 支，恒温槽 1 套，标准电池 1 只，半电池管 2 支，毫安表、电阻箱各 1 只，U 形管 2 支，直流稳压电源 1 台，检流计 1 只，导线若干，滤纸若干。

琼脂、KCl、KNO_3（分析纯），$0.1mol \cdot dm^{-3}$ $AgNO_3$ 溶液，$0.1000mol \cdot dm^{-3}$ $AgNO_3$ + $0.1mol \cdot dm^{-3}$ HNO_3 溶液，$0.1mol \cdot dm^{-3}$ $ZnSO_4$ 溶液，$0.1000mol \cdot dm^{-3}$ $ZnSO_4$ 溶液，饱和 $Hg_2(NO_3)_2$ 溶液。

【实验内容】

1. 银电极的制备

将铂丝电极放在浓 HNO_3 中浸泡 15min，取出用蒸馏水冲洗，如表面仍不干净，用细晶相砂纸打磨光亮，再用蒸馏水冲洗干净插入盛 $0.1mol \cdot dm^{-3}$ $AgNO_3$ 溶液的小烧杯中，按图 4-49 接好线路，调节可变电阻，使电流在 3mA、直流稳压电源控制在 6V 镀 20min。取出后用 $0.1mol \cdot dm^{-3}$ 的 HNO_3 溶液冲洗，用滤纸吸干，并迅速放入盛有 $0.1000mol \cdot dm^{-3}$ $AgNO_3$ + $0.1mol \cdot dm^{-3}$ HNO_3 溶液的半电池管中（如图 4-50 所示）。

2. 制备盐桥

为了消除液接电位，必须使用盐桥。3%琼脂-饱和硝酸钾盐桥的制备方法：在 250mL 烧杯中，加入 100mL 蒸馏水和 3g 琼脂，盖上表面皿，放在石棉网上用小火加热至近沸，继

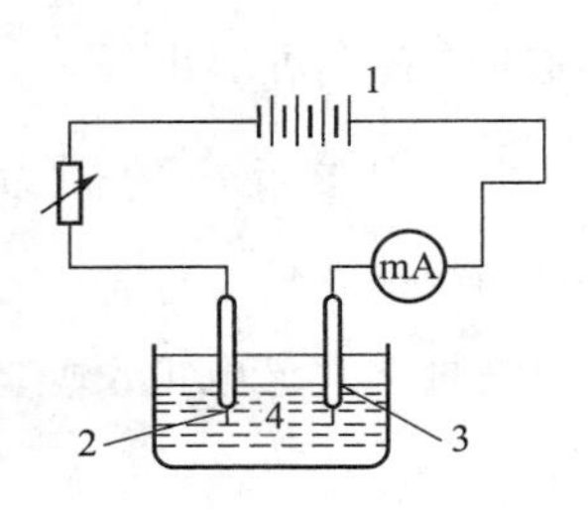

图 4-49 电极制备装置图

1—电池；2—辅助电极；

3—被镀电极；4—镀银溶液

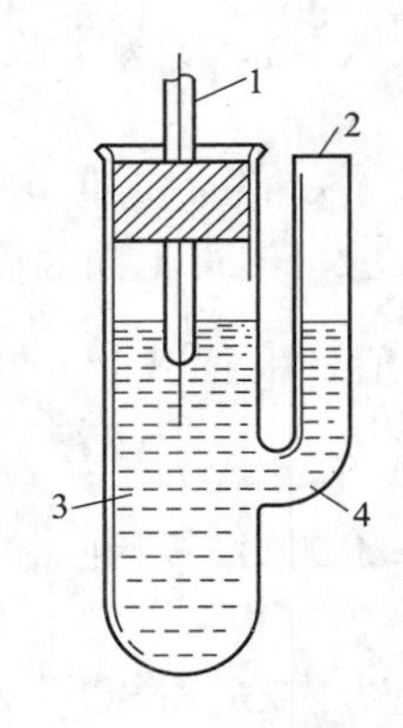

图 4-50 半电池管

1—电极；2—盐桥插孔；

3—电解质溶液；4—玻璃管

续加热至琼脂完全溶解，然后加入 40g 硝酸钾，充分搅拌使硝酸钾完全溶解后，趁热用滴管将它灌入干净的 U 形管中，两端要装满，中间不能有气泡，静置待琼脂凝固后便可使用。制备好的盐桥不使用时应浸入饱和硝酸钾溶液中，防止盐桥干涸。同样方法制备 KCl 盐桥。将两盐桥分别放入饱和的 KNO_3溶液和 KCl 溶液中待用。

3. 测量电池的电动势

测量可逆电池的电动势不能直接用伏特计来测量。因为电池与伏特计相接后，整个线路便有电流通过，此时电池内部由于存在内电阻而产生某一电位降，并在电池两极发生化学反应，从而导致溶液浓度发生变化，电动势数据不稳定。所以要准确测定电池的电动势，只有在电流无限小的情况下进行，所采用的对消法就是根据这个要求设计的。

图 4-51 为对消法测量电池电动势的原理图。$acba$ 回路是由稳压电源、可变电阻和电位差计组成，通过回路的电流为某一定值。在电位差计的滑线电阻上产生确定的电位降，其数值由已知电动计可读。稳压电源为工作电源，其输出电压必须大于待测电池的电动势。另一回路 $abG\varepsilon a$ 由待测电池ε_x（或ε_s）、检流计 G 和电位差计组成，移动 b 点，当回路中无电流时，电池的电势等于 a、b 二点的电位降。

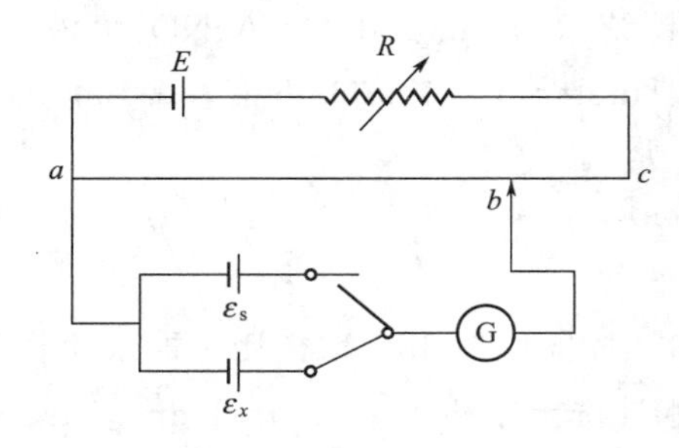

图 4-51 对消法原理线路图

(1) 组装电池 将上述制备的银电极与实验室提供的 Ag-AgCl|Cl^-(1.000mol·dm^{-3} KCl) 参比电极组成电池，Ag-AgCl|Cl^-(1.000mol·dm^{-3})||$AgNO_3$(0.1000mol·dm^{-3})|Ag。根据理论计算确定电极电位的高低与电极的正负，将其置于恒温槽中，将自制的 KNO_3盐桥横插在两个半电池管的小口上，注意两个半电池管中溶液一定要与盐桥底端相接，将恒温槽置于 25℃，恒温 10～15min 后测量。

（2）电池电动势测量　用 UJ-24 型电位差计测量电池的电动势，该仪器最大测量范围为 1.91110V。

① 将标准电池、工作电源、待测电池以及检流计分别与 UJ-24 型电位差计的各指示部位相接，请老师检查同意后，可进行标准化过程，先读室温，将标准电池在室温时的电动势计算出来，将算出的值在 E_N 旋钮处标出，将换挡旋钮打在标准上，先调“粗”键，并调节电位差计面板在上面的“粗”“中”“细”三个电阻旋钮，使检流计上的指针（或光点）指示为零，即完成标准化过程，在以后的测量过程中要经常进行标准化。

② 测量待测电池的电动势　将换挡旋钮打在未知 1 或未知 2 处，重复标准化过程相同的操作。调节中间 5 个读数旋钮，使检流计指示为 0，此时的旋钮读数就是所测电池的电动势。注意为防止电极极化，尽快达到对消，可在测量前粗略估计一下所测电池的电动势的数值，将 5 个大旋钮的读数放到粗估的数字上，然后用仔细调节旋钮，调节时不可将检流计上的“电极”键拴死，为什么？

4. 制备锌电极

按步骤 1 的方法处理铂电极，将电极浸泡于 0.1mol·dm^{-3} 的 $ZnSO_4$ 溶液中电镀，电压为 6V，电流为 3mA 镀 20min。由于制备的 Zn 电极稳定性较差，所以必须进行汞齐化。汞齐化的目的是为了消除金属表面机械应力不同的影响，使它获得重复性较好的电极电位。汞齐化的时间不易太长，只要将镀好的锌电极插入饱和的 $Hg_2(NO_3)_2$ 溶液中 2～3s 即可拿出。否则电极表面上大部分的锌将与 $Hg_2(NO_3)_2$ 发生反应，取出电极立即用滤纸轻轻吸取电极表面上的 $Hg_2(NO)_3$ 溶液，把滤纸放入广口瓶中。（因为汞蒸气剧毒，请不要随意将滤纸扔在地上。）把电极迅速插入装有 0.1000mol·dm^{-3} $ZnSO_4$ 溶液的半电池管里。

5. 测量电池的电动势

（1）将制备好的锌电极，参比电极及盐桥组成电池，置于恒温槽中，恒温 10～15min，接好电位差计与测量线路，按步骤 3 的操作步骤测量 25℃时该电池的电动势。

（2）改变恒温槽温度，分别在 30℃、35℃、40℃稳定温度下测量该电池的电动势。（注意温度要持续恒温 10min 后再测量。）

【注意事项】

1. 连接线路时，切勿将标准电池、工作电源、待测电池的正负极接错。

2. 实验前，计算出实验温度下标准电池的电动势。

3. 应先将半电池管中的溶液先恒温后，再测定电动势。

4. 使用检流计时，按按钮的时间要短，以防止过多的电量通过标准电池或被测电池，造成严重的极化现象，破坏被测电池的可逆状态。

【数据记录与处理】

室温：__________　标准电池电动势__________　恒温槽温度__________

1. 测量电池 1 的电动势

电池 1 的电动势填入表 4-36。

表 4-36　电池 1 的电动势

E_1/V			平均值 E/V	理论计算值/V	$K_{sp,AgCl}$
1	2	3			

2. 测量电池 2 的电动势

电池 2 的电动势见表 4-37。

表 4-37 电池 2 的电动势

温度/℃	电动势测量值/V			平均值/V
25				
30				
35				
40				

（1）根据不同温度下测得的 E 在坐标纸上对 T 作图，求出斜率$\left(\frac{\partial E}{\partial T}\right)_p$ 的值。

（2）根据式（4-25-6）求出该电池反应的$\Delta_r S_m$，并根据式（4-25-5）与式（4-25-7）求该反应的$\Delta_r G_m$与$\Delta_r H_m$。

（3）将实验测得的 298K 下的$\Delta_r S_m$、$\Delta_r G_m$和$\Delta_r H_m$与手册上查到的$\Delta_r S_m$、$\Delta_r G_m$、$\Delta_r H_m$值相比较，求相对误差。

【思考题】

1. 对消法测定电池电动势的装置中，电位差计，工作电池，标准电池及检流计各起什么作用？为什么要用对消法进行测量？

2. 在测量电池电动势的过程中，若检流计指针或光点总向一个方向偏转，可能是什么原因？

3. 测电动势为什么要用盐桥？如何选用盐桥以适合不同的体系？

4. 实际测量的$\Delta_r S_m$、$\Delta_r G_m$、$\Delta_r H_m$为何会有偏差？

实验 26 氟离子选择电极测定氢氟酸解离常数

【实验目的】

1. 了解玻璃电极和氟电极的工作原理。

2. 理解氟离子选择电极测氢氟酸解离常数的基本原理。

3. 熟练掌握 pH 计的使用，熟悉用 pH 计测溶液的 pH 值及电动势的原理及使用方法。

【预习要求】

1. 复习氟离子选择电极、玻璃电极的工作原理。

2. 复习有关 pH 计的使用方法。

3. 思考下列问题。

（1）本实验两个原电池的电动势的计算公式相同吗？在溶液中加 $0.5mol \cdot dm^{-3}$ 的 KCl 的作用是什么？

（2）本实验 pH 值控制在什么范围？为什么不在中性或碱性溶液中测试？

（3）何为氟电极的应答系数？

【实验原理】

1. 氟电极简介

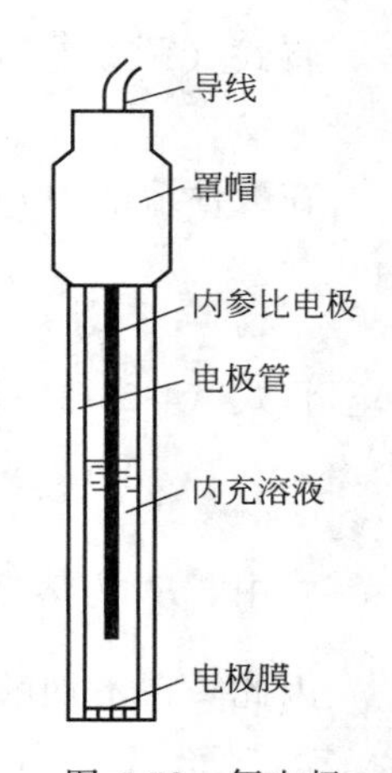

图 4-52　氟电极结构示意图

氟电极是由氟化镧晶体制成的离子交换膜，对 F^- 具有很高的选择性，其结构如图 4-52 所示。若要对氟含量进行分析时需要保持 pH＝5～6，以保证所有的氟元素均以离子状态存在从而全部对氟电极产生响应。这是由于当溶液 pH 过高时，OH^- 浓度过高会生成 $La(OH)_3$ 沉淀而产生干扰；pH 过低又会形成 HF 和 HF_2^- 而降低氟离子的浓度和活度。

由于氟电极对 F^- 产生响应时不受氢离子的干扰，对 HF 和 HF_2^- 也不会应答，因而可以在酸性溶液中测定 F^-，这就为利用氟离子选择电极测定氢氟酸常数创造了条件。

为测定一定温度下 HF 得解离常数，在本实验中将氟电极和甘汞电极组成下列两电池：

(1) (－)氟电极|氟化钠溶液‖饱和甘汞电极(＋)

(2) (－)氟电极|盐酸＋氟化钠溶液‖饱和甘汞电极(＋)

在电池 (1) 的溶液中（中性溶液），NaF 的浓度约 $2\times10^{-3}\,mol\cdot dm^{-3}$，可认为在这样稀的中性溶液中 NaF 能完全电离，可以测得对应于总氟的浓度 $c(F_T^-)$ 等于氟离子的浓度为 $c(F_T^-)$ 时电池的电动势 E_1。如果在相同总氟浓度的溶液中加酸，则由于 HF 和 HF_2^- 的生成会降低游离氟离子的浓度，这时可测得对应于降低了的游离氟离子的浓度为 $c(F^-)$ 时电池的电动势 E_2。

当温度一定时，两电池的电动势计算如下：

$$E_1=\varphi_{甘汞}-[\varphi^{\ominus}-\frac{RT}{F}\ln c(F_T^-)]=常数+S\lg c(F_T^-) \tag{4-26-1}$$

$$E_2=\varphi_{甘汞}-[\varphi^{\ominus}-\frac{RT}{F}\ln c(F^-)]=常数+S\lg c(F^-) \tag{4-26-2}$$

式中，$S=2.303RT/F$，称作氟电极的应答系数，通常实测值与理论值相符合。

式 (4-26-1) 减去式 (4-26-2) 得到：

$$\frac{E_1-E_2}{S}=\lg\frac{c(F_T^-)}{c(F^-)} \tag{4-26-3}$$

2. 氢氟酸解离常数的测定

在加酸后的含氟溶液中存在下列平衡：

$$HF \rightleftharpoons H^+ + F^-$$

$$K_c=\frac{c(H^+)c(F^-)}{c(HF)} \tag{4-26-4}$$

$$HF+F^- \rightleftharpoons HF_2^-$$

$$K_f=\frac{c(HF_2^-)}{c(HF)c(F^-)} \tag{4-26-5}$$

溶液中总氟浓度为：

$$c(F_T^-)=c(F^-)+c(HF)+2c(HF_2^-) \tag{4-26-6}$$

忽略 $2c(HF_2^-)$ 项，并将式 (4-26-4) 代入式 (4-26-6)，可以得到：

$$c(F_T^-)-c(F^-)=\frac{c(H^+)c(F^-)}{K_c} \tag{4-26-7}$$

将式（4-26-7）取对数可得

$$\lg[c(F_T^-)-c(F^-)]-\lg c(F^-)=\lg c(H^+)-\lg K_c \tag{4-26-8}$$

在酸性溶液中 $c(F^-)$ 很小，与 $c(F_T^-)$ 相比可被忽略，这时式（4-26-8）可写成：

$$\lg\frac{c(F_T^-)}{c(F^-)}=-pH-\lg K_c \tag{4-26-9}$$

将式（4-26-3）带入式（4-26-9）可得：

$$-(\frac{E_1-E_2}{S})=pH+\lg K_c \tag{4-26-10}$$

式中，E_1为溶液未加酸时电池（1）的电动势；E_2为加酸后电池（2）的电动势。

因此，在不加酸时测得 E_1，然后测得加酸后不同酸度下的 E_2及 pH，以$-\frac{E_1-E_2}{S}$为纵坐标，以 pH 值为横坐标作图，所得直线在纵坐标轴上的截距即为 $\lg K_c$。

【仪器和药品】

酸度计 1 台，氟离子选择电极 1 支，玻璃电极 1 支，$100cm^3$聚乙烯塑料杯 10 个、$10cm^3$、$50cm^3$量筒各 1 只，$2cm^3$、$10cm^3$刻度移液管各 1 支，去离子水，滤纸片。

$0.01mol\cdot dm^{-3}$ NaF 溶液，$0.5mol\cdot dm^{-3}$ KCl 溶液，$2mol\cdot dm^{-3}$ HCl 溶液，$0.2mol\cdot dm^{-3}$ HCl 溶液，pH＝4.0 标准缓冲溶液。

【实验内容】

1. 洗净烧杯按表 4-38 规定配制各种溶液 $50cm^3$。
2. 校准好 pH 计后，从 7 号溶液开始，按编号由大到小顺序逐个测定各溶液的 pH 值，记录于表 4-38 中。
3. 用氟电极取代玻璃电极，从 7 号溶液开始，按编号由大到小的顺序逐个测定各电池的电动势。

【数据记录与处理】

数据记录于表 4-38。

表 4-38 数据记录

溶液编号	1	2	3	4	5	6	7
设定的 pH 值	1.0	1.2	1.4	1.6	1.8	2.0	中性
$0.01mol\cdot dm^{-3}$ NaF 的体积/cm^3	10	10	10	10	10	10	10
$0.5mol\cdot dm^{-3}$ KCl 的体积/cm^3	10	10	10	10	10	10	10
$2mol\cdot dm^{-3}$ HCl 的体积/cm^3	约为 4	约为 2.0	约为 1.5	约为 1.0	约为 0.8	约为 0.5	—
$0.2mol\cdot dm^{-3}$ HCl 的体积/cm^3	—	—	—	—	—	≈0.5	
水的体积/cm^3	≈25	≈27	≈28	≈28	≈29	≈29	≈30
实测 pH 值							
实测电动势/mV							
$-(E_1-E_2)/S$							

以$-(E_1-E_2)/S$ 对 pH 值作图，从所得直线的截距求 $\lg K_c$及 K_c。

【思考题】

1. 本实验的数据处理做了哪些假定？这些假定在什么条件才合理？

2. 为什么在不加酸的中性稀溶液中可假定总氟的浓度和氟离子的浓度相等？试从测得的氢氟酸的电离常数、7 号溶液的 pH 值及 $c(F^-)$ 估计这时的 $c(HF)$ 是否可忽略。

实验 27　吊环法测定溶液表面张力

【实验目的】

1. 用吊环法测定十二烷基硫酸钠水溶液的表面张力及其临界胶束浓度。

2. 了解液体表面的性质。

【预习要求】

1. 了解用扭力计测定表面张力系数的原理和方法。

2. 了解水的表面张力与温度之间的函数关系。

【实验原理】

如图 4-53 所示，吊环法测定表面张力的原理是将铂丝做成圆环与液面接触后，再慢慢向上提升，因液体表面张力的作用而形成一个内径为 R'，外径为 $(R'+2r)$ 的环形液柱（中空），这时向上的总拉力 W 与环形液柱内外两侧的表面张力之和相等，由于内外两圆周的周长分别为 $2\pi R$ 和 $2\pi(R'+2r)$，根据表面张力（σ）的定义可知，

$$W=2\pi R\sigma+2\pi(R'+2r)\sigma \tag{4-27-1}$$

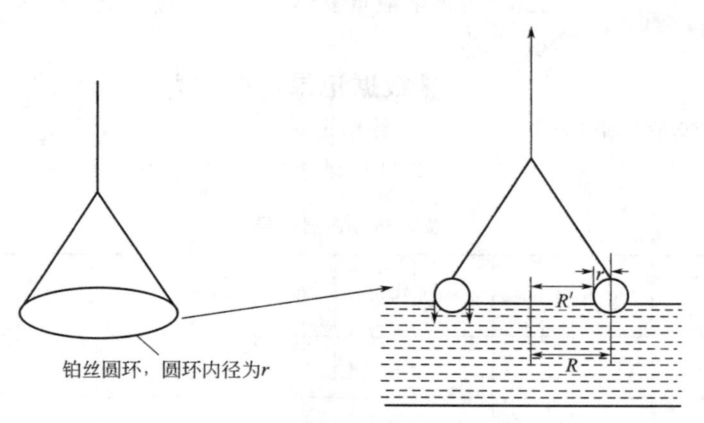

图 4-53　吊环受力示意图

因为 $R=R'+r$，故上式可写成

$$W=4\pi R\sigma,\sigma=W/4\pi R=P(P\text{ 为仪器刻度盘读数},\text{mN}\cdot\text{m}^{-1}) \tag{4-27-2}$$

由于实际上被拉起的液体并非圆柱形，因此上式还需要加以校正，于是得：

$$\sigma=PF \tag{4-27-3}$$

式中，F 为校正因子。

本仪器计算校正因子的公式如下：

$$F=0.7250+\sqrt{\frac{0.01452P}{L^2\rho}+0.04534-\frac{1.679}{R/r}} \tag{4-27-4}$$

式中，P 为刻度盘读数，$mN \cdot m^{-1}$；L 为环的周长，6cm；R 为环的半径，0.955cm；r 为铂丝半径，0.03cm；ρ 为液体密度，$g \cdot cm^{-3}$（取蒸馏水的密度）。

【仪器和药品】

BYZ-180 型表面张力仪，50mL 烧杯一个，滤纸，容量瓶（$100cm^3$）12 只，25mL 刻度移液管。

十二烷基硫酸钠（$0.05mol \cdot dm^{-3}$），电导水。

【实验内容】

1. 分别量取 $0.050mol \cdot dm^{-3}$ 原始溶液 $8cm^3$、$12cm^3$、$14cm^3$、$16cm^3$、$18cm^3$、$20cm^3$、$24cm^3$、$28cm^3$、$32cm^3$、$36cm^3$ 稀释至 $100cm^3$。各溶液的浓度分别为 $0.0040mol \cdot dm^{-3}$，$0.0060mol \cdot dm^{-3}$，$0.0070mol \cdot dm^{-3}$，$0.0080mol \cdot dm^{-3}$，$0.0090mol \cdot dm^{-3}$，$0.010mol \cdot dm^{-3}$，$0.012mol \cdot dm^{-3}$，$0.014mol \cdot dm^{-3}$，$0.016mol \cdot dm^{-3}$，$0.018mol \cdot dm^{-3}$。

2. 用蒸馏水冲洗铂环，然后将铂环放在滤纸上吸干。铂环应十分平整，洗净后不能用手触摸。

3. 用图 4-54 所示的表面张力仪依次测定蒸馏水和上述各种浓度十二烷基硫酸钠溶液的表面张力。测定液体表面张力时，将铂环插入吊杆臂上，用少许待测溶液洗涤玻璃器皿和铂环后，再加待测溶液于玻璃器皿中。将此玻璃器皿放在载物台的中间位置，调整 B 及 C，至液面刚好与铂环接触，然后同时转动 A 及 C 以保持悬臂的水平位值，直到铂环离开液面，记下此时刻度盘的读数，每种溶液重复测定三次，按式（4-27-4）校正后，取其平均值。

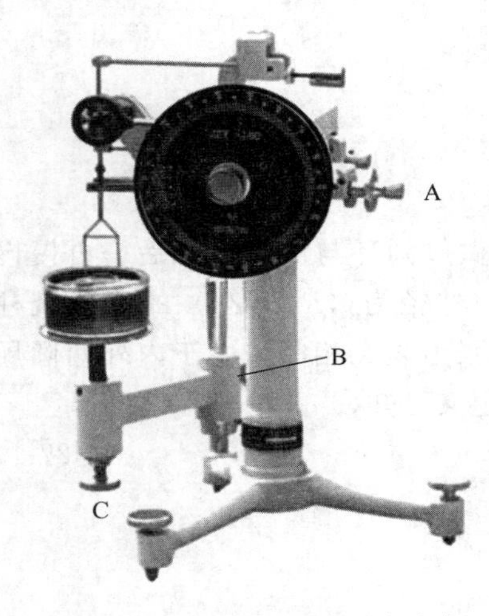

图 4-54 BYZ-180 型表面张力仪

【数据记录与处理】

1. 数据记录

数据记录于表 4-39。

表 4-39 数据记录

十二烷基硫酸钠浓度 /$mol \cdot dm^{-3}$	0	0.0040	0.0060	0.0070	0.0080	0.0090	0.010	0.012	0.014	0.016	0.018
表面张力 1											
表面张力 2											
表面张力 3											
表面张力平均值											

2. 作表面张力与浓度关系图，从转折点找出临界胶束浓度 CMC。

【思考题】

1. 实验中主要误差来源？

2. 对比分析与电导法所测 CMC 有何偏差？比较两种方法的优劣。

实验 28　乙酸在活性炭上的吸附

【实验目的】

1. 了解用溶液吸附法测定活性炭比表面积的基本原理。

2. 了解溶液吸附法测定活性炭比表面积的测定方法。

【预习要求】

1. 预习溶液吸附法测定活性炭的比表面积的基本原理及其测定方法。

2. 该实验对溶液浓度有何要求?

【实验原理】

在一定浓度范围内，活性炭对有机酸的吸附符合朗格缪尔（Langmuir）吸附方程：

$$\Gamma=\Gamma_{\infty}\frac{K_c}{1+K_c}$$

式中，Γ 表示吸附量，通常指单位质量吸附剂上吸附溶质的物质的量；Γ_{∞} 表示饱和吸附量；c 表示吸附平衡时溶液的浓度；K_c 为常数。将上式整理可得如下形式：

$$\frac{c}{\Gamma}=\frac{1}{\Gamma_{\infty}K}+\frac{1}{\Gamma_{\infty}}c$$

作 c/Γ-c 图，得一直线，由此直线的斜率和截距可求 Γ_{∞} 和常数 K_c。

如果用乙酸做吸附质测定活性炭的比表面积时，

$$S_0=\Gamma_{\infty}\times 6.023\times 10^{23}\times 24.3\times 10^{-20}$$

式中，S_0 为比表面积，$m^2\cdot kg^{-1}$；Γ_{∞} 为饱和吸附量，$mol\cdot kg^{-1}$；6.023×10^{23} 为阿伏伽德罗常数；24.3×10^{-20} 为每个乙酸分子所占据的面积，m^2。

吸附量 Γ 可按下式计算：　$$\Gamma=\frac{c_0-c}{m}V$$

式中，c_0 为起始浓度；c 为平衡浓度；V 为溶液的总体积，dm^3；m 为加入溶液中吸附剂质量，kg。

【仪器和药品】

电动振荡器 1 台，带塞三角瓶 $250cm^3$，5 只，三角瓶 $150cm^3$，5 只，滴定管 1 支，漏斗 1 只，移液管 1 支。

活性炭，HAc（$0.4mol\cdot dm^{-3}$），NaOH（$0.1000mol\cdot dm^{-3}$），酚酞指示剂。

【实验内容】

1. 取 5 个洗净干燥的带塞三角瓶，分别放入约 1g（准确到 0.001g）的活性炭，并将 5 个三角瓶标明编号，用滴定管分别按表 4-40 加入蒸馏水与乙酸溶液。

表 4-40　样品的制备

三角瓶编号	1	2	3	4	5
$V_{蒸馏水}/cm^3$	50.0	70.0	80.0	90.0	95.0
$V_{乙酸溶液}/cm^3$	50.0	30.0	20.0	10.0	5.0
乙酸浓度/$mol\cdot dm^{-3}$					

2. 将各瓶溶液配好以后，用磨口瓶塞塞好，并在塞上加橡皮圈以防塞子脱落，摇动三角瓶，使活性炭均匀悬浮于乙酸溶液中，然后将瓶放在振荡器上，盖好固定板，振荡30min。

3. 振荡结束后，用干燥漏斗过滤，为了减少滤纸吸附影响，将开始过滤的约5cm^3滤液弃去，其余溶液滤于干燥三角瓶中。

4. 从1号、2号瓶中各取15.00cm^3，从3号、4号、5号瓶中各取30.00cm^3的乙酸溶液，用标准NaoH溶液滴定，以酚酞为指示剂，每瓶滴定2份，求出吸附平衡后乙酸的浓度。

5. 用移液管移取5.00cm^3原始HAc溶液并标定其准确浓度。

注意：溶液的浓度配制要准确，活性炭颗粒要均匀并干燥。

【数据记录与处理】

1. 计算各瓶中乙酸的起始浓度c_0，平衡浓度c及吸附量$\Gamma(mol \cdot kg^{-1})$。
2. 以吸附量Γ对平衡浓度c作曲线。
3. 作c/Γ-c图，并求出Γ_∞和常数K_c。
4. 由Γ_∞计算活性炭的比表面积。

【思考题】

比表面积测定与哪些因素有关？

实验29　高聚物摩尔质量的测定

【实验目的】

1. 掌握黏度法测定聚合物摩尔质量的基本原理。
2. 测定聚丙烯酰胺或聚乙烯醇的摩尔质量。

【预习要求】

1. 为什么用［η］来求算高聚物的摩尔质量？它和纯溶剂黏度有无区别？
2. 测量时黏度计倾斜放置会对测定结果有什么影响？

【实验原理】

单体分子经加聚或缩聚过程便可合成高聚物。高聚物的摩尔质量具有以下特点：一是摩尔质量一般在10^3～10^7g·mol^{-1}之间，比低分子大的多，二是除了几种蛋白质高分子以外，无论是天然还是合成的高聚物，摩尔质量都是不均一的，也就是说高聚物的摩尔质量只有统计意义。高聚物溶液由于其分子链长度远大于溶剂分子，液体分子有流动或有相对运动时，会产生内摩擦阻力。内摩擦阻力越大，表现出来的黏度就越大，内摩擦阻力与聚合物的结构、溶液浓度、溶剂性质、温度以及压力等因素有关。聚合物溶液黏度的变化，一般采用特性黏度［η］进行描述，其值与浓度无关，量纲是浓度的倒数。

聚合物溶液黏度的变化，一般采用下列有关的黏度量进行描述。

1. 黏度相对增量（增比黏度）用η_{sp}表示，指的是相对于溶剂来说，溶液黏度增加的分数。

$$\eta_{sp}=\frac{\eta-\eta_0}{\eta_0} \qquad (4\text{-}29\text{-}1)$$

纯溶剂的黏度为 η_0，相同温度下溶液的黏度为 η，η_{sp} 与溶液浓度有关，一般随浓度 c 的增加而增加。

2. 实验证明，对于指定的聚合物在给定的溶剂和温度下，［η］的数值仅由试样的黏均摩尔质量 $\overline{M}$ 所决定。［η］与高聚物摩尔质量之间的关系，通常用带有两个参数的 Mark-Houwink 经验方程式来表示：即

$$[\eta]=K\overline{M} \tag{4-29-2}$$

式中　K——比例常数；

α——扩张因子，与溶液中聚合物分子的形态有关；

$\overline{M}_\eta$——黏均摩尔质量。

K、α 与温度、聚合物的种类和溶剂性质有关，K 值受温度影响较大，而 α 值主要取决于高分子线团在溶剂中舒展的程度，一般介于 0.5～1.0 之间。在一定温度时，对给定的聚合物-溶剂体系，一定的黏均摩尔质量范围内 K、α 为一常数，［η］只与黏均摩尔质量大小有关。K、α 值可采用几个标准样品根据式（4-29-1）进行确定，标准样品的黏均摩尔质量可由绝对方法（如渗透压和光散射法等）确定，外推法求［η］见图 4-55。

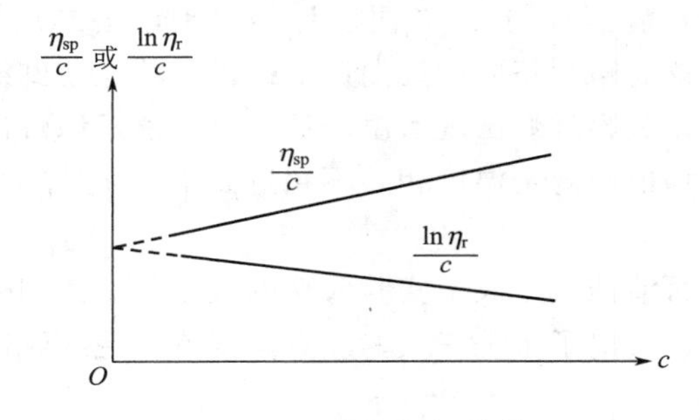

图 4-55　外推法求［η］

用黏度法测定高聚物摩尔质量，关键在于［η］的求得。测定黏度的方法很多，如落球法、旋转法、毛细管法等。最方便的方法是用毛细管黏度计测定溶液的黏度比。常用的黏度计有乌氏（Ubbelchde）黏度计，如图 4-56 所示，其特点是溶液的体积对测量没有影响，所以可以在黏度计内采取逐步稀释的方法得到不同浓度的溶液。

当液体在重力作用下流经毛细管时，遵守 Poiseuille 定律

$$\frac{\eta}{\rho}=\frac{\pi hgr^4t}{8lV}-m\frac{V}{8\pi lt} \tag{4-29-3}$$

式中，η 为液体的黏度；ρ 为液体密度；r 为毛细管的半径；g 为重力加速度；l 为毛细管的长度；V 为流经毛细管液体体积；h 为流经毛细管液体的平均液柱高度；t 为 V 体积液体的流出时间；m 是与仪器有关的常数，当 $r/l \ll 1$ 时，可取 $m=1$。

对于给定的黏度计，令 $A=\frac{\pi ghr^4}{8lV}$，$B=\frac{mV}{8\pi L}$，则式（4-29-3）可以改写为

$$\frac{\eta}{\rho}=At-\frac{B}{t} \tag{4-29-4}$$

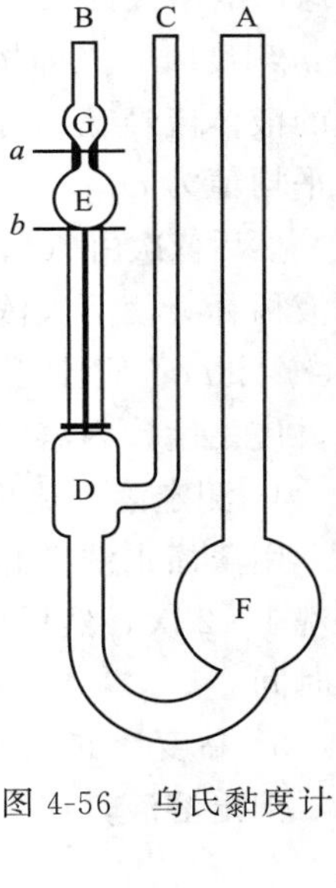

图 4-56　乌氏黏度计

式中，$B<1$，当 $t>100\text{s}$ 时，等式右边的第二项可以忽略，如溶

液的浓度不大（小于1×10^{-2}kg·dm^{-3}），溶液的密度与溶剂的密度可近似地看作相同，即$\rho\approx\rho_0$；t 和 t_0 分别为溶液和溶剂在毛细管中的流出时间，则

$$\eta=\frac{\eta}{\eta_0}=\frac{t}{t_0} \tag{4-29-5}$$

所以只需测定溶液和溶剂在毛细管中的流出时间就可得到 η_r。

【仪器和药品】

恒温槽（要求温度波动不大于±0.05℃）一套，分析天平 1 台，乌氏黏度计一支，洗耳球，移液管（1cm^3、2cm^3、5cm^3 各 1 支，10cm^3 2 支），秒表，容量瓶（100cm^3、25cm^3），橡皮管（约 5cm 长 2 根），夹子 2 个，胶头滴管，铁架台。

聚丙烯酰胺（或聚乙烯醇），硝酸钠（3mol·dm^{-3}，1mol·dm^{-3}）。

【实验内容】

1. 调节恒温槽温度至 30℃±0.05℃

安装好恒温槽各元件后，调节接点温度计温度指示螺母上沿所指温度比指示温度低 1～2℃，接通电源，同时开通搅拌，这时绿色指示灯亮，表示加热器在工作。当绿灯熄灭后，等温度升到最高，观察接点温度计与 1/10 温度计的差别，按差别大小进一步调节温度计，直到达到规定的温度值，这时略为正向或反向调节螺母，即能使红绿灯交替出现。扭紧固定螺钉，固定调节帽位置后，观察红灯出现后温度计的最高值及绿灯出现后的最低值，观察数次至最高和最低示指的平均值与规定温度相差不超过 0.1℃为止。

2. 洗涤黏度计

黏度计和待测液体是否清洁，是决定实验成功的关键之一。如果是新的黏度计，先用洗液洗，再用自来水洗三次，去离子水洗三次，注意反复流洗毛细管部分，烘干待用。

3. 测定溶液流出时间

用移液管分别吸取已知浓度的聚丙烯酰胺溶液 10cm^3 和 $NaNO_3$ 溶液（3mol·dm^{-3}）5cm^3，由 A 管注入黏度计中，在 C 管处用洗耳球打气，使溶液混合均匀，浓度记为 c_1，恒温 15min，进行测定。测定方法如下：将 C 管用夹子夹紧使之不通气，在 B 管处用洗耳球将溶液从 F 球经 D 球、毛细管、E 球抽至 G 球 2/3 处，解去 C 管夹子，让 C 管通大气，此时 D 球内的溶液即回入 F 球，使毛细管以上的液体悬空。毛细管以上的液体下落，当液面流经 a 刻度时，立即按秒表开始记时间，当液面降至 b 刻度时，再按秒表，测得刻度 a、b 之间的液体流经毛细管所需时间。重复这一操作至少三次，它们间相差不大于 0.3s，取三次的平均值为 t_1。

然后依次由 A 管用移液管加入 5cm^3、10cm^3、15cm^3、20cm^3 $NaNO_3$ 溶液（1mol·dm^{-3}），将溶液稀释．使溶液浓度分别为 c_2、c_3、c_4、c_5，用同法测定每份溶液流经毛细管的时间 t_2、t_3、t_4、t_5。应注意每次加入 $NaNO_3$ 溶液后，要充分混合均匀，并抽洗黏度计的 E 球和 G 球，使黏度计内溶液各处的浓度相等。

4. 测定溶剂流出时间

用蒸馏水洗净黏度计，尤其要反复流洗黏度计的毛细管部分。用 1mol·dm^{-3} $NaNO_3$ 溶液洗 1～2 次，然后由 A 管加入约 15cm^3（1mol·dm^{-3}）$NaNO_3$ 溶液。用同法测定溶剂流出的时间 t_0。

5. 黏度计的洗涤

倒出溶液，用去离子水反复洗涤，测试一组去离子水流出时间，直到与 t_0 开始相同

为止。

【数据记录与处理】

1. 恒温槽温度测定

恒温槽温度测定见表 4-41。

表 4-41　恒温槽温度测定

观测项目	最高温度			最低温度		
温度观测值/℃						
温度平均值/℃						
恒温槽平均温度/℃						
恒温槽温度波动/℃						

2. 实验数据测定

流出时间的测定见表 4-42。

表 4-42　流出时间的测定

c/	t_1/s	t_2/s	t_3/s	$t_{平均}$	η	$(\ln\eta)/c$	η_{sp}	η_{sp}/c	$(\ln\eta_{sp})/c$
1									
2									
3									
…									

最后一组数据为了验证黏度计已经清洗干净。

3. 作图

作 η_{sp}/c-c 及 $(\ln\eta)/c$-c 图，并外推至 $c\to 0$ 求得截距，即为 $[\eta]$。由 Mark-Houwink 经验方程式$[\eta]=K\overline{M^{\alpha}}$计算出聚丙烯酰胺的黏均摩尔质量 $\overline{M}$。已知温度 30℃时在 $1\text{mol}\cdot\text{dm}^{-3}$ $NaNO_3$溶液中聚丙烯酰胺的 K 值$=37.3\times10^3\text{K}/(\text{dm}^3\cdot\text{kg})^{-1}$，$\alpha=0.66$。

【注意事项】

1. 黏度计必须洁净，如毛细管壁上挂有水珠，需用洗液浸泡（洗液经 2＃砂芯漏斗过滤除去微粒杂质），但本实验中黏度计经去离子水清洗，再经乙醇清洗后用吹风机吹干，已经比较干净。

2. 本实验中溶液的稀释是直接在黏度计中进行的，所用溶剂必须先在与溶液所处同一恒温槽中恒温，然后用移液管准确量取并充分混合均匀方可测定。

3. 测定时黏度计要垂直放置，否则影响结果的准确性。

4. 一旦橡皮口松开，就不能再次用吸气球吸液体，会导致液体喷出，所以一旦秒表记录出现问题，必须先把液体吹回 D 中，再夹上橡皮口重复上述操作。

5. 每次加入去离子水后，需要将 E 中液体吹回 D 中，然后从 C 口向里鼓气泡，使液体混合均匀。注意不要将液体吸出或吹出。

【思考题】

1. 乌氏黏度计和奥氏黏度计有什么区别？各有什么优点？

2. 在本实验中，引起实验误差的主要原因是什么？

实验30 表面活性剂临界胶束浓度的测定

【实验目的】

1. 用电导法测定十二烷基硫酸钠的临界胶束浓度。
2. 了解表面活性剂的特性及胶束形成原理。

【预习要求】

1. 复习表面活性剂的性质（如表面张力、渗透压、电导率等）。
2. 掌握利用电导法测定离子型表面活性剂的临界胶束浓度的原理和方法。

【实验原理】

具有明显两亲性质的分子，既含有亲油的足够长的烃基（大于10～12个碳原子），又含有亲水的极性基团（通常是离子化的），由这一类分子组成的物质称为表面活性剂，如肥皂和各种合成洗涤剂等。表面活性剂分子都是由极性部分和非极性部分组成的，若按离子的类型分类，可分为以下三大类：①阴离子型表面活性剂，如羧酸盐[肥皂，$C_{17}H_{35}COONa$]、烷基硫酸盐[十二烷基硫酸钠，$CH_3(CH_2)_{11}SO_4Na$]、烷基磺酸盐[十二烷基苯磺酸钠，$CH_3(CH_2)_{11}C_6H_5SO_3Na$]等；②阳离子型表面活性剂，多为铵盐，如十二烷基二甲基叔胺盐酸盐和十二烷基一甲基苄基氯化铵；③非离子型表面活性基，如聚氧乙烯类[R—O—$(CH_2CH_2O—)_n$—H]。

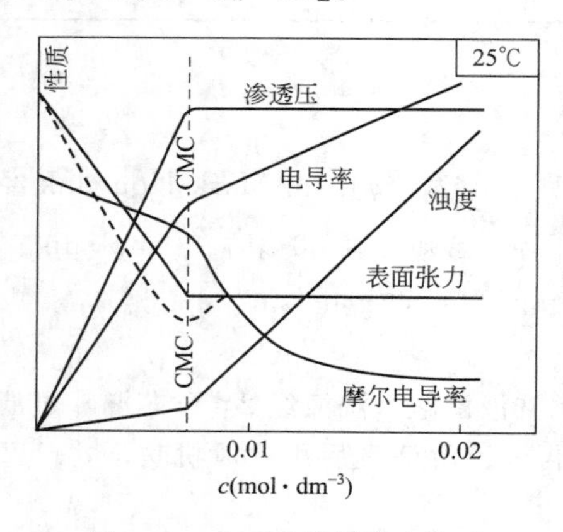

图4-57 表面活性剂溶液性质随浓度变化的关系

表面活性剂进入水中，在低浓度时呈分子状态，并且三三两两地把亲油基团靠拢而分散在水中。当溶液浓度大到一定程度时，许多表面活性物质的分子立刻结合成很大的基团，形成"胶束"。以胶束形式存在于水中的表面活性物质是比较稳定的。表面活性物质在水中形成胶束所需的最低浓度称为临界胶束浓度(critical micelle concentration，CMC)。在CMC点上，由于溶液的结构改变导致其物理及化学性质（如表面张力、电导、渗透压、浊度、光学性质等）与浓度的关系曲线出现明显的转折，如图4-57所示。这个现象是测定CMC的实验依据，也是表面活性剂的一个重要特征。

这种特征行为可用生成分子聚集体或胶束来说明，如图4-58所示，当表面活性剂溶于水中后，不但定向地吸附在水溶液表面，而且达到一定浓度时还会在溶液中发生定向排列而形成胶束，表面活性剂为了使自己成为溶液中的稳定分子，有可能采取的两种途径：一是把亲水基留在水中，亲油基面向油相或空气；二是让表面活性剂的亲油基团相互靠在一起，以减少亲油基与水的接触面积。前者就是表面活性剂分子吸附在界面上，其结果是降低界面张力，形成定向排列的单分子膜，后者就形成了胶束。由于胶束的亲水基方向朝外，与水分子相互吸引，使表面活性剂能稳定地溶入水中。

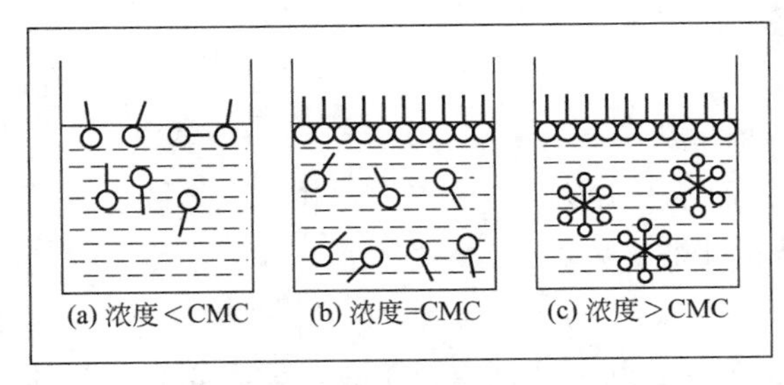

图 4-58　胶束形成过程示意图

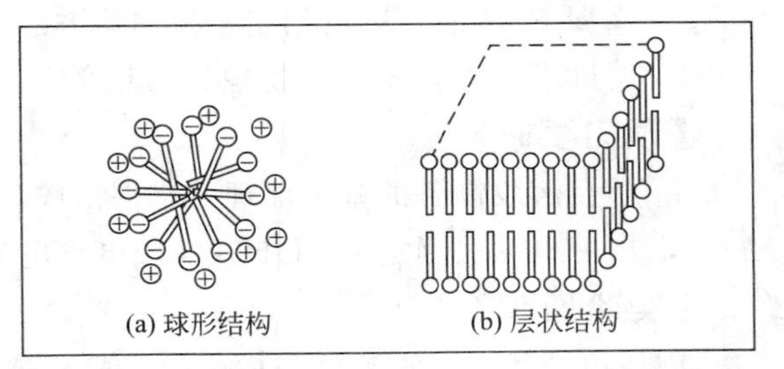

图 4-59　胶束的球形结构和层状结构示意图

随着表面活性剂在溶液中浓度的增长，球形胶束还有可能转变成棒型胶束，以至层状胶束，如图 4-59，后者可用来制作液晶，它具有各向异性的性质。

本实验利用电导率仪测定不同浓度的十二烷基硫酸钠水溶液的电导率值（也可换算成摩尔电导率），并作电导率值（或摩尔电导率）与浓度的关系图，从图中的转折点即可求得 CMC。

【仪器和药品】

电导率仪 1 台，$100cm^3$ 容量瓶，12 只，$25cm^3$ 刻度移液管。

十二烷基硫酸钠（$0.05mol\cdot dm^{-3}$），电导水。

【实验内容】

分别量取 $0.050mol\cdot dm^{-3}$ 原始溶液 $8cm^3$、$12cm^3$、$14cm^3$、$16cm^3$、$18cm^3$、$20cm^3$、$24cm^3$、$28cm^3$、$32cm^3$、$36cm^3$ 稀释至 $100cm^3$。各溶液的浓度分别为 $0.0040mol\cdot dm^{-3}$，$0.0060mol\cdot dm^{-3}$，$0.0070mol\cdot dm^{-3}$，$0.0080mol\cdot dm^{-3}$，$0.0090mol\cdot dm^{-3}$，$0.010mol\cdot dm^{-3}$，$0.012mol\cdot dm^{-3}$，$0.014mol\cdot dm^{-3}$，$0.016mol\cdot dm^{-3}$，$0.018mol\cdot dm^{-3}$。然后，测定各溶液的电导率。

【数据记录与处理】

1. 数据记录

数据记录见表 4-43。

表 4-43　数据记录

十二烷基硫酸钠浓度/$mol\cdot dm^{-3}$	0	0.0040	0.0070	0.0080	0.0090	0.010	0.012	0.014	0.016	0.018
电导率										

2. 作电导率 κ 与浓度关系图，从转折点找出临界胶束浓度 CMC。

【思考题】

1. 试解释表面张力、电导率、渗透压等性质，为什么在 CMC 处突然变化？

2. 非离子型表面活性剂能否用本实验方法测定临界胶束浓度？为什么？若不能，可用何种方法测定？

实验 31　溶胶的制备与电泳

【实验目的】

1. 掌握电泳法测定 $Fe(OH)_3$ 溶胶电动电势的原理和方法。

2. 掌握 $Fe(OH)_3$溶胶的制备及纯化方法。

3. 明确求算 ζ 公式中各物理量的意义。

【预习要求】

1. 学会溶胶制备的基本原理，掌握溶胶制备的主要方法。

2. 预习电泳法测定 $Fe(OH)_3$溶胶电动电势的步骤。

【实验原理】

固体以胶体分散在液体介质中即组成溶胶。溶胶的基本特征有以下三个：①它是多相体系，相界面很大；②胶粒大小在几个纳米到 100nm 之间；③它是热力学不稳定体系（要依靠稳定剂使其形成离子或分子吸附层，才能得到暂时的稳定）。

溶胶的制备方法可分为以下两类：①分散法，把较大物质颗粒变为胶体大小的质点。分散法中常用的有机械作用法、电弧法、超声波法和胶溶作用；②凝聚法，把物质的分子或离子聚合成胶体的质点。常用的凝聚法有凝结物质蒸气、变换分散介质或改变实验条件（如降低温度），使原来溶解的物质变成不溶性物质或在溶液中进行化学反应生成不溶性物质。本实验中 $Fe(OH)_3$溶胶的制备采用的是化学凝聚法，即通过化学反应使生成物呈过饱和状态，然后粒子再结合成溶胶，其结构式可表示为：

$$\{m[Fe(OH)_3]_n FeO^+ (n-x)Cl^-\}^{x+} xCl^-$$

制成的胶体体系中常有其他杂质存在从而影响其稳定性，因此必须纯化。常用的纯化方法是半透膜渗析法。

在胶体分散体系中，由于胶体本身的电离或胶粒对某些离子的选择性吸附，使胶粒的表面带有一定的电荷。在外电场作用下，胶粒向异性电极定向移动，这种胶粒向正极或负极移动的现象称为电泳。紧密层的外界面与本体溶液之间的电位差称为电动电势或 ζ 电位。电动电势的大小直接影响胶粒在电场中的移动速度。原则上，任何一种胶体的电动现象都可以用来测定电动电势，其中最方便的是用电泳现象中的宏观法来测定，也就是通过观察溶胶与另一种不含胶粒的导电液体之间的界面在电场中的移动速度来测定电动电势。电动电势 ζ 与胶粒的性质、介质成分及胶体的浓度有关。

在电泳仪两极间接上点位差 U(V) 后，在 t(s) 时间内溶胶界面移动的距离为 d (m)，即溶胶电泳速度 $v(m \cdot s^{-1})$ 为：

$$v=d/t \tag{4-31-1}$$

相距为 L(m) 的两极间电位梯度平均值 $H(V \cdot m^{-1})$ 为：

$$H=U/L \tag{4-31-2}$$

从实验求得胶粒电泳速度后，可按下式求 ζ(V) 电位：

$$\zeta=K\pi\eta v/\varepsilon H \tag{4-31-3}$$

式中，K 为与胶粒形状有关的常数（对于球形粒子 $K=5.4\times10^{10}\ V^2 \cdot s^2 \cdot kg^{-1} \cdot m^{-1}$；对于棒形粒子 $K=3.6\times10^{10}\ V^2 \cdot s^2 \cdot kg^{-1} \cdot m^{-1}$，本实验胶粒为棒形）；$\eta$ 为介质的黏度，$kg \cdot m^{-1} \cdot s^{-1}$；$\varepsilon$ 为介质的介电常数。

【仪器和药品】

直流稳压电源 1 台，小电容测量仪，电导率仪 1 台，电泳管 1 只，铂电极 2 支，$250cm^3$ 烧杯，1 只，$100cm^3$ 烧杯 1 只，500mL 量筒 1 支。

$FeCl_3$(10%)，$AgNO_3$(1%)，KCNS(1%)，稀盐酸溶液。

【实验内容】

1. 胶体溶液的制备

$Fe(OH)_3$溶胶的制备：在 250cm³ 烧杯中放入 95cm³ 蒸馏水，加热至沸，慢慢地滴入 5cm³ 10%$FeCl_3$，并不断搅拌，加完后继续沸腾 5min，得到红棕色的氢氧化铁溶胶。冷却待用。

2. 胶体溶液的纯化

将冷至约 50℃的 $Fe(OH)_3$溶胶倒入半透膜渗析袋内，用线拴住袋口，置于 500cm³ 量筒内，每 20min 换一次水，再取 10cm³ 检验其 Cl^- 及 Fe^{3+}（检验时分别用 $AgNO_3$溶液及 KCNS 溶液），直至不能检查出 Cl^- 和 Fe^{3+}为止。将纯化后的 $Fe(OH)_3$溶胶移入一清洁干燥的 200cm³ 旋塞烧瓶中待用。

检验方法：取两杯 10cm³ 左右的渗析袋外的溶液，分别加入 $AgNO_3$溶液和 KCNS 溶液 3～5 滴，若溶液分别呈现白色沉淀和暗红色，则表明溶液中仍有 Cl^- 和 Fe^{3+}。

3. 盐酸辅助液的制备

用电导率仪测定 $Fe(OH)_3$溶胶的电导率，然后配制与之电导率相同的盐酸溶液。方法是根据所给出的盐酸电导率-浓度关系，用内插法求算与该电导率对应的盐酸浓度，并在 100cm³ 容量瓶中配制该浓度的盐酸溶液。

4. 仪器的安装及电泳的测定

按照图 4-60 所示连接好装置，首先将干净的电泳管用盐酸辅助液冲洗几次，并固定在铁架台上，关闭活塞。通过漏斗往电泳管中加入渗析后的溶胶，然后小心打开活塞，使溶胶上升到活塞的上端口，立即关闭活塞。将 15cm³ 盐酸辅助液注入 U 形管，缓慢打开活塞，溶胶即缓缓流入 U 形管中，与盐酸辅助液之间形成一个清晰界面（活塞不要全部打开，一定要慢，否则得不到清晰的溶胶界面，需要重做），同时不断向漏斗中补充溶胶，待盐酸辅助液上升到能浸没 U 形管上端的两电极为止。关闭活塞，将电极接于精密稳压电源，打开电源迅速调节输出电压为 30V，记下界面所在刻度。等电泳进行 1h，记下界面向下移动的距离，同时记下电压的读数，并量出两铂电极途经 U 形管中心的距离（不是水平距离）。

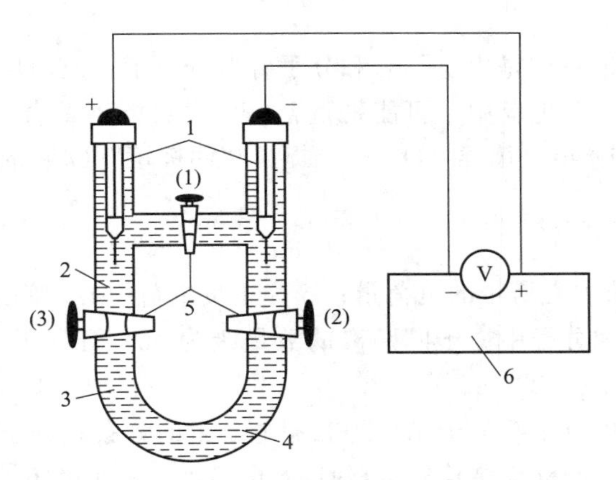

图 4-60　电泳仪器装置示意图

1—Pt 电极；2—HCl 溶液；3—溶胶；4—电泳管；5—活塞；6—可调直流稳压电源

实验结束后，拆除线路，清洗电泳管。

【数据记录与处理】

1. 数据记录

数据记录见表 4-44。

表 4-44 数据记录

电泳时间 t/s	外电场在两极间的电位差 U/V	两电极间距离 L/cm	溶胶液面移动距离 d/cm

2. 将数据代入式（4-31-2）和式（4-31-3）中计算 ζ 电位。

【思考题】

1. 试比较不同溶胶的制备方法有什么共同点和不同点？

2. 为什么要求辅助液与溶胶的电导率相同？这对计算电动电势有什么作用？

3. 注意观察，电泳时溶胶上升界面与下降界面的颜色，清晰程度及移动速度有什么不同。分析产生这些差别的可能原因。

实验 32 偶极矩的测定

【实验目的】

1. 掌握溶液法测定偶极矩的原理、方法和计算。

2. 熟悉小电容仪、折光仪和比重瓶的使用。

3. 测定正丁醇的偶极矩，了解偶极矩与分子电性质的关系。

【预习要求】

1. 本实验测定偶极矩时做了哪些近似处理？

2. 准确测定溶质的摩尔极化度和摩尔折射度时，为何要外推到无限稀释？

【实验原理】

1. 偶极矩的测定

分子结构可以近似地看成是由电子云和分子骨架（原子核及内层电子）构成的。由于分子空间构型的不同，其正负电荷中心可能是重合的，也可能不重合。前者称为非极性分子，后者称为极性分子。1912 年，德拜（Debye）提出“偶极矩”（μ）的概念来度量分子极性的大小，其定义是：

$$\mu = qd$$

式中，q 是正负电荷中心所带的电荷量；d 为正负电荷中心之间的距离；μ 是一个矢量，其方向规定从正到负。因分子中原子间距离的数量级为 10^{-10} m，电荷的数量级为 10^{-20} C，所以偶极矩的数量级为 10^{-30} C·m。

通过偶极矩的测定可以了解分子结构中有关电子云的分布和分子的对称性等情况，还可以判别几何异构体和分子的立体结构等。极性分子具有永久偶极矩，在没有外电场存在时，由于分子的热运动，偶极矩指向各个方向的机会相同，所以偶极矩的值等于 0。若将极性分子置于均匀的电场中，则偶极矩在电场的作用下会趋向电场方向排列。这时，我们称这些分子被极化了，这种极化的程度可用摩尔转向极化度 $P_{转向}$ 来衡量。$P_{转向}$ 与永久偶极矩的平方成正比，与热力学温度 T 成反比，其关系为：

$$P_{转向}=\frac{4}{3}\pi L\ \frac{\mu^2}{3kT}=\frac{4}{9}\pi L\ \frac{\mu^2}{kT} \tag{4-32-1}$$

式中，k 为玻耳兹曼常数；L 为阿伏加德罗常数。

在外电场作用下，不论极性分子还是非极性分子都会发生电子云对分子骨架的相对移动，分子骨架也会发生变形，这种现象称为诱导极化或变形极化，用摩尔诱导极化度 $P_{诱导}$ 来衡量。显然，$P_{转向}$ 可分为二项，即电子极化度 $P_{电子}$ 和原子极化度 $P_{原子}$，因此，

$$P_{诱导}=P_{电子}+P_{原子}$$

$P_{诱导}$ 与外电场强度成正比，而与温度无关。

如果外电场是交变电场，极性分子的极化情况则与交变电场的频率有关。当处于频率小于 $10^{10}\,s^{-1}$ 的低频电场或静电场中，极性分子所产生的摩尔极化度 P 是转向极化、电子极化和原子极化的总和：

$$P=P_{转向}+P_{电子}+P_{原子}$$

当频率增加到 $10^{12}\sim10^{14}\,s^{-1}$ 的中频（红外频率）时，电场的交变周期小于分子偶极矩的弛豫时间，极性分子的转向运动跟不上电场的变化，即极化分子来不及沿电场定向，故 $P_{转向}=0$。此时极性分子的摩尔极化度等于摩尔诱导极化度 $P_{诱导}$。当交变电场的频率进一步增大到大于 $10^{15}\,s^{-1}$ 的高频（可见光和紫外频率）时，极性分子的转向运动和分子骨架变形都跟不上电场的变化，此时极性分子的摩尔极化度等于电子极化度 $P_{电子}$。

因此，原则上只要在低频电场下测得极性分子的摩尔极化度 P，在红外频率下测得极性分子的摩尔诱导极化度 $P_{诱导}$，两者相减得到极性分子的摩尔转向极化度 $P_{转向}$，然后代入式（4-32-1）就可求出极性分子的永久偶极矩 μ 来。

2. 极化度的测定

克劳修斯、莫索蒂和德拜（Clausius-Mosotti-Debye）从电磁理论得到了摩尔极化度 P 与介电常数 ε 之间的关系式：

$$P=\frac{\varepsilon-1}{\varepsilon+2}\times\frac{M}{\rho} \tag{4-32-2}$$

式中，M 为被测物质的摩尔质量；ρ 是该物质的密度；ε 可以通过实验测定。但式（4-32-2）是假定分子与分子间无相互作用而推导出来的，所以它只适用于温度不太低的气相体系。然而，测定气相的介电常数和密度，在实验上难度较大，某些物质甚至根本无法使其处于稳定的气相状态。因此后来提出了一种溶液法来解决这一困难。所谓溶液法就是在无限稀释的非极性溶剂的溶液中，溶质分子所处的状态与气相时相近，于是无限稀释溶液中溶质的摩尔极化度 P_2^{∞} 就可以看作式（4-32-2）中的 P。

海德斯特兰（Hedestran）首先利用稀溶液的近似公式：

$$\varepsilon_{溶}=\varepsilon_1(1+\alpha x_2) \tag{4-32-3}$$

$$\rho_{溶}=\rho_1(1+\beta x_2) \tag{4-32-4}$$

再根据溶液的加和性，推导出无限稀释时溶质摩尔极化度的公式：

$$P=P_2^{\infty}=\lim_{x_2\to 0}P_2=\frac{3\alpha\varepsilon_1}{(\varepsilon_1+2)^2}\times\frac{M_1}{\rho_1}+\frac{\varepsilon_1-1}{\varepsilon_1+2}\times\frac{M_2-\beta M_1}{\rho_1} \tag{4-32-5}$$

式中，$\varepsilon_{溶}$、$\rho_{溶}$ 分别是溶液的介电常数和密度；M_2、x_2 是溶质的摩尔质量和摩尔分数；ε_1、ρ_1 和 M_1 分别是溶剂的介电常数、密度和摩尔质量；α、β 分别是与 $\varepsilon_{溶}$-x_2 和 $\rho_{溶}$-x_2 直

线斜率相关的常数。

已知在红外频率的电场下可以测得极性分子的摩尔诱导极化度。但在实验中由于条件的限制，很难做到这一点，所以，一般总是在高频电场下测定极性分子的电子极化度 $P_{电子}$。根据光的电磁理论，在同一频率的高频电场作用下，透明物质的介电常数 ε 和折射率 n 的关系为：$\varepsilon=n^2$。习惯上用摩尔折射度 R_2 表示高频区测得的极化度，因为此时 $P_{转向}=0$，$P_{原子}=0$，则：

$$R_2=P_{电子}=\frac{n^2-1}{n^2+2}\times\frac{M}{\rho}$$

在稀溶液情况下，也存在近似公式：

$$n_{溶}=n_1(1+\gamma x_2) \tag{4-32-6}$$

同样可以推得无限稀释时溶质的摩尔折射度的公式：

$$P_{电子}=R_2^{\infty}=\lim_{x_2\to 0}R_2=\frac{n_1^2-1}{n_1^2+2}\times\frac{M_2-\beta M_1}{\rho_1}+\frac{6n_1^2M_1\gamma}{(n_1^2+2)^2\rho_1} \tag{4-32-7}$$

式中，$n_{溶}$ 是溶液的折射率；n_1 是溶剂的折射率；γ 是与 $n_{溶}$-x_2 直线斜率有关的常数。

3. 偶极矩的测定

考虑到原子极化度通常只有电子极化度的 5%～10%，而且 $P_{转向}$ 又比 $P_{原子}$ 大得多，故常常忽略原子极化度。

$$P_{转向}=P_2^{\infty}-R_2^{\infty}=\frac{4}{9}\pi L\ \frac{\mu^2}{kT} \tag{4-32-8}$$

上式把物质分子的微观性质偶极矩和它的宏观性质介电常数、密度和折射率联系起来了，分子的永久偶极矩就可用下面简化式计算：

$$\mu=0.04274\times10^{-30}\sqrt{(P_2^{\infty}-R_2^{\infty})T}\,(\text{C·m}) \tag{4-32-9}$$

在某些情况下，若需要考虑 $P_{原子}$ 的影响时，只需对 R_2^{∞} 部分修正就行了。

上述测求极性分子偶极矩的方法称为溶液法。溶液法测得的溶质偶极矩与气相测得的真实值之间存在偏差，造成这种现象的原因是非极性溶剂与极性溶质分子相互作用——溶剂化作用的结果，这种偏差现象称为溶液法测量偶极矩的“溶剂效应”。罗斯（Ross）和萨克（Sack）等曾对溶剂效应开展了研究，并推导出校正公式。

此外，测定偶极矩的实验方法还有多种，如温度法、分子束法、分子光谱法以及利用微波谱的斯塔克法等。

本实验是将正丁醇溶于非极性的环己烷中形成稀溶液，然后在低频电场中测量溶液的介电常数和溶液的密度求得 P_2^{∞}；在可见光下测定溶液的 R_2^{∞}，然后由下式计算正丁醇的偶极矩。

$$P=P_2^{\infty}-R_2^{\infty}=\frac{4\pi L_A\mu^2}{9KT}$$

$$\mu=0.0128\sqrt{(P_2^{\infty}-R_2^{\infty})T}\,(\text{D})\approx0.04274\times10^{-30}\sqrt{(P_2^{\infty}-R_2^{\infty})T}\,(\text{C·m}) \tag{4-32-10}$$

4. 介电常数的测定

介电常数是通过测量电容计算而得到的。本实验采用小电容测量仪法测量电容。

若电容池两极间真空时和充满某物质时的电容分别为 C_0 和 C_x，则该物质的介电常数 ε 与电容的关系为：

$$\varepsilon=\frac{\varepsilon_x}{\varepsilon_0}=\frac{C_x}{C_0} \tag{4-32-11}$$

式中，ε_0 和 ε_x 分别为真空和该物质的电容率。

当将电容池插在小电容测量仪上测量电容时，实际测得的电容应是电容池两极间的电容和整个测试系统中的分布电容 C_d 并联构成。C_d 对同一台仪器而言是一个恒定值，称为仪器的本底值，需先求出仪器的 C_d，并在各次测量中予以扣除。因相同电容池中空气与真空的电容相差不大，故有：

$$C'_{空}=C_{空}+C_d\approx C'_0=C_0+C_d \tag{4-32-12}$$

对标准物和试样亦有：

$$C'_{标}=C_{标}+C_d=\varepsilon_{标}\ C_0+C_d \tag{4-32-13}$$

由式（4-32-11）和式（4-32-12）得：

$$C_d=\frac{\varepsilon_{标}\ C'_0-C'_{标}}{\varepsilon_{标}-1} \tag{4-32-14}$$

$$C'_x=C_x+C_d$$

因常见标准物的介电常数 $\varepsilon_{标}$ 已经精确测定，故只要测定同一电容池以空气、标准物分别作为介质时的电容 $C'_{空}$ 和 $C'_{标}$，即可得到 C_d 和 C_0，从而由被测溶液的电容 C'_x 得到其真实电容 C_x，并得到其介电常数 ε。

【仪器和药品】

精密电容测量仪 1 台，阿贝折光仪 1 台，超级恒温槽 1 台，电吹风 1 只，$10cm^3$ 比重瓶 1 只，$50cm^3$ 滴瓶 5 只，$5cm^3$ 移液管 1 支，滴管 5 只。

环己烷（A. R.）；正丁醇摩尔分数分别为 0.04、0.06、0.08、0.10 和 0.12 的五种正丁醇-环己烷溶液。

【实验内容】

1. 折射率测定

用导水软管连好恒温器与阿贝折光仪，在 (25±0.1)℃恒温条件下，测定环己烷和五份溶液的折射率。

2. 密度的测定

在 (25±0.1)℃恒温条件下，用比重瓶分别测定环己烷和五份溶液的密度。

3. 介电常数测定

(1) 将电容测量仪通电，预热 20min。

(2) 将电容仪与电容池连接线先接一根（只接电容仪，不接电容池），调节零电位器使数字表头指示为零。

(3) 将两根连接线都与电容池接好，此时数字表头所示值即为 $C'_{空}$ 值。

(4) 用 $2cm^3$ 移液管取 $2cm^3$ 环己烷加入到电容池中，盖好，数字表头上所示值即为 $C'_{标}$。

(5) 将环己烷倒入回收瓶中，将样品室吹干后再测 $C'_{空}$ 值，与前面所测的 $C'_{空}$ 值之差应小于 0.02pF，否则表明样品室有残液，应继续吹干，然后装入溶液，同样方法测定五份溶液的 C'_x。

【数据记录与处理】

1. 数据记录

将所测数据列表如表 4-45～表 4-47 所示。

表 4-45　正丁醇-环己烷溶液的折射率（不同摩尔分数）

溶液	环己烷	0.04	0.06	0.08	0.10	0.12
折射率						

表 4-46　正丁醇-环己烷溶液的密度（不同摩尔分数）

溶液	环己烷	0.04	0.06	0.08	0.10	0.12
密度/$g \cdot cm^{-3}$						

表 4-47　正丁醇-环己烷溶液的电容（不同摩尔分数）

溶液	$C'_{空}$	$C'_{标}$	C_d	$C_{空}$	$C_{环己烷}$	$C_{0.04}$	$C_{0.06}$	$C_{0.08}$	$C_{0.10}$	$C_{0.12}$
电容/pF										

注：环己烷的介电常数与温度 t 的关系式为：$\varepsilon_{标}=2.023-0.0016(t-20)$。

2. 根据 $C'_x=C_x+C_d$ 和 $\varepsilon=\dfrac{C_{溶}}{C_{空}}$计算 C_d、$C_{空}$和各溶液的 $C_{溶}$值，并据式（4-32-11）求各溶液的介电常数 $\varepsilon_{溶}$，作 $\varepsilon_{溶}$-x_2图，由直线斜率及式（4-32-3）求算 α 值；作 $\rho_{溶}$-x_2图，由直线斜率及式（4-32-4）求算 β 值；作 $n_{溶}$-x_2图，由直线斜率及式（4-32-6）求算 γ 值。计算 $C_{溶}$和 $\varepsilon_{溶}$。

3. 根据式（4-32-5）和式（4-32-7）分别计算 P_2^{∞} 和 R_2^{∞}。

4. 将 P_2^{∞} 和 R_2^{∞} 代入式（4-32-10）最后求算正丁醇的 μ。

【注意】

1. 环己烷易挥发，配制溶液时动作应迅速，以免影响浓度。

2. 本实验溶液中防止含有水分，所配制溶液的器具需干燥，溶液应透明不发生浑浊。

3. 测定电容时，应防止溶液的挥发及吸收空气中极性较大的水汽，影响测定值。每次测定前要用冷风将电容池吹干，并重测 $C'_{空}$。严禁用热风吹样品室。

4. 测 $C'_{溶}$时，操作应迅速，池盖要盖紧，装样品的滴瓶也要随时盖严。

5. 每次装入量严格相同，样品过多会腐蚀密封材料渗入恒温腔，实验无法正常进行。

6. 电容池各个部件的连接应注意绝缘，注意不要用力扭曲电容仪连接电容池的电缆线，以免损坏。

【思考题】

1. 测定偶极矩有什么用途？

2. 溶液法测偶极矩是否存在偏差？主要原因是什么？

3. 试分析实验中误差的主要来源，如何改进？

实验 33　磁化率的测定

【实验目的】

1. 掌握古埃法测定磁化率的原理和方法。

2. 测定一些配合物的磁化率。

3. 了解磁化率数据对推断未成对电子数和分子配键类型的作用。

【预习要求】

1. 认真阅读古埃磁天平使用说明。

2. 预习古埃法测定磁化率的原理和方法。

3. 本实验在测定 χ_M 时做了哪些近似处理?

【实验原理】

1. 磁化与磁化率

在外磁场作用下，物质会被磁化，这种现象可以用磁化强度 M 来描述，M 是矢量，它与磁场强度 H 成正比。

$$M=\chi H \tag{4-33-1}$$

式中，χ 为物质的体积磁化率。在化学上常用质量磁化率 χ_m 或摩尔磁化率 χ_M 来表示物质的磁性质。

$$\chi_m=\frac{\chi}{\rho} \tag{4-33-2}$$

$$\chi_M=M\chi_m=\frac{\chi M}{\rho} \tag{4-33-3}$$

式中，ρ、M 分别是物质的密度和摩尔质量。χ_m 和 χ_M 的单位分别为 $m^3 \cdot kg^{-1}$ 和 $m^3 \cdot mol^{-1}$。

2. 磁化率与分子磁矩

物质的磁性与组成物质的原子、离子或分子的微观结构有关，当原子、离子或分子的两个自旋状态电子数不相等，即有未成对电子时，物质就具有永久磁矩。由于热运动，永久磁矩指向各个方向的机会相同，所以该磁矩的统计值等于零。在外磁场作用下，具有永久磁矩的原子、离子或分子除了其永久磁矩会顺着外磁场的方向排列（其磁化方向与外磁场相同，磁化强度与外磁场强度成正比），表现为顺磁性外，还由于它内部的电子轨道运动有感应的磁矩，其方向与外磁场相反，表现为逆磁性，此类物质的摩尔磁化率 χ_M 是摩尔顺磁化率 $\chi_{顺}$ 和摩尔逆磁化率 $\chi_{反}$ 的和。

$$\chi_M=\chi_{顺}+\chi_{反} \tag{4-33-4}$$

对于顺磁性物质，$\chi_{顺} \gg |\chi_{反}|$，可作近似处理，$\chi_M=\chi_{顺}$。所以这类物质总表现出顺磁性，其 $\chi_M>0$。

顺磁化率与分子永久磁矩的关系服从居里定律

$$\chi_{顺}=\frac{L\mu_m^2\mu_0}{3kT}=\frac{C}{T} \tag{4-33-5}$$

式中，L 为 Avogadro 常数；k 为 Boltzmann 常数；T 为热力学温度；μ_m 为分子永久磁矩；C 为居里常数。由此可得

$$\chi_M=\frac{L\mu_m^2\mu_0}{3kT}+\chi_{反} \tag{4-33-6}$$

由于 $\chi_{反}$ 不随温度变化（或变化极小），所以只要用不同温度下的 χ_M 对 $1/T$ 作图，截距即为 $\chi_{反}$，由斜率可求 μ_m。由于 $\chi_{反}$ 比 $\chi_{顺}$ 小很多，所以在不很精确的测量中可忽略 $\chi_{反}$，做以下近似处理：

$$\chi_M=\chi_{顺}=\frac{L\mu_m^2\mu_0}{3kT} \tag{4-33-7}$$

顺磁性物质的 μ_m 与未成对电子数 n 的关系为：

$$\mu_m=\mu_B\sqrt{n(n+2)} \tag{4-33-8}$$

式中，μ_B 为玻尔磁子。

$$\mu_B=\frac{eh}{4\pi m_e}=9.274\times10^{-24}\text{J/T} \tag{4-33-9}$$

式中，h 为普朗克常数；m_e 为电子质量。因此，只要实验测得 χ_M，即可求出 μ_m，从而算出未成对电子数。这对于研究某些原子或离子的电子组态，以及判断配合物分子的配键类型是很有意义的。

3. 磁化率与分子结构

配合物分为电价配合物和共价配合物。电价配合物中心离子的电子结构不受配位体的影响，基本上保持自由离子的电子结构，靠静电引力与配位体结合，形成电价配键。在这类配合物中，含有较多的自旋平行电子，所以是高自旋配位化合物。共价配合物则以中心离子空的价电子轨道接受配位体的孤对电子，形成共价配键，这类配合物形成时，往往发生电子重排，自旋平行的电子相对减少，所以是低自旋配位化合物。

4. 古埃法测定磁化率

古埃法测定磁化率的装置见图 4-61。将装有样品的圆柱形玻璃管如图 4-61 所示方式悬挂在两磁极中间，使样品的底部处于两极中心，即磁场强度 H 最强的区域，样品的顶部则处于最上部，即磁场强度 H_0 几乎为零处。这样，样品管就处于不均匀的磁场中。

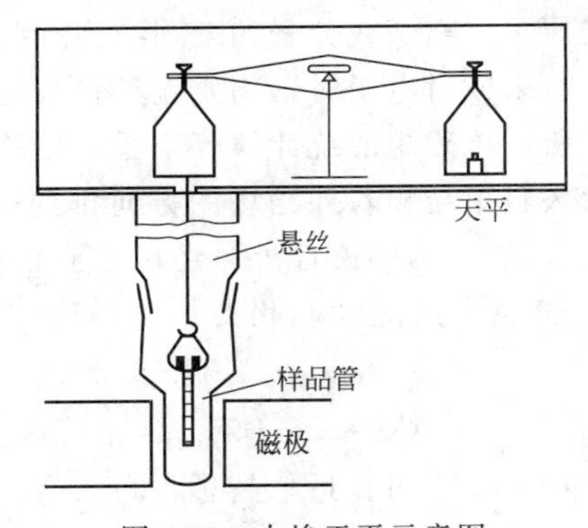

图 4-61 古埃天平示意图

设圆柱形样品管的截面积为 A，沿样品管长度方向上 $\mathrm{d}z$ 长度的体积 $A\mathrm{d}z$ 在非均匀磁场中所受到的作用力 $\mathrm{d}F$ 为：

$$\mathrm{d}F=\chi\mu_0AH\frac{\mathrm{d}H}{\mathrm{d}z}\mathrm{d}z \tag{4-33-10}$$

式中，χ 为体积磁化率；H 为磁场强度；$\mathrm{d}H/\mathrm{d}z$ 为磁场强度梯度，对式（4-33-10）进行积分可得：

$$F=\frac{1}{2}(\chi-\chi_0)\mu_0(H^2-H_0^2)A \tag{4-33-11}$$

式中，χ_0 为样品周围介质的体积磁化率（通常是空气，值很小）。如果 χ_0 可以忽略，且 $H_0=0$，整个样品受到的力可以写为：

$$F=\frac{1}{2}\chi\mu_0H^2A \tag{4-33-12}$$

在非均匀磁场中，顺磁性物质受力向下所以增重；而反磁性物质受力向上所以减重。设 Δm 为施加磁场前后的质量差，则：

$$F=\frac{1}{2}\chi\mu_0H^2A=g\Delta m \tag{4-33-13}$$

由于 $\chi_M=M\chi/\rho$，$\rho=m/hA$，代入式（4-33-12）得：

$$\chi_M=\frac{2(\Delta m_{空管+样品}-\Delta m_{空管})ghM}{\mu_0mH^2} \tag{4-33-14}$$

式中，$\Delta m_{空管+样品}$ 为样品管加样品后在施加磁场前后的质量差；$\Delta m_{空管}$ 为空样品管在施加磁场前后的质量差；g 为重力加速度；h 为样品高度；M 为样品的摩尔质量；m 为样品质量。

磁场强度 H 可用“特斯拉计”测量，或用已知磁化率的标准物质进行间接测量。例如用莫尔氏盐来标定磁场强度，它的质量磁化率 χ_m 与热力学温度 T 的关系为：

$$\chi_m=\frac{9500}{T+1}\times4\pi\times10^{-9}(m^3\cdot kg^{-1}) \tag{4-33-15}$$

【仪器和药品】

古埃磁天平（包括磁场，电光天平、励磁电源、特斯拉计）1 套，软质玻璃样品管 1 支。直尺 1 个，装样品工具（包括研钵、角匙、小漏斗、玻璃棒）1 套。

莫尔氏盐（六水合硫酸亚铁铵），$FeSO_4\cdot7H_2O$，$K_3Fe(CN)_6$，$K_4Fe(CN)_6\cdot3H_2O$（分析纯）。

【实验内容】

1. 磁极中心磁场强度的测定

（1）确定样品管放置位置及装样高度

① 利用配件确定两磁铁的中心距离为 20cm。

② 逆时针将磁天平上“电流调节旋钮”调节至不动，此时电流为 0，相应磁场强度也为 0。将特斯拉计的探头放入磁铁中心（探头为扁平状，放置时扁平面平行于磁铁），这时“磁场强度显示”栏会有正数值出现，按下“采零”键将“磁场强度显示”栏清零。如果刚开始“磁场强度显示”显示负值，请将特斯拉计的探头旋转 180°后再清零。

③ 调节“电流调节旋钮”至“磁场强度显示”栏为 300mT，上下移动特斯拉计的探头，找到磁场强度最强的地方（此时“磁场强度显示”栏显示最大值），此处即为样品管底部应放置的位置。

④ 沿样品管垂直移动探头，直至磁场强度为零，此处即样品应装入的高度。

⑤ 逆时针将磁天平上“电流调节旋钮”调节至不动，将电流降至为 0，取下探头。

（2）用莫尔氏盐标定磁场强度

将空样品管洗净、烘干后挂在磁天平上，样品管应与磁极中心线平齐，注意样品管不要与磁极接触。准确称取空管的质量 $m_{空管}(H=0)$。接通电源，调节“磁场强度显示”栏为 300mT，记录加磁场后空管的称量值 $m_{空管}(H=H)$。取下样品管，将研细的莫尔氏盐通过小漏斗装入样品管，并不断把样品管底部在木垫上轻轻碰击，使样品均匀填实，用直尺测出样品的高度 h。按前述方法称取 $m_{空管+样品}(H=0)$ 和 $m_{空管+样品}(H=H)$，测量完毕后将莫尔氏盐倒回试剂瓶中。

2. 测定未知样品的摩尔磁化率 χ_M

同法测定 $FeSO_4 \cdot 7H_2O$，$K_3Fe(CN)_6$，$K_4Fe(CN)_6 \cdot 3H_2O$ 的摩尔磁化率。

【数据记录与处理】

（1）数据记录

数据记录见表 4-48。

表 4-48 数据记录

样品	$m_{空管+样品}(H=0)$	$m_{空管+样品}(H=H)$	H	χ_M
空管			—	—
莫尔氏盐				
$FeSO_4 \cdot 7H_2O$				
$K_3Fe(CN)_6$				
$K_4Fe(CN)_6 \cdot 3H_2O$				

（2）据式（4-33-8）计算 $FeSO_4 \cdot 7H_2O$、$K_3Fe(CN)_6$、$K_4Fe(CN)_6 \cdot 3H_2O$ 的 χ_m、μ_m 和未成对电子数，讨论它们配合物中心离子最外层电子结构和配键类型。

（3）根据未成对电子数讨论 $FeSO_4 \cdot 7H_2O$ 和 $K_4Fe(CN)_6 \cdot 3H_2O$ 中 Fe^{2+} 的最外层电子结构以及由此构成的配键类型。

【思考题】

1. 试比较用特斯拉计和莫尔氏盐标定的相应励磁电流下的磁场强度的数值，并分析造成两者测定结果有差异的原因。

2. 不同励磁电流下测得的样品摩尔磁化率是否相同？如测量结果不同应如何解释？

【注意】

1. 所测样品应事先研细，放在装有浓硫酸的干燥器中干燥。

2. 空样品管需干燥洁净，装样时应使样品均匀填实。

3. 称量时，样品管应正好处于两磁极之间，其底部与磁极中心线齐平。悬挂样品管的悬线勿与任何物件相接触。

【讨论】

1. 有机化合物绝大多数分子都是由反平行自旋电子对形成的价键，因此，这些分子的总自旋磁矩也等于零，它们必然是反磁性的。巴斯卡（Pascol）分析了大量有机化合物的摩尔磁化率的数据，总结得到分子的摩尔反磁化率具有加和性。此结论可用于研究有机物分子的结构。

2. 从磁性测量中还能得到一系列其他资料。例如测定物质磁化率对温度和磁场强度的依赖性可以判断是顺磁性、反磁性或铁磁性的定性结果。对合金磁化率测定可以得到合金组成，也可研究生物体系中血液的成分等。

3. 磁化率的单位从 CGS 磁单位制改用国际单位 SI 制，必须注意换算关系。质量磁化率，摩尔磁化率的换算关系分别为

$$1m^3 \cdot kg^{-1}(\text{SI 单位}) = \frac{1}{4\pi} \times 10^3 cm^3 \cdot g^{-1}(\text{CGS 电磁制})$$

$$1m^3 \cdot mol^{-1}(\text{SI 单位}) = \frac{1}{4\pi} \times 10^6 cm^3 \cdot mol^{-1}(\text{CGS 电磁制})$$

磁场强度 H（A/m）与磁感应强度 B（特斯拉）之间的关系

$$\left(\frac{1000}{4\pi}\mathrm{A/m}\right)\times\mu_0=10^{-4}\,\mathrm{T}$$

4. 古埃磁天平

古埃磁天平是由全自动电光分析天平、悬线（尼龙丝或琴弦）、样品管、电磁铁、励磁电源、DTM-3A 特斯拉计、霍尔探头、照明系统等部件构成。磁天平的电磁铁由单桅水冷却型电磁铁构成，磁极直径为 40mm，磁极距为 10～40mm，电磁铁的最大磁场强度可达 0.6T。励磁电源是 220V 的交流电源，用整流器将交流电变为直流电，经滤波串联反馈输入电磁铁，如图 4-62 所示，励磁电流可从 0 调至 10A。

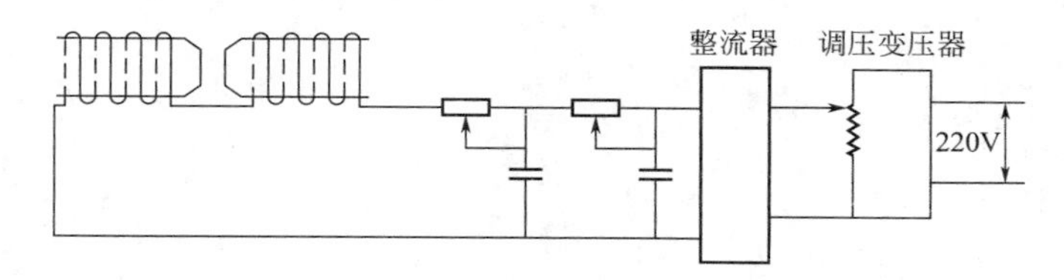

图 4-62　简易古埃磁天平电源线路示意图

磁场强度测量用 DTM-3A 特斯拉计。仪器传感器是霍尔探头，其结构如图 4-63 所示。

（1）测量原理

在一块半导体单晶薄片的纵向二端通电流 I_H，此时半导体中的电子沿着 I_H反方移动，见图 4-64，当放入垂直于半导体平面的磁场 H 中，则电子会受到磁场力 F_g的作用而发生偏转（洛伦兹力），使得薄片的一个横端上产生电子积累，造成两横端面之间有电场，即产生电场力 F_e阻止电子偏转作用，当 $F_g=F_e$时，电子的积累达到动态平衡，产生一个稳定的霍尔电势 V_H，这一现象称为霍尔效应。

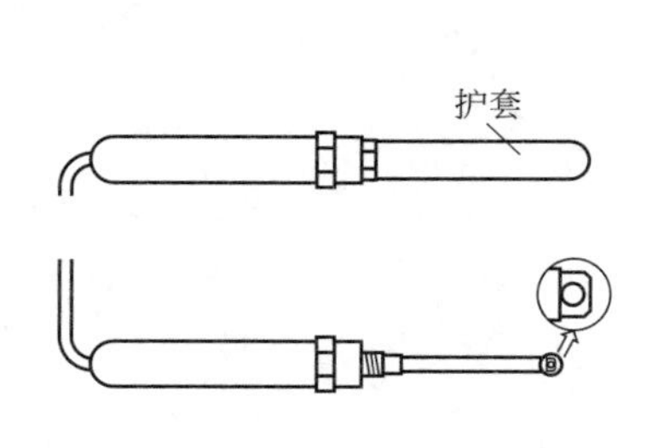

图 4-63　霍尔探头

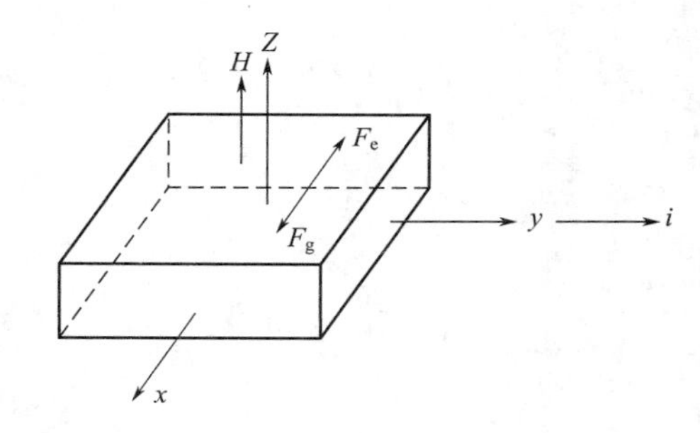

图 4-64　霍尔效应原理示意图

其关系式为：

$$V_H=K_H I_H B\cos\theta \tag{4-33-16}$$

式中，I_H为工作电流；B 为磁感应强度；K_H为元件灵敏度；V_H为霍尔电势；θ 为磁场方向和半导体面的垂线的夹角。

由式（4-33-15）可知，当半导体材料的几何尺寸固定时，I_H由稳流电源固定，则 V_H与被测磁场 H 成正比。当霍尔探头固定 $\theta=0°$时（即磁场方向与霍尔探头平面垂直时）输入最大，V_H的信号通过放大器放大，并配以双积分型单片数字电压表，经过放大倍数的校正，使数字显示直接指示出与 V_H相对应的磁感应强度。

（2）使用注意事项

① 霍尔探头是易损元件，必须防止变送器受压、挤扭、变曲和碰撞等，以免损坏元件。

② 使用前应检查霍尔探头铜管是否松动，如有松动应紧固后使用。

③ 霍尔探头不宜在局部强光照射下或高于60℃的温度时使用，也不宜在腐蚀性气体场合下使用。

④ 磁场极性判别　在测试过程中，特斯拉计数字显示若为负值，则探头的N极与S极位置放反，需纠正。

⑤ 霍尔探头平面与磁场方向要垂直放置。

⑥ 实验结束后应将霍尔探头套上保护金属套。

第5章 综合实验

实验34 水的净化与水质检验

【实验目的】

1. 了解自来水中常含有的主要杂质离子。

2. 学习水的净化原理和方法。

3. 学习测定溶液电导率的方法。

【预习要求】

1. 了解用离子交换法制纯水的原理和操作方法。

2. 思考下列问题。

(1) 自来水中主要有哪些无机盐杂质？在离子交换法制取纯水过程中是如何除去这些杂质的？

(2) 为什么可用水样的电导率来估计它的纯度？电导率数值越大，水样的纯度是否越高？

(3) 进行水样中离子定性检验时，试管为何应该用被检定的水样清洗？

【实验原理】

天然水或自来水中常含有一些无机离子，如 Mg^{2+}、Ca^{2+}、SO_4^{2-}、CO_3^{2-}、Cl^-，但工农业生产、科学研究以及日常生活对水质都有一定的要求，因此常常需要对自来水进行不同程度的净化。蒸馏法和离子交换法是目前广泛采用的净化水的两种方法，本实验是用离子交换法制取去离子水。

离子交换法就是利用离子交换树脂除去水中的杂质离子。离子交换树脂是有机高分子聚合物，它是由交换剂本体和交换基团两部分组成的。根据交换基团的性能分成阳离子交换树脂（强酸性和弱酸性）和阴离子交换树脂（强碱性和弱碱性）。例如聚苯乙烯磺酸型强酸性阳离子交换树脂，$—SO_3H$ 中的 H^+ 可以在溶液中解离（$—SO_3$ 不能解离），并与金属离子 M^+ 进行交换：

$$R—SO_3H + M^+ \rightleftharpoons R—SO_3M + H^+$$

又如，季铵强碱性阴离子交换树脂 $R_4N^+OH^-$，其中的 OH^- 在溶液中可以解离，并与阴离子进行交换：

$$2R_4N^+OH^- + \begin{cases} 2Cl^- \\ SO_4^{2-} \\ CO_3^{2-} \end{cases} \rightleftharpoons \begin{cases} 2R_4N^+Cl^- \\ (R_4N^+)_2SO_4^{2-} \\ (R_4N^+)_2CO_3^{2-} \end{cases} + 2OH^-$$

用离子交换法制纯水时，同时使用阳离子交换树脂和阴离子交换树脂，而交换下来的 OH^- 与 H^+ 发生中和反应，这样就得到了高纯水。经交换而失效的阴、阳离子交换树脂，可分别用稀 NaOH、稀 HCl 溶液再生。

纯水是弱电解质，导电能力极弱，当溶入杂质离子时常使其导电能力增大，可用电导率仪间接测水的纯度。根据水样的电导率大小，可估计水样可溶性杂质的总含量。

$AgNO_3$、$BaCl_2$ 溶液可分别用以检验水样中的 Cl^- 和 SO_4^{2-} 的存在。而铬黑 T、钙指示剂可分别用以检验 Mg^{2+}、Ca^{2+} 的存在。在 pH＝8～11 的溶液中，铬黑 T 能与 Mg^{2+} 作用而显红色；在 pH＞12 的溶液中，钙指示剂能与 Ca^{2+} 作用而显红色，在此 pH 值下，Mg^{2+} 的存在不干扰 Ca^{2+} 的检验，因为这时 Mg^{2+} 以 $Mg(OH)_2$ 沉淀析出。

【仪器和药品】

离子交换装置：联合床式离子交换柱一套（可用碱式滴定管、滴定管夹、铁架台、乳胶管、T 形玻璃管、螺丝夹、玻璃纤维等连接而成）。

电导率仪，电导电极（铂黑），烧杯，试管，放水瓶，滤纸碎片。

HNO_3（$1mol \cdot dm^{-3}$），氨水（$2mol \cdot dm^{-3}$），NaOH（$2mol \cdot dm^{-3}$），$AgNO_3$（$0.1mol \cdot dm^{-3}$），$BaCl_2$（$1mol \cdot dm^{-3}$），铬黑 T，钙指示剂，强碱性阴离子交换树脂，水样（自来水）。

【实验内容】

1. 离子交换法制去离子水（两人一组）

（1）仪器的安装。按照图 5-1 安装联合床式离子交换柱。在三支交换柱底部均放有一层支撑树脂的玻璃纤维。拧紧下端的螺丝夹，先加入数毫升去离子水，再分别加入阳离子交换树脂（Ⅰ），阴离子交换树脂（Ⅱ）及质量比为 1∶1 混合的阴、阳离子交换树脂，树脂层高度为 25 厘米左右。装柱时，应尽可能使树脂紧密，不留气泡，否则必须重装。然后将套有粗橡皮管的乳胶管另一端与下一支滴定管的上端连接。

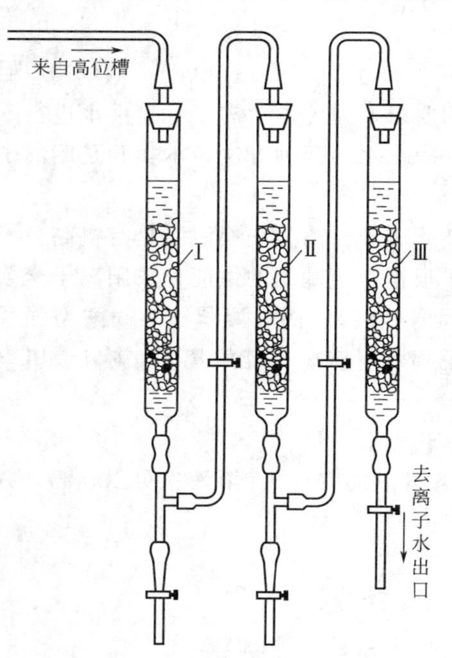

图 5-1　离子交换装置示意图
Ⅰ—阳离子交换柱；Ⅱ—阴离子交换柱；
Ⅲ—阴、阳离子混合交换柱

（2）离子交换。拧开高位槽螺丝夹及各交换柱间的螺丝夹，让自来水流入。控制水的流出速度在每分钟 60 滴左右（柱中液面的位置应始终略高于树脂）。开始流出的约 $30cm^3$ 水应弃去，然后重新控制流速为每分钟 25～30 滴。用烧杯接收流出液（称为去离子水）作水质检验。

2. 水质检验

（1）电导率的测定。见 3.5 电导率仪的使用。用小烧杯取 2/3 杯水样（取水时，必须先用被测水荡洗烧杯 2～3 次），用电导率仪测定其电导率，记录数据。实验结果记入表 5-1。

（2）Mg^{2+} 的检验。取四种水样各 $2cm^3$，分别放入 4 支试管中，各加入 2 滴 $2mol \cdot dm^{-3}$ 氨水和少量铬黑 T。观察试管中溶液的颜色是否为红色。

（3）Ca^{2+} 的检验。取四种水样各 $2cm^3$，分别放入 4 支试管中，各加入 8 滴 $2mol \cdot dm^{-3}$ 氨水，再加入少量钙指示剂。观察溶液颜色是否为红色。

（4）Cl^-的检验。取四种水样各2cm^3，分别放入4支试管，各加入1滴1mol·dm^{-3} HNO_3使之酸化，去除可能存在的CO_3^{2-}，然后加入1滴0.1mol·dm^{-3} $AgNO_3$。观察是否出现白色浑浊。再加入NH_3水，看是否澄清？

（5）SO_4^{2-}的检验。取上述水样各2cm^3，分别加入4滴1mol·dm^{-3} $BaCl_2$，并加HNO_3使之酸化，观察是否出现白色浑浊。

（6）详细记录上述实验现象，并写出实验报告。

表5-1　水质检验结果

水样	电导率	杂质离子检验							
		Mg^{2+}		Ca^{2+}		Cl^-		SO_4^{2-}	
		现象	结论	现象	结论	现象	结论	现象	结论
自来水									
去阳离子水									
去阴离子水									
纯水									

实验35　油井水泥中铁和铝含量的测定

【实验目的】

1. 掌握溶液的配制与标定的基本方法。
2. 掌握分析复杂物质组成的前期处理方法和常见复杂物质的组成分析方法。
3. 掌握水泥样品的溶解与分离方法。
4. 掌握水泥中铁和铝的含量的分析方法和原理。

【实验原理】

油井水泥是油田固井作业中使用的基础材料，主要化学成分的含量大致为：SiO_2 18%～24%；Fe_2O_3 2.0%～5.5%；Al_2O_3 4.0%～9.5%；CaO 60%～70%；MgO＜4.5%。水泥熟料是调和生料经1400℃以上的高温煅烧而成的。通过水泥中组分分析，可以检验水泥质量是否符合要求。

水泥熟料中碱性氧化物占60%以上，因此，宜采用酸分解。水泥熟料主要为硅酸三钙（$3CaO·SiO_2$）、硅酸二钙（$2CaO·SiO_2$）、铝酸三钙（$3CaO·Al_2O_3$）和铁铝酸四钙（$4CaO·Al_2O_3·Fe_2O_3$）等化合物的混合物。这些化合物与盐酸作用时，生成硅酸和可溶性的氯化物。

水泥熟料中碱性氧化物与盐酸作用时，生成硅酸和可溶性的氯化物。硅酸是一种很弱的无机酸，在水溶液中绝大部分以溶胶状态存在，其化学式以$SiO_2·nH_2O$表示。在用浓酸和加热蒸干等方法处理后，能使绝大部分硅胶脱水成水凝胶析出，因此，可利用沉淀分离的方法把硅酸与水泥中的铁、铝、钙、镁等其他组分分开。在水泥经酸分解后的溶液中，采用加热蒸发近干和加固体氯化铵两种措施，使水溶性胶状硅酸尽可能全部脱水析出。蒸干脱水是将溶液控制在100℃左右下进行。由于HCl的蒸发，硅酸中所含的水分大部分被带走，硅酸水溶胶即成为水凝胶析出。由于溶液中的Fe^{3+}、Al^{3+}等离子在温度超过110℃时易水解生成难溶性的碱式盐而混在硅酸凝胶中，这样将使SiO_2的结果偏高，而Fe_2O_3、Al_2O_3等的结果偏低，故加热蒸干宜采用水浴以严格控制温度。

加入固体氯化铵后由于氯化铵易离解生成$NH_3\cdot H_2O$和HCl，加热时它们易于挥发逸去，从而消耗了水，因此能促进硅酸水溶胶的脱水作用，反应式如下：

$$NH_4Cl+H_2O \longrightarrow NH_3\cdot H_2O+HCl$$

1. 铁的测定

水泥中的铁、铝、钙、镁等组分以Fe^{3+}、Al^{3+}、Ca^{2+}、Mg^{2+}形式存在于过滤SiO_2沉淀后的滤液中，它们都与EDTA形成稳定的配离子。但这些配离子的稳定性有显著的差别，但只要控制适当的酸度，就可用EDTA分别滴定。

控制酸度为pH＝2～2.5。溶液酸度控制不当对测定铁的结果影响很大。在pH＝1.5时，结果偏低；pH＞3时，Fe^{3+}开始形成红棕色氢氧化物，往往无滴定终点，共存的Ti^{3+}和Al^{3+}的影响也显著增加。滴定时以磺基水杨酸为指示剂，它与Fe^{3+}形成的配合物的颜色与溶液酸度有关，pH＝1.2～2.5时，配合物呈红紫色。由于Fe^{3+}-磺基水杨酸配合物不及Fe^{3+}-EDTA配合物稳定，所以临近终点时加入的EDTA便会夺取Fe^{3+}-磺基水杨酸配合物中的Fe^{3+}，使磺基水杨酸游离出来，因而溶液由红紫色变为微黄色，即为终点。磺基水杨酸在水溶液中是无色的，但由于Fe^{3+}-EDTA配合物是黄色的，所以终点时由红紫色变为黄色。

测定时溶液的温度以60～75℃为宜，当温度高于75℃，并有Al^{3+}存在时，Al^{3+}可能与EDTA配合，使Fe_2O_3的测定结果偏高、Al_2O_3的结果偏低。当温度低于50℃时，则反应速率缓慢，不易得出准确的终点（适用于Fe_2O_3含量不超过$30mg\cdot g^{-1}$）。计算公式如下：

$$w_{Fe_2O_3}=\frac{(cV)_{EDTA}M_{Fe_2O_3}}{2m_s}$$

2. 铝的测定

以PAN为指示剂的铜盐回滴法是普遍采用的一种测定铝的方法。因为Al^{3+}与EDTA的配合作用进行得较慢，所以一般先加入过量的EDTA溶液，并加热煮沸，使Al^{3+}与EDTA充分配合，然后用$CuSO_4$标准溶液回滴过量的EDTA。Al-EDTA配合物是无色的，PAN指示剂在pH为4.3的条件下是黄色的，所以滴定开始前溶液呈黄色。随着$CuSO_4$标准溶液的加入，Cu不断与过量的EDTA配合，由于Cu-EDTA是淡蓝色的，因此溶液逐渐由黄色变绿色。在过量的EDTA与Cu^{2+}完全配合后，继续加入$CuSO_4$，过量的Cu^{2+}即与PAN配合成深红色配合物，由于蓝色的Cu-EDTA的存在，所以终点呈紫色。滴定过程中的主要反应如下：

$$Al^{3+}+H_2Y^{2-} \longrightarrow AlY^{-}(\text{无色})+2H^{+}$$

$$H_2Y^{2-}+Cu^{2+} \longrightarrow CuY^{2-}(\text{蓝色})+2H^{+}$$

$$Cu^{2+}+PAN(\text{黄色}) \longrightarrow Cu\text{-}PAN(\text{深红色})$$

需要注意的是，溶液中存在三种有色物质，而它们的含量又在不断变化之中，因此溶液的颜色特别是终点时的变化就较复杂，决定于Cu-EDTA、PAN和Cu-PAN的相对含量和浓度。滴定终点是否敏锐的关键是蓝色的Cu-EDTA浓度的大小，终点时Cu-EDTA的量等于加入的过量的EDTA的量。一般来说，在$100cm^3$溶液中加入的EDTA标准溶液（浓度在$0.015mol\cdot dm^{-3}$附近的），以过量$10cm^3$左右为宜。

计算公式如下：

$$w_{Al_2O_3}=\frac{[(cV)_{EDTA}-(cV)_{CuSO_4}]M_{Al_2O_3}}{2m_s}$$

以上 Fe^{3+}、Al^{3+} 要求平行测定 2 次。求其平均值。

【仪器和药品】

容量瓶（250cm³），烧杯（50cm³、250cm³、500cm³），酸式滴定管，台秤，水浴锅，玻璃棒，漏斗，中速定性滤纸等。

浓盐酸，HCl（1∶1，3∶97）溶液，浓硝酸，氨水（1∶1），固体 NH_4Cl，NH_4SCN 溶液（10%），三乙醇胺（1＋1），0.015mol·dm⁻³ EDTA 标准溶液，0.015mol·dm⁻³ $CuSO_4$ 标准溶液，HAc-NaAc 缓冲溶液（pH＝4.3），$NH_3·H_2O-NH_4Cl$ 缓冲溶液（pH＝10），溴甲酚绿指示剂（0.05%），磺基水杨酸指示剂（10%），PAN 指示剂（0.2%）。

【实验内容】

1. $CuSO_4$ 标准溶液的配制与标定

配制：按浓度为 0.015mol·dm⁻³，配制 250cm³ 所需的 $CuSO_4·5H_2O$（摩尔质量约为 250g·mol⁻¹）的量称取 $CuSO_4·5H_2O$ 于烧杯中，用适量水溶解，定容于 250cm³ 容量瓶中。

标定：移取 25.00cm³ 已知准确浓度的 EDTA 标准溶液于 250cm³ 锥形瓶中，用水稀释至 100cm³ 左右，加入 10cm³ HAc-NaAc 缓冲溶液（pH＝4.3），以 PAN 为指示剂，用待测的硫酸铜溶液滴定。滴至溶液突变为红紫色为终点。近终点时加入 10cm³ 乙醇以利于终点的判断（平行三次实验）。

2. 试样的溶解与分离

准确称取试样 0.5g 左右，置于干燥的 50cm³ 烧杯（或 100～150cm³ 蒸发皿）中，加 2.0g 固体氯化铵，用平头玻璃棒混合均匀。盖上表面皿，沿杯口滴加 3cm³ 浓盐酸和 1 滴浓硝酸，仔细搅匀，使试样充分分解。将烧杯置于沸水浴上，杯上盖上表面皿，蒸发至近干（10～15min）取下，加 10cm³ 热的稀盐酸（3∶97），搅拌，使可溶性盐类溶解，以中速定量滤纸过滤，用热的稀盐酸（3∶97）洗玻璃棒及烧杯，并洗涤沉淀至洗涤液中不含 Fe^{3+} 为止。Fe^{3+} 可用 NH_4SCN 溶液检验，一般来说，洗涤 10 次即可达不含 Fe^{3+} 的要求。沉淀用于测定硅。滤液及洗涤液保存在 250cm³ 容量瓶中，并用水稀释至刻度，摇匀，供测定 Fe^{3+}、Al^{3+}、Mg^{2+}、Ca^{2+} 等用。

3. Fe^{3+} 的测定

准确吸取（试样溶解与分离中所得的）分离 SiO_2 后的滤液 50cm³，置于 500cm³ 烧杯中（操作方法见图 5-2），加 2 滴 0.05%溴甲酚绿指示剂。逐滴加氨水（1∶1），使之成绿色。然后再用 1∶1 的盐酸溶液调节溶液酸度至黄色后再过量 3 滴，此时溶液酸度 pH 约为 2。加热至 70℃，取下，加 6～8 滴 10%磺基水杨酸，以 0.015mol·dm⁻³ EDTA 标准溶液滴定。滴定开始时溶液呈红紫色，此时滴定速度宜稍快些。当溶液开始呈淡红紫色，滴定速度放慢，一定要每加一滴，摇摇，看看，然后再加一滴，最好同时进行加热，直至滴到溶液变为亮黄色，即为终点。滴得太快，EDTA 易多加，这样不仅会使 Fe^{3+} 的结果偏高，同时还会使 Al^{3+} 的结果偏低。

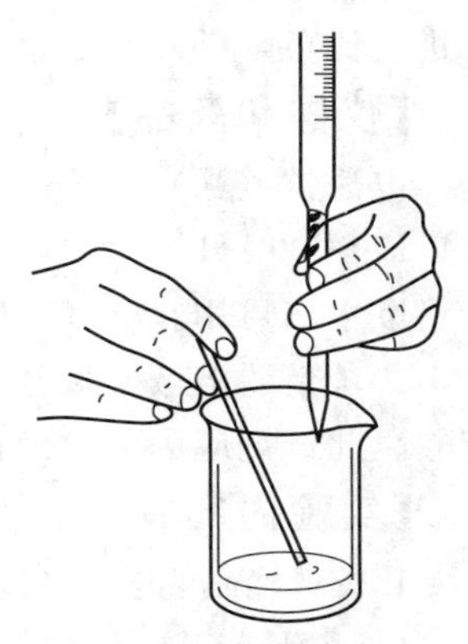

图 5-2　用烧杯滴定的操作示意图

4. Al^{3+}的测定

在滴定铁后的溶液中，加入 0.015mol·dm^{-3} EDTA 标准溶液约 20cm^3，记下数据，摇匀。然后再加入 15cm^3 pH 为 4.3 的 HAc-NaAc 缓冲溶液，煮沸 1～2min，取下，冷至 90℃左右，加入 4 滴 0.2%PAN 指示剂，以测定的 $CuSO_4$ 标准溶液滴定。开始溶液呈黄色，随着 $CuSO_4$ 的加入，颜色逐渐变绿并加深，直至再加入一滴突然变紫，即为终点。在变紫色之前，曾有由蓝绿色变灰绿色的过程，在灰绿色溶液中再加 1 滴 $CuSO_4$ 溶液，即变紫色。

【思考题】

1. 试样溶解中加入 1 滴浓硝酸的目的是什么？
2. 写出试样溶解中反应的化学方程式。
3. 实验中影响铁、铝含量测定准确性的主要因素有哪些？

实验 36　含铬废水中铬含量的测定和处理（铁氧体法）

【实验目的】

1. 了解铁氧体法处理含铬废水的基本原理和操作过程。
2. 掌握分光光度计的操作。

【实验原理】

铁氧体法处理含铬废水的基本原理是：在含铬废水中，加入过量的硫酸亚铁溶液，使其中的＋6 价铬和亚铁离子发生氧化还原反应，此时＋6 价铬被还原为＋3 价铬，而亚铁离子则被氧化为＋3 价铁离子。调节溶液的 pH 值，使 Cr^{3+}、Fe^{3+} 和 Fe^{2+} 转化为氢氧化物沉淀。然后加入 H_2O_2，使部分 Fe^{2+} 氧化为 Fe^{3+}，组成类似 $Fe_3O_4 \cdot xH_2O$ 的磁性氧化物。这种氧化物称为铁氧体，其组成也可写作 $Fe^{3+}[Fe^{2+}Fe^{3+}_{1-x}Cr_x]O_4$，其中部分＋3 价铁可被＋3 价铬代替，因此可使铬成为铁氧体的组分而沉淀出来。其反应

$$Fe^{2+} + Fe^{3+} + Cr^{3+} + OH^- \longrightarrow Fe^{3+}[Fe^{2+}Fe^{3+}_{1-x}Cr_x]O_4\text{(铁氧体)}$$

式中，x 在 0～1 之间。

含铬的铁氧体是一种磁性材料，可以应用在电子工业上。

处理废水中的 Cr^{6+} 可与二苯偕肼（二苯基碳酰二肼）作用产生红紫色，根据颜色的深浅进行比色，即可测定废水中的残留铬含量。

【仪器和药品】

电磁铁（40V，0.5～1A）或磁铁，分光光度计，50cm^3 容量瓶，25cm^3 移液管。

$FeSO_4 \cdot 7H_2O$ 晶体，NaOH（6mol·dm^{-3}），H_2SO_4（3mol·dm^{-3}），H_2O_2（3%），含铬废水（可用含 $K_2Cr_2O_7$ 145mg·dm^{-3}溶液代替）。

二苯偕肼溶液：取 0.1g 二苯偕肼，加入 50cm^3 95%乙醇，溶解后再加入 200cm^3 1∶9 硫酸。此试剂应为无色液体，易变质，应储存在冰箱中，如变色则不应使用（宜现配现用）。

【实验内容】

1. Cr^{6+}浓度与吸光度标准曲线的绘制

(1) 配制 Cr^{6+}储备液

先将分析纯的 $K_2Cr_2O_7$ 在 110～120℃的烘箱中干燥 2h，在干燥器中冷却后，准确称取

0.2828g，溶于去离子水中，移入 $1000cm^3$ 容量瓶中，稀释至刻度。配制成含 Cr^{6+} 为 $0.100mg \cdot dm^{-3}$ 的储备溶液。

（2）制备 Cr^{6+} 标准液

准确移取 $10cm^3$ 的 Cr^{6+} 储备液于 $100cm^3$ 容量瓶中，用去离子水稀释至刻度。配制成含 Cr^{6+} 为 $0.010mg \cdot dm^{-3}$ 的标准溶液。

（3）不同浓度标准液的配制

取 6 个 $50cm^3$ 容量瓶，分别加入上面的标准溶液 $0cm^3$、$1.0cm^3$、$2.0cm^3$、$3.0cm^3$、$4.0cm^3$、$5.0cm^3$，再分别加入 $2.5cm^3$ 二苯偕肼溶液和去离子水稀释至刻度，摇匀后静置 10min 后进行比色。如用 72 型分光光度计，可用 540nm 波长测定吸光度，如用 581 型光电比色计，用绿色滤光片测定吸光度。

（4）Cr^{6+} 浓度与吸光度标准曲线的绘制

将 Cr^{6+} 含量为横坐标，测得的吸光度为纵坐标，绘制标准曲线。

2. 含铬废水中铬含量的测定

（1）取 $200cm^3$ 含铬废水，将含铬量换算为 CrO_3，再按 $CrO_3 : FeSO_4 \cdot 7H_2O = 1 : 16$ 的质量比算出所需的 $FeSO_4 \cdot 7H_2O$ 晶体的质量。用天平称取所需 $FeSO_4 \cdot 7H_2O$ 晶体，加到含铬废水中，滴加 H_2SO_4（$3mol \cdot dm^{-3}$）并不断搅动，直至 pH≈2，溶液呈绿色时为止。

（2）用 $6mol \cdot dm^{-3}$ NaOH 调节溶液的 pH 值至 7～8。

（3）在酒精灯上加热至 70℃，加入 6～10 滴 3% 的 H_2O_2 搅拌后静置，使沉淀沉降。

（4）将部分上层清液用普通漏斗过滤，用移液管移取 $25cm^3$ 滤液于 $50cm^3$ 容量瓶中，加入 $2.5cm^3$ 二苯偕肼溶液，用去离子水稀释至刻度，摇匀后过 10min 进行比色。在分光光度计上用 540nm 波长，测定其吸光度。

（5）根据测得的吸光度，在标准曲线上查出相对应的 Cr^{6+} 的质量（mg），再用下面的公式算出每升试样中 Cr^{6+} 的含量。

$$\text{铬含量}(Cr^{6+}) = \frac{c \times 1000}{25} (mg \cdot dm^{-3})$$

式中，c 为在标准曲线上查得的 Cr^{6+} 含量；25 为所取试样的体积，cm^3。

3. 含铬废水中铬含量的测定和后续处理

用电磁铁或磁铁将沉淀吸出，放入指定的回收瓶中，弃去废水。

【思考题】

1. 什么叫铁氧体?

2. 在含铬废水中加入 $FeSO_4$ 后为什么要调节 pH 值至 pH≈2? 为什么又要加入 NaOH 调节 pH 值至 pH≈7～8? 然后为什么又要加入 H_2O_2? 在这些过程中，发生了什么反应?

3. 含铬废水处理后，怎样测定含铬水是否降低到了国家排放标准（Cr^{6+} 含量小于 $0.5mg \cdot dm^{-3}$）?

实验 37　分配系数的测定

【实验目的】

1. 测定苯甲酸在苯和水体系中的分配系数。

2. 了解物质在两相间的分配情况和分子的形态。

【预习要求】

1. 理解分配系数。

2. 熟悉实验操作过程和实验成功的关键操作。

3. 思考温度对分配系数的影响。

【实验原理】

在恒定的温度下，将一种溶质 A 溶在两种互不相溶的液体溶剂中，达到平衡时，此溶质在这两种溶剂中的分配有一定的规律性。如果溶质 A 在此两种溶剂中皆无缔合作用，A 在 1、2 两种溶剂中的浓度比（严格地说是活度比）将是一个常数，即

$$K=c_2/c_1 \tag{5-37-1}$$

此式所表达的规律称为分配定律。式中，c_1 为溶质 A 在溶剂 1 中的浓度；c_2 为溶质 A 在溶剂 2 中的浓度；K 为分配系数。

若使 K 保持为常数，除温度恒定外，尚需满足两个条件：①溶液的浓度很稀，c_1、c_2 都较小时可以用浓度代替活度；②溶质在两种溶剂中分子形态相同，即不发生缔合、解离、配合等现象。

如果溶质在溶剂 1 和 2 中的分子形态不同，分配系数的形式也要作相应的改变。例如溶质 A 在溶剂 1 发生缔合现象，即

$$\underset{(溶剂1中)}{A_n} \quad \rightleftharpoons \quad \underset{(溶剂2中)}{nA}$$

式中，n 是缔合度，表明缔合分子是由 n 个 A 组成的。则分配系数符合关系式

$$K=\frac{c_2^n}{c_1} \tag{5-37-2}$$

式中，c_1 是缔合分子 A_n 在溶剂 1 中的浓度。因此，可以计算出溶质在溶剂中的缔合情况。

上述例子也可看成 A_n 分子在溶剂 2 中解离，故也可用以研究溶质的解离性质。

在许多情况下，特别是无机离子在有机相和水相中分布时，情况较为复杂，其中不仅有缔合效应，而且金属离子和有机溶剂还可能发生配合作用。此外，溶质在两相中的分配还与有机溶剂的性质、溶质浓度、介质酸度、温度等因素有关。

【仪器和药品】

125cm^3 分液漏斗，25cm^3 移液管，2cm^3 移液管，锥形瓶，50cm^3 磨口锥形瓶。

苯甲酸，苯，NaOH，酚酞。

【实验步骤】

在 4 个编号为 1、2、3、4 的 125cm^3 分液漏斗中，各放入 40cm^3 蒸馏水，分别加入 0.3g，0.5g，1.0g，1.5g 苯甲酸。用移液管各加入 25cm^3 苯，将塞子盖好。经常摇动，使两相充分混合、接触。摇动时，切勿用手握分液漏斗的膨大部分，避免体系温度改变。因为分配比是温度的函数，温度改变分配比也随之改变。如此摇动半小时后，静置数分钟，使苯和水分层。

上面是苯层，下面是水层。将两层分开，苯层应放在带盖的瓶子里，以免苯的发挥。进行苯层及水层内苯甲酸浓度的测定。

1. 苯溶液的分析

用带刻度的移液管吸取 $2cm^3$ 上层溶液，加入 $25cm^3$ 蒸馏水，加热至沸。冷却后以酚酞为指示剂，用 $0.05mol \cdot dm^{-3}$ 的 NaOH 滴定。

2. 水溶液的分析

用移液管吸取 $5cm^3$ 水溶液，加入 $25cm^3$ 蒸馏水，用酚酞作指示剂，以 $0.05mol \cdot dm^{-3}$ 的 NaOH 滴定。

对 1 号、2 号、3 号、4 号分液漏斗中的每个水相和苯相所含的苯甲酸分别进行测定。

【数据记录与处理】

根据上面滴定结果，分别计算 4 种溶液的苯相和水相中苯甲酸的浓度（以 $mol \cdot dm^{-3}$ 表示），求 $c_{水}/c_{苯}$ 值，看是否是常数，并给予解释。再计算 $c_{水}^2/c_{苯}$ 及 $c_{水}/c_{苯}^2$，看哪一种是常数。由此我们将获得什么结论？

或者以 $\lg \frac{c_{苯}}{c^{\ominus}}$ 对 $\lg \frac{c_{水}}{c^{\ominus}}$ 作图，由斜率求出缔合的分子数 n，解释所得的结果。

【思考题】

1. 测定分配系数时是否要求恒温？实验中如何实现恒温？
2. 为什么摇动分液漏斗时，不要用手接触分液漏斗的盛液部分？
3. 为什么要准确加入苯甲酸？

第6章 设计与创新实验

实验38 缓蚀剂的电化学评价

【实验目的】

1. 了解缓蚀剂对金属的缓蚀机理。
2. 理解用电化学分析法对缓蚀剂进行评价。

【预习要求】

1. 复习塔菲尔曲线对金属腐蚀速率、缓蚀机理等的分析方法。
2. 阅读有关电化学工作站的使用说明。
3. 思考下列问题。

(1) 电极使用前为什么要进行打磨抛光处理?

(2) 三电极系统中各电极的作用分别是什么?

【实验原理】

碳钢在油田采出水中的腐蚀过程的本质是电化学反应，主要由腐蚀的阴极过程所控制。在强极化区，将阳极、阴极极化曲线的塔菲尔线性区外推得到的交点所对应的横坐标即为腐蚀电流密度的对数，以此得到腐蚀电流密度，再根据法拉第定律求得腐蚀速率，由未加和加有缓蚀剂的腐蚀电流密度计算缓蚀率；同时根据加缓蚀剂前后腐蚀电位和极化曲线形状的改变，确定缓蚀剂的作用类型。也可在线性极化区，通过电位与电流密度的线性关系，求得极化电阻，再由未加和加有缓蚀剂的极化电阻值计算缓蚀率。

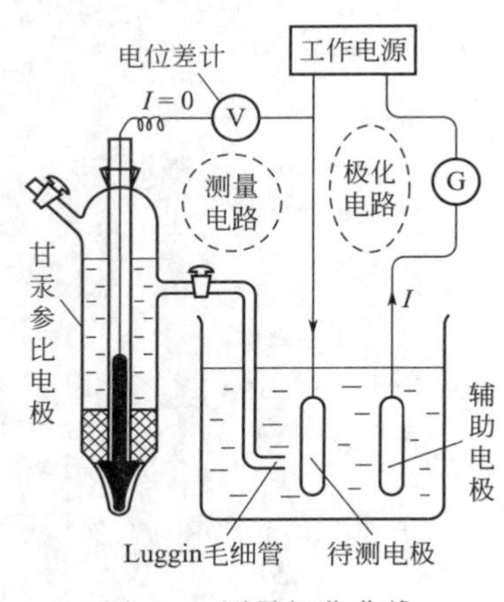

图6-1 测量极化曲线装置示意图

恒电位法或动电位极化法是目前最常使用的电化学分析技术。图6-1为它的工作原理示意图，其中包括恒电位仪、工作电极（WE)、参考电极（RE)、辅助电极（CE或AUX)。

工作电极推荐加工成直径 (10.0±0.2)mm、高(5.0±0.2)mm的圆柱体，焊上直径为1mm的铜导线，用丙酮擦去油污及残留焊药后，将其镶嵌于聚四氟乙烯绝缘块中，再用环氧树脂封住焊点端面。待固化后，依次用符合GB/T 2481.2—2009规定的200号、400号、600号、800号砂纸依次打磨，再用W7金相砂纸将工作面磨至镜面。用无水乙醇棉球擦拭样品表面，然后用无水乙醇冲洗，冷风吹干，测量面积后放人干燥器中备用。

参比电极是作为对工作电极施加电位时提供参考电位的电极，即对工作电极施加的电位是以参考电极的电位为“0V”时的电位。其种类有饱和甘汞电极、银/氯化银电极、铜/硫酸铜、标准氢电极等，而辅助电极则作为工作电极的对电极，发生与工作电极相对的氧化或还原半反应，形成回路供电流导通，其通常是钝态的材料，如铂金或石墨。整个实验过程中，输出的电流、电压大小由恒电位仪来控制，整个实验装置如图 6-2。

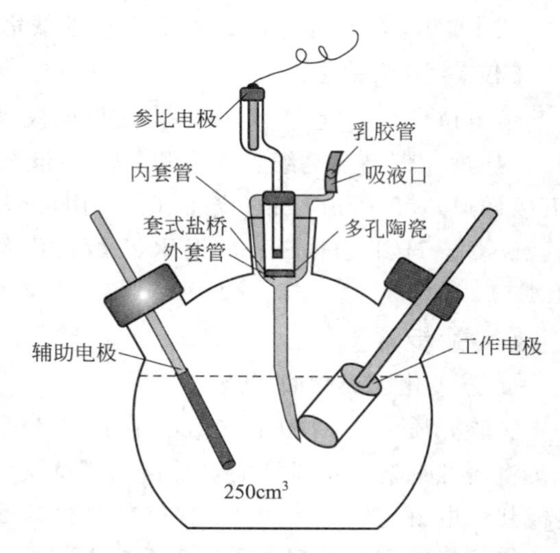

图 6-2　极化曲线测定电化学池示意图

由恒电位法或动电位极化法记录实验过程中，电位值或电流值之变化情形，可得一典型的极化曲线，如图 6-3 所示，图中曲线可分为阴极极化曲线与阳极极化曲线，阴极极化曲线代表整个实验过程中，氢气的还原：$2H^+ + 2e^- \longrightarrow H_2$，或者氧气的还原：$O_2 + 4H_2O + 4e^- \longrightarrow 4OH^-$；而阳极极化曲线为金属（试片）的氧化：$M \longrightarrow Mn^+ + ne^-$。

阴极极化曲线与阳极极化曲线的交点为金属的腐蚀电位（E_{corr}），即为金属开始发生腐蚀的电位；腐蚀电流的求得有两种方法：塔菲尔外插法；线性极化法，又称为极化电阻法。塔菲尔外插法在腐蚀电位±50mV 区域附近可得一线性区域，称为塔菲尔直线区，阴极与阳极极化曲线的塔菲尔直线区切线（β_a、β_c）外插交于横轴，即为腐蚀电流（I_{corr}），可代表腐蚀速率。

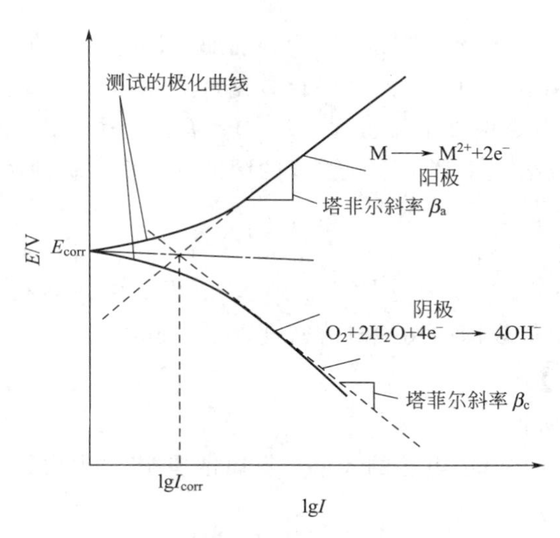

图 6-3　理想阴极和阳极极化曲线图

然而，大部分的情况并不是如此单纯，在腐蚀电位±50mV 的极化曲线区域，可能不是线性关系，所以可以使用第二种方法——线性极化法，在低电流时，电压与电流的对数有塔菲尔公式的线性关系，而在电流更低时，大约在腐蚀电位±10mV 的范围内，外加电压与电流密度也会呈线性关系，可由下列公式来表示，由此可求得腐蚀电流（I_{corr}）。

$$R_p = \frac{\Delta E}{\Delta I} = \frac{\beta_a \beta_c}{2.3 I_{corr}(\beta_a + \beta_c)}$$

式中，R_p 为极化电阻；β_a 为阳极曲线塔菲尔斜率；β_c 为阴极曲线塔菲尔斜率。

【仪器和药品】

恒电位仪（精度为0.1mV），辅助电极（石墨电极或Pt电极），参比电极（饱和甘汞电极），盐桥［带鲁金毛细管（饱和KCl溶液）］，恒温水浴（控温精度为±1℃），磁力搅拌器（五级调速），250cm^3 四口烧瓶（也可用可密封的其他玻璃容器代替）。

NaCl，HCl，H_2SO_4，无水乙醇，丙酮，纯氮气，油田用缓蚀剂（FMO、OP-10、SIM-1）。

【实验步骤】

1. 强极化区极化曲线测定

实验介质为3%NaCl、0.1mol·dm^{-3} HCl。实验过程中电解池用氮气保护。

将缓蚀剂溶液按设计质量浓度值用移液管加入电解池中，将工作电极、辅助电极和参比电极装入电解池中，按图6-2接好装置并调整其相对位置。打开恒电位仪电源开关，进行预热。将一定体积的试验介质加入上述电解池中，通氮气除氧30min，并将电解池置于已恒温的水浴中，同时用磁力搅拌器搅拌。

将功能选择置于动电位扫描法（塔菲尔曲线），进行扫描参数设置。扫描幅度为 E_o（开路电位）±150mV，扫描速度为0.1mV·s^{-1}，延迟时间为60s。待体系的自然腐蚀电位稳定后（5min内 E_o波动不超过±1mV），记下开路电位 E_o，按软件说明进行阴极扫描，即 E_o从－150mV扫描至＋150mV，然后保存数据并利用软件附带功能计算阴、阳极Tafel斜率以及腐蚀电位（E_{corr}）、腐蚀电流（I_{corr}）、腐蚀速率、极化电阻等值并做好数据记录。

2. 缓蚀剂评价

先在空白溶液中测量一条极化曲线，随后分别加入相同浓度的不同缓蚀剂试液，在相同的测试条件下重新进行动电位扫描，然后保存数据并利用软件附带功能计算阴、阳极Tafel斜率以及腐蚀电位（E_{corr}）、腐蚀电流密度（I_{corr}）、腐蚀速率、极化电阻等值并做好数据记录。最后通过缓蚀率计算公式来算出不同浓度的缓蚀剂效率。缓蚀率计算公式：

$$\eta=\frac{I_{corr}}{I'_{corr}}\times 100\%$$

式中，η 为缓蚀率，%；I_{corr}为空白溶液中电极表面的腐蚀电流密度，mA·cm^{-2}；I'_{corr}为添加缓蚀剂的溶液中电极表面的腐蚀电流密度，mA·cm^{-2}。

【数据记录与处理】

1. 准确记录实验数据。

2. 通过比较极化电阻和腐蚀电流的大小计算腐蚀速率，判断缓蚀剂的缓蚀性能。

【思考题】

1. 表6-1为碳钢在0.5mol·dm^{-3} H_2SO_4中的阴极极化数据，请画出极化曲线图并决定其极化电阻（R_p）。

表6-1 碳钢在0.5mol·dm^{-3} H_2SO_4 中的阴极极化数据

current density/μA·cm^{-2}	40	100	160	240	300
cathodic overvoltage/mV	1.0	2.5	4.1	6.3	9.0

2. 比较塔菲尔外插法与线性极化法的优缺点。

实验39　氟离子选择电极测定饮用水中的氟含量

【实验目的】

1. 了解离子选择电极的主要特性，掌握氟离子选择电极法测定的原理、方法及实验操作。

2. 了解总离子强度调节缓冲液的意义和作用。

3. 掌握用标准曲线法和标准加入法测定未知物浓度。

【预习要求】

1. 复习氟离子选择电极测试氟离子浓度的基本原理、方法相关概念。

2. 复习有关pH计的使用方法。

3. 思考下列问题。

(1) 什么是TISAB？本实验的TISAB包含哪些成分？它们分别起什么作用？

(2) 本实验为什么要使用聚乙烯烧杯？

(3) 怎样用逐级稀释法配制不同浓度的NaF溶液？

【实验原理】

氟离子选择电极（简称氟电极）是晶体膜电极，见示意图6-4。它的敏感膜是由难溶盐LaF_3单晶（定向掺杂EuF_2）薄片制成，电极管内装有$0.1mol\cdot dm^{-3}$ NaF和$0.1mol\cdot dm^{-3}$ NaCl组成的内充液，浸入一根Ag-AgCl内参比电极。测定时，氟电极、饱和甘汞电极（外参比电极）和含氟试液组成下列电池：

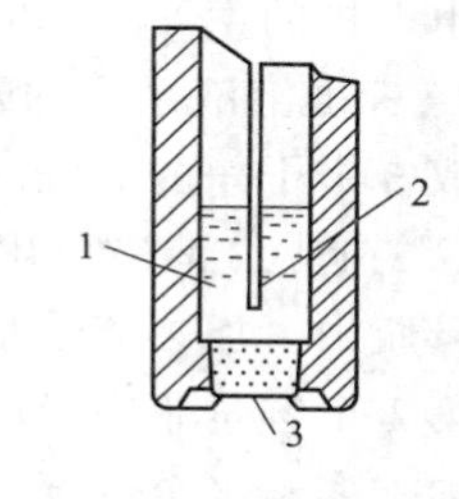

图6-4　氟离子电极示意图
1—$0.1mol\cdot dm^{-3}$ NaF，$0.1mol\cdot dm^{-3}$，NaCl内充液；
2—Ag-AgCl内参比电极；
3—掺EuF_2的LaF_3单晶

氟离子选择电极|F^-试液($c=x$)‖饱和甘汞电极

一般离子计上氟电极接（−），饱和甘汞电极（SCE）接（+），测得电池的电位差为：

$$E_{电池}=\varphi_{SCE}-\varphi_{膜}-\varphi_{Ag\text{-}AgCl}+\varphi_a+\varphi_j \qquad (6\text{-}39\text{-}1)$$

在一定的实验条件下（如溶液的离子强度、温度等），外参比电极电位φ_{SCE}、活度系数γ、内参比电极电位$\varphi_{Ag\text{-}AgCl}$、氟电极的不对称电位φ_a以及液接电位φ_j等都可以作为常数处理。而氟电极的膜电位$\varphi_{膜}$与F^-活度的关系符合Nernst公式，因此上述电池的电位差$E_{电池}$与试液中氟离子活度的对数呈线性关系，即

$$E_{电池}=k+\frac{2.303RT}{F}\lg a_{F^-} \qquad (6\text{-}39\text{-}2)$$

因此，可以用直接电位法测定F^-的浓度。

式中，k为常数；R为摩尔气体常数，$8.314J\cdot mol^{-1}\cdot K^{-1}$；$T$为热力学温度；$F$为法拉第常数，$96485C\cdot mol^{-1}$。

当有共存离子时，可用电位选择性系数$K_{i,j}^{pot}$来表征共存离子对响应离子的干扰程度：

$$E_{电池}=k+\frac{2.303RT}{zF}\log(a_i+K_{i,j}^{pot}a_j^{z/m}) \qquad (6\text{-}39\text{-}3)$$

本实验用标准工作曲线法、标准加入法测定水中氟离子的含量。测量的pH值范围为5.0～6.0，加入含有柠檬酸钠、硝酸钠（或氯化钠）及HAc-NaAc的总离子强度调节缓冲

溶液（total ionic strength adjustment buffer，TISAB）来控制酸度，并且可以保持一定的离子强度和消除干扰离子对测定的影响。

【仪器和药品】

pHS-3C型pH计或其他型号的离子计，电磁搅拌器，氟离子选择电极和饱和甘汞电极各一支，塑料烧杯若干，玻璃器皿一套。

TISAB溶液：称取氯化钠58.0g，柠檬酸钠10.0g，溶于800cm^3去离子水中，再加入冰醋酸57.0cm^3，用40%的NaOH溶液调节pH至5.0，然后加去离子水稀释至总体积为1dm^3。

0.100$mol \cdot dm^{-3}$ NaF标准贮备液：准确称取2.100g NaF（已在120℃烘干2h以上）放入500cm^3烧杯中，加入100cm^3 TISAB溶液和300cm^3去离子水，NaF完全溶解后转移至500cm^3容量瓶中，用去离子水稀释至刻度，摇匀，保存于聚乙烯塑料瓶中备用。

【实验步骤】

1. 氟离子选择电极的准备

按要求调好PHS-3C型pH计至mV挡，装上氟电极和参比电极（SCE）。将氟离子选择电极浸泡在$1.0 \times 10^{-1} mol \cdot dm^{-3}$ F^-溶液中，约30min，然后用新鲜制作的去离子水清洗数次，直至测得的电极电位值达到本底值（约−370mV）方可使用（各支电极的本底值不同，由电极的生产厂标明）。

2. 标准溶液系列的配制

取5个干净的50cm^3容量瓶，在第1个容量瓶中加入10.0cm^3 TISAB溶液，其余加入9.0cm^3 TISAB溶液。用5cm^3移液管吸取5.00cm^3 0.1$mol \cdot dm^{-3}$ NaF标准贮备液放入第1个容量瓶中，加去离子水至刻度，摇匀即为$1.0 \times 10^{-2} mol \cdot dm^{-3}$ F^-溶液。再用5cm^3移液管从第1个容量瓶中吸取5.0cm^3刚配好的$1.0 \times 10^{-2} mol \cdot dm^{-2}$ F^-溶液放入第2个容量瓶中，加去离子水至刻度，摇匀即为$1.0 \times 10^{-3} mol \cdot dm^{-3}$ F^-溶液。用相同方法配制出10^{-2}～$10^{-6} mol \cdot dm^{-3}$ F^-溶液。

3. 标准曲线的测绘

将上述步骤2所配好的一系列溶液分别取少量润洗对应的50cm^3干净塑料烧杯，然后将剩余的溶液全部倒入对应的烧杯中，放入搅拌子，插入氟离子选择电极和饱和甘汞电极，在电磁搅拌器上搅拌3～4min后读取mV值。测量的顺序是由稀至浓，这样在转换溶液时电极不必用水洗，仅用滤纸吸去附着在电极和搅拌子上的溶液即可。注意电极不要插得太深，以免搅拌子打破电极。

测量完毕后将电极用去离子水清洗，直至测得的电极电位值为−370mV左右待用。

4. 试样中氟离子含量的测定

用小烧杯准确称取约0.5g牙膏，加少量去离子水溶解，加入10cm^3 TISAB，煮沸2min，冷却并转移至50cm^3容量瓶中，用去离子水稀释至刻度，待用。

若用自来水，可直接在实验室取样。

（1）标准曲线法　准确移取自来水25cm^3于50cm^3容量瓶中，加入10.0cm^3 TISAB，用去离子水稀释至刻度，摇匀，然后全部倒入一烘干的塑料烧杯中，插入电极，在搅拌条件下，待电极稳定后读取电位值E_x（此溶液别倒掉，留作下步实验用）。

（2）标准加入法　测得实验（1）的电位E_x后，准确加入1.00cm^3 $1.00 \times 10^{-4} mol \cdot dm^{-3}$ F^-标准溶液，测得电位值E_1（若读得的电位值变化ΔE小于20mV，应使用1.00×

10^{-3} mol·dm^{-3} F^- 标准溶液，此时实验需重新开始）。

（3）空白实验　以去离子水代替试样，重复上述测定。

5. 选择性系数 $K_{i,j}^{pot}$ 的测定

（1）取一个洁净的 50cm^3 容量瓶，加入 10cm^3 TISAB 溶液，用 20cm^3 移液管移取 20cm^3 0. mol·dm^{-3} NaCl 至容量瓶内，然后再移取 0.2cm^3 0.1mol·dm^{-3} NaF 溶液至容量瓶内，用去离子水定容。

（2）按上述步骤 3，测其电位值。

（3）用式（6-39-2）计算出常数 k 后，即可利用公式（6-39-3）计算 F 离子电极对 F^- 的电位选择性系数 K_{F^-,Cl^-}^{pot}，此时[F^-]∶[Cl^-]=1∶100。显然 $K_{F^{-1},Cl^{-1}}^{pot}$ 越小越好。

【数据记录与处理】

1. 以测得的电位值 φ(mV) 为纵坐标，以 pF [或 lg$c$(F)]为横坐标，在（半对数）坐标纸上作出校准曲线，从标准曲线上求该氟离子选择电极的实际斜率和线性范围，并由 E_x 值求试样中 F^- 的浓度。

2. 根据标准加入法公式，求试样中 F^- 浓度：

$$c_x = \frac{\Delta c}{10^{\Delta E/s} - 1}$$

式中，$\Delta c = \frac{V_s c_s}{V_x}$；$\Delta E$ 为两次测得的电位值之差；s 为电极的实际斜率，可从标准曲线上求出。

【思考题】

1. 写出离子选择电极的电极电位的完整表达式。

2. 为什么要加入总离子强度调节剂？说明离子选择电极法中用 TISAB 溶液的意义。

3. 比较采用标准曲线法与标准加入法测得的 F^- 浓度有何不同，为什么？

实验 40　甲醇分解催化剂的研制与活性评价

【实验目的】

1. 测量甲醇分解反应中 ZnO 催化剂的催化活性，了解反应温度对催化活性的影响。

2. 熟悉动力学实验中流动法的特点；掌握流动法测定催化剂活性的实验方法。

【预习要求】

1. 了解甲醇分解催化剂的研究现状，复习催化剂相关知识。

2. 熟悉实验操作的步骤及注意事项。

【实验原理】

催化剂活性是其催化能力的量度，通常用单位质量或单位体积催化剂对反应物的转化百分率来表示。复相催化时，反应在催化剂表面进行，所以催化剂比表面积（单位质量催化剂所具有的表面积）的大小对活性起主要作用。评价测定催化剂活性的方法大致可分为静态法和流动法两种：静态法是指反应物不连续加入反应器，产物也不连续移去的实验方法；流动法则相反，反应物不断稳定地进入反应器发生催化反应，离开反应器后再分析其产物的组

成。使用流动法时，当流动的体系达到稳定状态后，反应物的浓度就不随时间而变化。流动法操作难度较大，计算也比静态法麻烦，保持体系达到稳定状态是其成功的关键，因此各种实验条件（如温度、压力、流量等）必须恒定，另外，应选择合理的流速，流速太大时反应物与催化剂接触时间不够，反应不完全，流速太小时气流的扩散影响显著，有时会引起副反应。

本实验采用流动法测量 ZnO 催化剂在不同温度下对甲醇分解反应的催化活性。近似认为该反应无副反应发生（即有单一的选择性），反应式为：

$$CH_3OH(气)\xrightarrow[\triangle]{ZnO\ 催化剂}CO(气)+2H_2(气)$$

反应在图 6-5 所示的实验装置中进行。氮气的流量由毛细管流速计监控，氮气流经预饱和器、饱和器，在饱和器温度下达到甲醇蒸气的吸收平衡。混合气进入管式炉中的反应管与催化剂接触而发生反应，流出反应器的混合物中有氮气、未分解的甲醇、产物一氧化碳及氢气。流出气前进时流经冰盐冷却剂，甲醇蒸气被冷凝截留在捕集器中，最后湿式气体流量计测得的是氮气、一氧化碳、氢气的流量。如反应管中无催化剂，则测得的是氮气的流量。根据这两个流量便可计算出反应产物一氧化碳及氢气的体积，据此，可获得催化剂的活性大小。

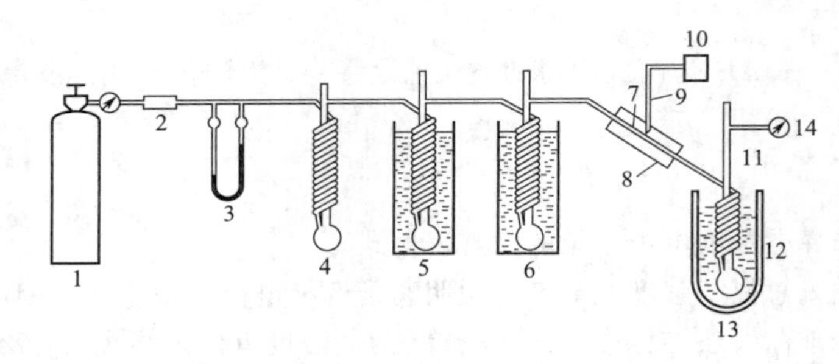

图 6-5 氧化锌活性测量装置

1—氮气钢瓶；2—稳流阀；3—毛细管流速计；4—缓冲瓶；5—预饱和器；6—饱和器；7—反应管；8—管式炉；9—热电偶；10—控温仪；11—捕集器；12—冰盐冷却剂；13—杜瓦瓶；14—湿式流量计

指定条件下催化剂的催化活性以每克催化剂使 100g 甲醇分解掉的质量表示。

$$催化活性=\frac{m'_{CH_3OH}}{m_{CH_3OH}}\times\frac{100}{m_{ZnO}}=\frac{n'_{CH_3OH}}{n_{CH_3OH}}\times\frac{100}{m_{ZnO}}\tag{6-40-1}$$

式中，n_{CH_3OH}和 n'_{CH_3OH}分别为进入反应管及分解掉的甲醇的摩尔数。

近似认为体系的压力为实验时的大气压，因此

$$p_{体系}=p_{大气压}=p_{CH_3OH}+p_{N_2}\tag{6-40-2}$$

式中，p_{CH_3OH}为 40℃时甲醇的饱和蒸气压；p_{N_2}为体系中 N_2的分压。根据道尔顿分压定律：

$$\frac{p_{N_2}}{p_{CH_3OH}}=\frac{x_{N_2}}{x_{CH_3OH}}=\frac{n_{N_2}}{n_{CH_3OH}}\tag{6-40-3}$$

可求得 30min 内进入反应管的甲醇摩尔数 n_{CH_3OH}。

式中，n_{N_2}为 30min 内进入反应管的 N_2的摩尔数。

由理想气体状态方程 $p_{大气压}V_{CH_3OH}=n'_{CH_3OH}RT$

可求得分解掉甲醇的摩尔数 n'_{CH_3OH}。

式中，$V_{CH_3OH}=\frac{1}{3}V_{CO+H_2}$；$T$ 为湿式流量计上指示的温度。

【仪器和药品】

实验装置（管式炉、控温仪、饱和器、湿式流量计、氮气钢瓶等）1套。

甲醇（A. R.），ZnO 催化剂（实验室自制）。

【实验内容】

1. 检查装置各部件是否接妥，调节预饱和器温度为（43.0±0.1）℃，饱和器温度为（40.0±0.1）℃，杜瓦瓶中放入冰盐水。

2. 将空反应管放入炉中，按第三章“高压钢瓶的使用”中的说明开启氮气钢瓶，通过稳流阀调节气体流量（观察湿式流量计）在（100±5）$cm^3 \cdot min^{-1}$ 内，记下毛细管流速计的压差。开启控温仪使炉子升温到350℃。在炉温恒定、毛细管流速计压差不变的情况下，每5min记录湿式流量计读数一次，连续记录30min。

3. 用粗天平称取4g催化剂，取少量玻璃棉置于反应管中，为使装填均匀，一边向管内装催化剂，一边轻轻转动管子，装完后再于上部覆盖少量玻璃棉以防松散，催化剂的位置应处于反应管的中部。

4. 将装有催化剂的反应管装入炉中，热电偶刚好处于催化剂的中部，控制毛细管流速计的压差与空管时完全相同，待其不变及炉温恒定后，每5min记录湿式流量计读数一次，连续记录30min。

5. 调节控温仪使炉温升至420℃，不换管，重复步骤4的测量。经教师检查数据后停止实验。

【注意事项】

1. 实验中应确保毛细管流速计的压差在有无催化剂时均相同。

2. 系统必须不漏气。

3. 实验前需检查湿式流量计的水平和水位，并预先运转数圈，使水与气体饱和后方可进行计量。

【数据记录与处理】

1. 以空管及装入催化剂后不同炉温时的流量对时间作图，得三条直线，并由三条直线分别求出30min内通入 N_2 的体积 V_{N_2} 和分解反应所增加的体积 V_{H_2+CO}。

2. 计算30min内进入反应管的甲醇质量 m_{CH_3OH}。

3. 计算30min内不同温度下，催化反应中分解掉甲醇的质量 m'_{CH_3OH}。

4. 计算不同温度下ZnO催化剂的活性。

【思考题】

1. 为什么氮气的流速要始终控制不变？

2. 冰盐冷却剂的作用是什么？是否盐加得越多越好？

3. 试讨论本实验评价催化剂的方法有什么优缺点。

4. 毛细管流速计与湿式流量计两者有何异同。

【讨论】

催化剂的活性随其制备方法的不同而不同。常用催化剂的制法有沉淀法、浸渍法、热分解法等。浸渍法是制备催化剂常用的方法，它是在多孔性载体上浸渍含有活性组分的盐溶液，再经干燥、焙烧、还原等步骤而成，活性物质被吸附于载体的微孔中，催化反应就在这些微孔中进行，使用载体可使催化剂的比表面积增大，机械强度增加，活性组分用量减少。载体对催化剂性能的影响很大，应按需要对载体的比表面积、孔结构、耐热性及形状等加以选择。Al_2O_3、SiO_2、活性炭等都可作为载体。

现用 ZnO 催化剂的制法是：将过 10～20 目筛的活性氧化铝浸泡在硝酸锌的饱和溶液中(氧化铝与纯硝酸锌的质量比为 1∶2.4)，24h 后烘干，将烘干物移至马弗炉中升温到有 NO_2 放出时停止加热，待硝酸锌分解完毕再升温至 600℃，灼烧 3h，自然冷却即可。

实验 41　H_2-O_2 燃料电池催化剂的研制与活性评价

【实验目的】

1. 学习和了解 H_2-O_2 燃料电池催化剂的研制现状。
2. 用沉淀法制备 $Cu_xFe_{3-x}O_4$，$Co_xFe_{3-x}O_4$ 等对 O_2 的还原具有较高活性的催化剂。
3. 以 H_2O_2 的催化分解反应评价所制备的催化剂的活性。

【预习要求】

1. 了解新能源、清洁能源的研究现状。
2. 了解尖晶石类复合过渡金属氧化物催化剂的结构、性质及制备方法。

【实验原理】

H_2-O_2 燃料电池可以用下式表示：

$$(-)Pt|H_2(g)|H^+||H_2O,OH^-|O_2(g)|Pt(+)$$

电池反应为：

H_2 电极（阳极）　$2H_2+4OH^- = 4H_2O+4e^-$

O_2 电极（阴极）　$O_2+2H_2O+4e^- = 4OH^-$

室温下 O_2 在一般电极材料上还原很慢，必须使用有效的催化剂加速这一反应，才能使燃料电池具有实用价值。铂黑和银黑有很高的催化活性，但价格太高，不适宜工业生产。实验研究发现具有尖晶石结构的 $Cu_xFe_{3-x}O_4$，$Co_xFe_{3-x}O_4$ 等对 O_2 的还原具有较高活性，而且用沉淀法制备这类催化剂并不难。

根据对 O_2 电极反应的机理研究得出，电极催化反应过程要生成中间产物 H_2O_2（碱性溶液中主要以 HO_2^- 形式存在），反应如下：

$$O_2+2H_2O+2e^- = H_2O_2+2OH^-$$

或

$$O_2+H_2O+2e^- = HO_2^-+OH^-$$

H_2O_2 继续分解：

$$H_2O_2 = 1/2O_2+H_2O$$

$$HO_2^- = 1/2O_2+OH^-$$

产生的 O_2 又循环继续发生反应，生成的 H_2O_2 分解缓慢，是整个燃料电池反应的控速步骤。按上述机理，可根据催化剂在 KOH 溶液中分解 H_2O_2 的能力来考察其对 O_2 电极的还原活性。

在碱性溶液中，H_2O_2的分解属于一级反应，其速率方程为：

$$-\mathrm{d}c_t/\mathrm{d}t=kc_t \tag{6-41-1}$$

积分得：

$$\ln(c_t/c_0)=-kt \tag{6-41-2}$$

式中，c_t为t时刻H_2O_2的浓度；c_0为H_2O_2的初始浓度；k为反应速率常数。

令V_∞表示H_2O_2全部分解放出O_2的体积；V_t表示H_2O_2经时间t后分解放出的体积，则可得：

$$\ln[(V_\infty-V_t)/V_\infty]=-kt \tag{6-41-3}$$

速率常数k与温度t一般符合阿累尼乌斯公式：

$$\ln k=-\frac{E_a}{R}\frac{1}{T}+B \tag{6-41-4}$$

其定积分形式表示为：

$$\ln\frac{k_2}{k_1}=\frac{E_a}{R}\left(\frac{T_2-T_1}{T_2T_1}\right) \tag{6-41-5}$$

式中，E_a为反应的表观活化能。可以比较不同催化剂表观活化能的大小来评价催化剂的活性。

【仪器和药品】

锥形反应瓶，量气装置，电子秒表，移液管，滴定管，水准瓶等。

3% H_2O_2溶液，1mol·dm^{-3}KOH溶液，0.1mol·dm^{-3} $KMnO_4$标准溶液，3mol·dm^{-3} H_2SO_4溶液，$CuSO_4\cdot5H_2O$，$FeCl_3\cdot6H_2O$，$CoCl_2\cdot6H_2O$，5mol·dm^{-3} NaOH溶液等。

【实验内容】

1. 催化剂的制备

反应如下：

$$CuSO_4+FeCl_3+NaOH\longrightarrow Cu_xFe_{3-x}(OH)_4+NaCl+Na_2SO_4$$

$$O_2+Cu_xFe_{3-x}(OH)_4\longrightarrow Cu_xFe_{3-x}O_4+2H_2O$$

$$CoCl_2+FeCl_3+NaOH\longrightarrow Co_xFe_{3-x}(OH)_4+NaCl$$

$$O_2+Co_xFe_{3-x}(OH)_4\longrightarrow Co_xFe_{3-x}O_4+2H_2O$$

称取一定量的$CuSO_4\cdot5H_2O$（或$CoCl_2\cdot6H_2O$）于50cm^{3}大烧杯中，加20cm^{3}水溶解；同样按照一定摩尔比Cu∶Fe为（1∶3）、（2∶3）、（3∶3）称取一定量的$FeCl_3\cdot6H_2O$于另一烧杯中，加20cm^{3}水溶解。将$FeCl_3$溶液加入250cm^{3}烧杯内，在搅拌下缓慢加入$CuSO_4$溶液，最后体积约为60cm^3；在剧烈搅拌下缓慢加入5mol·dm^{-3} NaOH溶液，直到pH≈12.5。在60℃水浴中保温30min并在室温下静置沉降，用蒸馏水洗涤沉淀，直到接近中性为止。将沉淀抽滤，在85～100℃干燥过夜，研磨成粉状。按上述方法分别制备Cu(Co)、Fe摩尔比（1∶3）、（2∶3）、（3∶3）的六种催化剂，以备后用。

2. 催化剂的活性评价

在反应器中加入10cm^3 1mol·dm^{-3} KOH溶液和5cm^3 3%的H_2O_2溶液及20cm^3 H_2O；准确称取0.5g催化剂加入反应器托盘中，塞好瓶塞，并检查是否漏气；调节水准瓶使量气筒初始液面在零刻度。关闭旋塞，摇动锥形瓶使催化剂与溶液混合，同时开始计时，开动电磁搅拌器，并记录每产生1cm^3 O_2所经历的时间。取下锥形瓶洗净，换另一催化剂重复同样操作，共测定以上7种催化剂（包括MnO_2）。取5cm^3 3%的H_2O_2溶液于锥形瓶中，加入5cm^3 3mol·dm^{-3}的H_2SO_4溶液及20cm^3 H_2O，用0.1000mol·dm^{-3} $KMnO_4$标准溶液滴定，并计算 H_2O_2 初始浓度，以确定 V_∞。在酸性溶液中 H_2O_2 与 $KMnO_4$ 按下式反应

$$5H_2O_2+2KMnO_4+3H_2SO_4 = 2MnSO_4+K_2SO_4+8H_2O+SO_2$$

V_∞ 可用下式计算 $$V_\infty=\frac{c_0V(H_2O_2)}{2}\cdot\frac{RT}{p-p_{H_2O}}$$

式中，c_0 为 H_2O_2 的初始浓度；p 为大气压力；p_{H_2O} 为室温下水的饱和蒸气压。

【数据记录与处理】

1. 温度：__________℃ 压力：__________kPa

2. V_∞ 的测定

数据记录于表 6-2。

表 6-2 数据记录

c_{KMnO_4} /mol·dm^{-3}	V_{KMnO_4} /cm^3	$V_{H_2O_2}$ /cm^3

计算可得：初始浓度：$c_0(H_2O_2)$

完全反应 H_2O_2 体积：$V_\infty=$

3. V_t 的测定

当 Cu∶Fe=1∶3 时数据记录于表 6-3。

表 6-3 数据记录

时间 t/min								
V_t/cm^3								

利用同样的方法记录 Cu∶Fe=2∶3；Cu∶Fe=3∶3；Co∶Fe=1∶3；Co∶Fe=2∶3；Co∶Fe=3∶3；MnO_2 的数据，并作图确定各组催化剂的 k 值，并填入表 6-4。

表 6-4 数据记录

催化剂	Cu∶Fe=1∶3	Cu∶Fe=2∶3	Cu∶Fe=3∶3	Co∶Fe=1∶3	Co∶Fe=2∶3	Co∶Fe=3∶3	MnO_2
k/s^{-1}							

【思考题】

1. Cu-Fe 系催化剂是否可加入其他元素（例如稀土元素）？并探索是否提高了催化效能？

2. 氢氧燃料电池的制备方式是否可以改一种制造方式，比如说内部的气体氧化和还原的方法与机理等。

3. 是否可以考虑用其他氧化剂代替 O_2 而生产出 H_2-X 燃料电池。

4. 本实验的反应速率常数与催化剂种类，用量有无关系？

5. 如何检查漏气？

附　录

附录 1　国际相对原子质量表

（以^{12}C=12 为基准）

原子序数	名　称	符号	相对原子质量	原子序数	名　称	符号	相对原子质量
1	氢 Hydrogen	H	1.008	44	钌 Ruthenium	Ru	101.1
2	氦 Helium	He	4.003	45	铑 Rhodium	Rh	102.9
3	锂 Lithium	Li	6.914	46	钯 Palladium	Pd	106.4
4	铍 Beryllium	Be	9.012	47	银 Silver	Ag	107.9
5	硼 Boron	B	10.81	48	镉 Cadmium	Cd	112.4
6	碳 Carbon	C	12.01	49	铟 Indium	In	114.8
7	氮 Nitrogen	N	14.01	50	锡 Tin	Sn	118.7
8	氧 Oxygen	O	16.00	51	锑 Antimony	Sb	121.8
9	氟 Fluorine	F	19.00	52	碲 Tellurium	Te	127.6
10	氖 Neon	Ne	20.18	53	碘 Iodine	I	126.9
11	钠 Sodium	Na	22.99	54	氙 Xenon	Xe	131.3
12	镁 Magnesium	Mg	24.31	55	铯 Cesium	Cs	132.9
13	铝 Aluminium	Al	26.98	56	钡 Barium	Ba	137.3
14	硅 Silicon	Si	28.09	57	镧 Lanthanum	La	138.9
15	磷 Phosphorus	P	30.97	58	铈 Cerium	Ce	140.1
16	硫 Sulfur	S	32.07	59	镨 Praseodymium	Pr	140.9
17	氯 Chlorine	Cl	35.45	60	钕 Neodymium	Nd	144.2
18	氩 Argon	Ar	39.95	61	钷 Promethium	^{145}Pm	144.9
19	钾 Potassium	K	39.10	62	钐 Samarium	Sm	150.4
20	钙 Calcium	Ca	40.08	63	铕 Europium	Eu	152.0
21	钪 Scandium	Sc	44.96	64	钆 Gadolinium	Gd	157.3
22	钛 Titanium	Ti	47.88	65	铽 Terbium	Tb	158.9
23	钒 Vanadium	V	50.94	66	镝 Dysprosium	Dy	162.5
24	铬 Chromium	Cr	52.00	67	钬 Holmium	Ho	164.9
25	锰 Manganese	Mn	54.94	68	铒 Erbium	Er	167.3
26	铁 Iron	Fe	55.85	69	铥 Thulium	Tm	168.9
27	钴 Cobalt	Co	58.69	70	镱 Ytterbium	Yb	173.0
28	镍 Nickel	Ni	58.96	71	镥 Lutetium	Lu	175.0
29	铜 Copper	Cu	63.55	72	铪 Hafnium	Hf	178.5
30	锌 Zinc	Zn	65.39	73	钽 Tantalum	Ta	180.9
31	镓 Gallium	Ga	69.72	74	钨 Wolfram(Tungsten)	W	183.3
32	锗 Germanium	Ge	72.61	75	铼 Rhenium	Re	186.2
33	砷 Arsenic	As	74.92	76	锇 Osmium	Os	190.2
34	硒 Selenium	Se	78.96	77	铱 Iridium	Ir	192.2
35	溴 Bromine	Br	79.90	78	铂 Platinum	Pt	195.1
36	氪 Krypton	Kr	83.80	79	金 Gold	Au	197.0
37	铷 Rubidium	Rb	85.47	80	汞 Mercury	Hg	200.6
38	锶 Strontium	Sr	87.62	81	铊 Thallium	Tl	204.4
39	钇 Yttrium	Y	88.91	82	铅 Lead	Pb	207.2
40	锆 Zirconium	Zr	91.22	83	铋 Bismuth	Bi	209.0
41	铌 Niobium	Nb	92.91	84	钋 Polonium	^{210}Po	210.0
42	钼 Molybdenum	Mo	95.94	85	砹 Astatine	^{210}At	210.0
43	锝 Technetium	^{99}Tc	98.91	86	氡 Radon	^{222}Rn	222.0

续表

原子序数	名 称	符号	相对原子质量	原子序数	名 称	符号	相对原子质量
87	钫 Francium	^{223}Fr	223.0	99	锿 Einsteinium	^{252}Es	252.1
88	镭 Radium	^{226}Ra	226.0	100	镄 Fermium	^{257}Fm	257.1
89	锕 Actinium	^{227}Ac	227.0	101	钔 Mendelevium	^{256}Md	256.1
90	钍 Thorium	Th	232.0	102	锘 Nobelium	^{259}No	259.1
91	镤 Protactinium	^{231}Pa	231.0	103	铹 Lawrencium	^{260}Lr	260.1
92	铀 Uranium	U	238.0	104	铲 Rutherfordium	Rf	261
93	镎 Neptunium	^{237}Np	237.0	105	钳 Dubnium	Db	262
94	钚 Plutonium	^{239}Pu	239.0	106	镥 Seaboigium	Sg	263
95	镅 Americium	^{243}Am	243.1	107	铍 Bohrium	Bh	264
96	锔 Curium	^{247}Cm	247.1	108	镙 Hassium	Hs	269
97	锫 Berkelium	^{247}Bk	247.1	109	铵 Meitnerium	Mt	268
98	锎 Californium	^{251}Cf	252.1				

附录 2 部分物理化学常用数据

1. 物理化学常数

常数名称	符号	数值	单位(SI)
真空光速	c	2.99792458	$10^8 m \cdot s^{-1}$
基本电荷	e	1.6021892	$10^{-19} C$
阿伏伽德罗常数	N_A	6.022045	$10^{23} mol^{-1}$
原子质量单位	u	1.6605655	$10^{-27} kg$
电子静质量	m_c	9.109534	$10^{-31} kg$
质子静质量	m_p	1.6726485	$10^{-19} kg$
法拉第常数	F	9.648456	$10^4 C \cdot mol^{-1}$
普朗克常数	h	6.626176	$10^{-34} J \cdot s$
电子质荷比	e/m	1.7588047	$10^{11} C \cdot kg^{-1}$
里德堡常数	R	1.097373177	$10^7 m^{-1}$
玻尔磁子	μ_B	9.274078	$10^{-24} J \cdot T^{-1}$
气体常数	R	8.31441	$J \cdot K^{-1} \cdot mol^{-1}$
玻尔兹曼常数	k	1.380662	$10^{-23} J \cdot K^{-1}$
万有引力常数	G	6.6720	$10^{-11} N \cdot m^2 \cdot kg^{-2}$
重力加速度	g	9.80665	$m \cdot s^{-2}$

2. 能量单位换算表

尔格	焦耳	千克力·米	千瓦·时	千卡	升·大气压
1	10^{-7}	0.102×10^{-7}	27.78×10^{-15}	23.9×10^{-12}	9.869×10^{-10}
10^7	1	0.102	277.8×10^{-9}	23.9×10^{-5}	9.869×10^{-3}
9.807×10^7	9.807	1	2.724×10^{-6}	2.342×10^{-3}	9.679×10^{-2}
36×10^{12}	3.6×10^6	3.671×10^3	1	859.845	3.553×10^4
41.87×10^9	4186.8	426.935	1.163×10^{-3}	1	41.29
1.013×10^9	101.3	10.33	2.814×10^5	0.024218	1

注：1尔格＝1达因·厘米；1焦耳＝1牛·米＝1瓦·秒；1电子伏特＝1.602×10^{-19}焦

3. 常见低共熔混合物的组成及其低共熔温度

组分Ⅰ		组分Ⅱ		$t_{c,R}^{①}$/℃	低共熔混合物的组成（按质量分数，%）	
金属	$t_{c,m}^{②}$/℃	金属	$t_{c,m}$/℃			
Sn	232	Pb	327	183	Sn,63.0	Pb,37.0
Sn	232	Zn	420	198	Sn,91.0	Zn,9.0
Sn	232	Ag	961	221	Sn,96.5	Ag,3.5
Sn	232	Cu	1083	227	Sn,99.2	Cu,0.8
Sn	232	Bi	271	140	Sn,42.0	Bi,58.0
Sb	630	Pb	327	246	Sb,12.0	Pb,88.0
Bf	271	Pb	327	124	Bf,55.5	Pb,44.5
Bf	271	Cd	321	146	Bf,60.0	Cd,40.0
Cd	321	Zn	420	270	Cd,83.0	Zn,17.0

① 低共熔温度 $t_{c,R}$ 是一种混合物的两种固态组分与液相达到平衡时的最低温度。

② $t_{c,m}$ 表示熔化温度。

4. 不同温度下水的折射率

t/℃	n_D	t/℃	n_D	t/℃	n_D	t/℃	n_D
10	1.33370	16	1.33331	22	1.33281	28	1.33219
11	1.33365	17	1.33324	23	1.33272	29	1.33208
12	1.33359	18	1.33316	24	133263	30	1.33196
13	1.33352	19	1.33307	25	1.33252		
14	1.33346	20	1.33299	26	1.33242		
15	1.33339	21	1.33290	27	1.33231		

5. 常见有机溶剂的折射率

物　质	t/℃		物　质	t/℃	
	15	20		15	20
苯	1.50493	1.50110	四氯化碳	1.46305	1.46044
丙酮	1.38175	1.35911	乙醇	1.36330	1.36048
甲苯	1.4998	1.4968	环己烷	1.42900	—
醋酸	1.3776	1.3717	硝基苯	1.5547	1.5524
氯苯	1.52748	1.52460	正丁醇	—	1.39909
氯仿	1.44853	1.44550	二硫化碳	1.62935	1.62546

附录 3　实验室常用洗涤剂的配制

名　称	配　制　方　法	备　　注
合成洗涤剂①	将合成洗涤剂用热 H_2O 搅拌配成浓溶液	用于一般的洗涤
皂角水	将皂角捣碎，用 H_2O 熬成溶液	用于一般的洗涤
铬酸洗涤(洗液)	取 20g $K_2Cr_2O_7$(L. R.)于 500cm^3 烧杯中，加 40cm^3 H_2O，加热溶解，冷却后，缓缓加入 320cm^3 浓 H_2SO_4 即成(注意边加边搅)，储于磨口细口瓶中	用于涤涤油污及有机物，使用时防止被 H_2O 稀释。用后倒回原瓶，可反复使用直至溶液变为绿色②
$KMnO_4$ 碱性洗液	取 4g $KMnO_4$(L. R.)，溶于少量 H_2O 中，缓缓加 100cm^3 10% NaOH 溶液	用于涤涤油污及有机物，洗后玻璃壁上附着的 MnO_2 沉淀可用 Na_2SO_3 溶液洗去
碱性酒精溶液	30%～40% NaOH 酒精溶液	用于洗涤油污
酒精-浓 HNO_3 洗液		用于沾有有机物或油污的结构较复杂的仪器洗涤，洗涤时先加少量酒精于脏仪器中，再加入少量 HNO_3，即产生大量棕色 NO_2，将有机物氧化而破坏

① 即可用肥皂水。

② 已还原为绿色的铬酸洗液，可加入固体 $KMnO_4$ 使其再生，这样，实际消耗的是 $KMnO_4$，可减少 Cr 对环境的污染。

附录 4　常用酸碱溶液的密度、浓度

溶液名称	密度 ρ /g·cm^{-3}	质量分数/%	(物质的量)浓度 c /mol·dm^{-3}	溶液名称	密度 ρ /g·cm^{-3}	质量分数/%	(物质的量)浓度 c /mol·dm^{-3}
浓硫酸 H_2SO_4	1.84	95～96	18	稀硫酸 H_2SO_4	1.18	25	3
稀硫酸 H_2SO_4	1.06	9	1	浓盐酸 HCl	1.19	38	12
稀盐酸 HCl	1.10	20	6	稀盐酸 HCl	1.03	7	2
浓硝酸 HNO_3	1.40	65	14	稀硝酸 HNO_3	1.20	32	6
稀硝酸 HNO_3	1.07	12	2	浓磷酸 H_3PO_4	1.7	85	15
稀磷酸 H_3PO_4	1.05	9	1	稀高氯酸 $HClO_4$	1.12	19	2
浓氢氟酸 HF	1.13	40	23	氢溴酸 HBr	1.38	40	7
氢碘酸 HI	1.70	57	7.5	冰醋酸 CH_3COOH	1.05	99～100	17.5
稀醋酸 CH_3COOH	1.04	35	6	稀醋酸 CH_3COOH	1.02	12	2
浓氢氧化钠 NaOH	1.36	33	11	稀氢氧化钠 NaOH	1.09	8	2
浓氨水 NH_3(aq)	0.88	35	18	浓氨水 NH_3(aq)	0.91	25	13.5
稀氨水 NH_3(aq)	0.96	11	6	稀氨水 NH_3(aq)	0.99	3.5	2

附录 5　常用试剂的配制

试　剂	浓度/mol·dm^{-3}	配 制 方 法
三氯化铋($BiCl_3$)	0.1	溶解 31.6g $BiCl_3$ 于 330cm^3 6mol·dm^{-3} HCl 中，加水稀释至 1dm^3
三氯化锑($SbCl_3$)	0.1	溶解 22.8g $SbCl_3$ 于 330cm^3 6mol·dm^{-3} HCl 中，加水稀释至 1dm^3
二氯化锡($SnCl_2$)	0.1	溶解 22.6g $SnCl_2\cdot 2H_2O$ 于 330cm^3 6mol·dm^{-3} HCl 中，加水稀释至 1dm^3，加入少量锡粒
硝酸汞[$Hg(NO_3)_2$]	0.1	溶解 33.4g $Hg(NO_3)_2\cdot\frac{1}{2}H_2O$ 于 0.6mol·dm^{-3} HNO_3 中，加水稀释至 1dm^3
硝酸亚汞[$Hg_2(NO_3)_2$]	0.1	溶解 56.1g $Hg_2(NO_3)_2\cdot 2H_2O$ 于 0.6mol·dm^{-3} NHO_3 中，加水稀释至 1dm^3，并加入少量金属汞
碳酸铵[$(NH_4)_2CO_3$]	1	96g 研细的$(NH_4)_2CO_3$ 溶于氨水
硫酸铵[$(NH_4)_2SO_4$]	饱和	50g $(NH_4)_2SO_4$ 溶于 100cm^3 热水，冷却后过滤
硫酸亚铁($FeSO_4$)	0.5	溶解 69.5g $FeSO_4\cdot 7H_2O$ 于适量水中，加 5cm^3 18mol·dm^{-3} H_2SO_4，再用水稀释至 250cm^3，加入几枚小铁钉
六羟基锑酸钠{Na[$Sb(OH)_6$]}	0.1	溶解 12.2g 锑粉于 50cm^3 浓 HNO_3 中微热，使锑粉完全作用，所得到的白色粉末洗涤数次，再加 50cm^3 6mol·dm^{-3} NaOH，使其溶解，稀释至 1dm^3
六硝基钴酸钠{Na_3[$CO(NO_3)_6$]}		溶解 230g $NaNO_2$ 于 500cm^3 H_2O 中，加入 165cm^3 6mol·dm^{-3} HAc 和 30g $Co(NO_3)_2\cdot 6H_2O$ 放置 24h，取其清液，稀释至 1dm^3，保存在棕色试剂瓶中。该溶液应呈橙色，若变为红色，表明已分解，应重新配制
硫化钠(Na_2S)	2	溶解 240g $Na_2S\cdot 9H_2O$ 和 40g NaOH 于水中，稀释至 1dm^3
仲钼酸铵[$(NH_4)_6Mo_7O_{24}$]		溶解 124g $(NH_4)_6Mo_7O_{24}\cdot 4H_2O$ 于 1dm^3 水中，将所得溶液倒入 1dm^3 6mol·dm^{-3} HNO_3 中，放置 24h，取其澄清液
硫化铵[$(NH_4)_2S$]		取一定量氨水，将其分为两份，往其中一份通硫化氢至饱和，再将其与另一份氨水混合
六氰合铁(Ⅲ)酸钾{K_3[$Fe(CN)_6$]}		溶解 0.7～1g 六氰合铁(Ⅲ)酸钾于水中，稀释至 100cm^3(使用前临时配制)

续表

试　剂	浓度 /mol·dm^{-3}	配 制 方 法
五氰·氧氮合铁(Ⅲ)酸钠{$Na_2[Fe(CN)_5NO]$}		溶解 10g 五氰·氧氮合铁(Ⅲ)酸钠于 100cm^3 水中。保存于棕色瓶中,如果溶液变绿,应重新配制
格里斯试剂		(1)溶解 0.5g 对氨基苯磺酸于 50cm^3 热的 30% HAc 中,放置于暗处保存;(2)将 0.4g α-萘胺与 100cm^3 水混合煮沸,在从蓝色渣滓中倾出的无色溶液中加入 6cm^3 80% HAc。使用前将(1)、(2)两溶液等体积混合
打萨宗(二苯缩氨硫脲)		溶解 0.1g 打萨宗于 1dm^3 CCl_4 或 CH_3Cl 中
氯水		在水中通入氯气至饱和,使用时临时配制
溴水		在水中滴入液溴至饱和
碘溶液	0.01	溶解 1.3g 碘和 5g KI 于少量水中,稀释至 1dm^3
铝试剂		1g 铝试剂溶于 1dm^3 水中
镁试剂		溶解 0.01g 镁试剂于 1dm^3 1mol·dm^{-3} NaOH 溶液中
镍试剂		溶解 10g 镍试剂(二乙酰二肟)于 1dm^3 95%的乙醇中
镁铵试剂		将 100g $MgCl_2 \cdot 6H_2O$ 和 100g NH_4Cl 溶于水中,加入 50cm^3 浓氨水,再加水稀释至 1dm^3
奈氏试剂		溶解 115g HgI_2 和 80g KI 于水中,稀释至 500cm^3,加入 500cm^3 6mol·dm^{-3} NaOH 溶液,静置后,取其清液,保存在棕色瓶中
石蕊		将 2g 石蕊溶解于 50cm^3 水中,静置一昼夜后过滤,滤液中加入 30cm^3 95%的乙醇,再稀释至 100cm^3
品红溶液		0.1g 品红溶于 100cm^3 水中
淀粉溶液	0.2%	将 0.2g 淀粉与少量冷水调成糊状,倒入 100cm^3 沸水中,煮沸后冷却至室温

附录 6　常用缓冲溶液及其配制

缓冲溶液组成	pK_a	缓冲溶液 pH	缓冲溶液配制方法[①]
H_2NCH_2COOH-HCl	2.35 (pK_{a1})	2.3	取 150g H_2NCH_2COOH 溶于 500cm^3 H_2O 中,加 80cm^3 浓 HCl 稀释至 1dm^3
H_3PO_4-柠檬酸盐	—	2.5	取 113g $Na_2HPO_4 \cdot 12H_2O$,溶于 200cm^3 H_2O 中,加 387g 柠檬酸溶解,过滤后稀释至 1dm^3
$ClCH_2COOH$-NaOH	2.86	2.8	取 200g $ClCH_2COOH$ 溶于 200cm^3 H_2O 中,加 40g NaOH 溶解后,稀释至 1dm^3
邻苯二甲酸氢钾-HCl	2.95 (pK_{a1})	2.9	取 500g 邻苯二甲酸氢钾溶于 500cm^3 H_2O 中,加 80cm^3 浓 HCl,稀释至 1dm^3
HCOOH-NaOH	3.76	3.7	取 956g HCOOH 和 40g NaOH 于 500cm^3 H_2O 中,溶解,稀释至 1dm^3
NH_4Ac-HAc	—	4.5	取 77g NH_4Ac 溶于 200cm^3 H_2O 中,加 59cm^3 冰 HAc,稀释至 1dm^3
NaAc-HAc	4.74	4.7	取 83g 无水 NaAc 溶于 H_2O 中,加 60cm^3 冰 HAc,稀释至 1dm^3
NaAc-HAc	4.74	5.0	取 160g 无水 NaAc 溶于 H_2O 中,加 60cm^3 冰 HAc,稀释至 1dm^3
NH_4Ac-HAc	—	5.5	取 250g NH_4Ac 溶于 H_2O 中,加 250cm^3 冰 HAc,稀释至 1dm^3
六亚甲基四胺-HCl	5.15	5.4	取 40g 六亚甲基四胺溶于 200cm^3 H_2O 中,加 10cm^3 浓 HCl,稀释至 1dm^3

续表

缓冲溶液组成	pK_a	缓冲溶液pH	缓冲溶液配制方法①
NH_4Ac-HAc	—	6.0	取600g NH_4Ac溶于H_2O中，加20cm^3冰HAc，稀释至1dm^3
NaAc-磷酸盐	—	8.0	取50g无水NaAc和50g $Na_2HPO_4 \cdot 12H_2O$溶于H_2O中，稀释至1dm^3
三羟甲基氨基甲烷-HCl	8.21	8.2	取25g三羟甲基氨基甲烷溶于H_2O中，加8cm^3浓HCl，稀释至1dm^3
NH_3-NH_4Cl	9.26	9.2	取54g NH_4Cl溶于H_2O中，加63cm^3浓$NH_3 \cdot H_2O$稀释至1dm^3
NH_3-NH_4Cl	9.26	9.5	取54g NH_4Cl溶于H_2O中，加126cm^3浓$NH_3 \cdot H_2O$稀释至1dm^3
NH_3-NH_4Cl	9.26	10.0	取54g NH_4Cl溶于H_2O中，加350cm^3浓$NH_3 \cdot H_2O$稀释至1dm^3

① 缓冲溶液配制后用pH试纸检查。如pH不对，可用共轭酸或碱调节。若需精确调节pH，可用pH计。若需增加或减少缓冲溶液的缓冲容量时，可相应地增加或减少共轭酸碱对物质的量，再调节之。

附录7 常用指示剂及其配制

1. 酸碱指示剂

指示剂名称	变色pH范围	颜色变化	溶液配制方法
甲基紫(第一变色范围)	0.13～0.5	黄→绿	0.1%或0.05%的水溶液
苦味酸	0.0～1.3	无色→黄	0.1%水溶液
甲基绿	0.1～2.0	黄→绿→浅蓝	0.05%水溶液
孔雀绿(第一变色范围)	0.13～2.0	黄→浅蓝→绿	0.1%水溶液
甲酚红(第一变色范围)	0.2～1.8	红→黄	0.04g指示剂溶于100cm^3 150%乙醇中
甲基紫(第二变色范围)	1.0～1.5	绿→蓝	0.1%水溶液
百里酚蓝(麝香草酚蓝)(第一变色范围)	1.2～2.8	红→黄	0.1g指示剂溶于100cm^3 20%乙醇中
甲基紫(第三变色范围)	2.0～3.0	蓝→紫	0.1%水溶液
茜素黄R(第一变色范围)	1.9～3.3	红→黄	0.1%水溶液
二甲基黄	2.9～4.0	红→黄	0.1g或0.01g指示剂溶于100cm^3 90%乙醇中
甲基橙	3.1～4.4	红→橙黄	0.1%水溶液
溴酚蓝	3.0～4.6	黄→蓝	0.1g指示剂溶于100cm^3 20%乙醇中
刚果红	3.0～5.2	蓝紫→红	0.1%水溶液
茜素红S(第一变色范围)	3.7～5.2	黄→紫	0.1%水溶液
溴甲酚绿	3.8～5.4	黄→蓝	0.1g指示剂溶于100cm^3 20%乙醇中
甲基红	4.4～6.2	红→黄	0.1g或0.2g指示剂溶于100cm^3 60%乙醇中
溴酚红	5.0～6.8	黄→红	0.1g或0.04g指示剂溶于100cm^3 20%乙醇中
溴甲酚紫	5.2～6.8	黄→紫红	0.1g指示剂溶于100cm^3 20%乙醇中
溴百里酚蓝	6.0～7.6	黄→蓝	0.05g指示剂溶于100cm^3 20%乙醇中
中性红	6.8～8.0	红→亮黄	0.1g指示剂溶于100cm^3 60%乙醇中
酚红	6.8～8.0	黄→红	0.1g指示剂溶于100cm^3 20%乙醇中
甲酚红	7.2～8.8	亮黄→紫红	0.1g指示剂溶于100cm^3 50%乙醇中
百里酚蓝(麝香草酚蓝)(第二变色范围)	8.0～9.0	黄→蓝	0.1g指示剂溶于100cm^3 20%乙醇中
酚酞	8.2～10.0	无色→紫红	0.1g指示剂溶于100cm^3 60%乙醇中
百里酚酞	9.4～10.6	无色→蓝	0.1g指示剂溶于100cm^3 90%乙醇中
茜素红S(第二变色范围)	10.0～12.0	紫→淡黄	0.1%水溶液
茜素黄R(第二变色范围)	10.1～12.1	黄→淡紫	0.1%水溶液
孔雀绿(第二变色范围)	11.5～13.2	蓝绿→无色	0.1%水溶液
达旦黄	12.0～13.0	黄→红	溶于水、乙醇

2. 常用酸碱混合指示剂

指示剂溶液的组成	变色点 pH	颜色		备注
		酸式色	碱式色	
1份0.1%甲基黄乙醇溶液 1份0.1%亚甲基蓝乙醇溶液	3.25	蓝紫	绿	pH=3.2 蓝紫色 pH=3.4 绿色
1份0.1%甲基橙水溶液 1份0.25%靛蓝二磺酸钠水溶液	4.1	紫	黄绿	pH=4.1 灰色
3份0.1%溴甲酚绿乙醇溶液 1份0.2%甲基红乙醇溶液	5.1	酒红	绿	颜色变化极显著
1份0.1%溴甲酚绿钠盐水溶液 1份0.1%氯酚红钠盐水溶液	6.1	黄绿	蓝绿	pH=5.4 蓝绿色 pH=5.8 蓝色 pH=6.0 蓝微带紫色 pH=6.2 蓝紫色
1份0.1%中性红乙醇溶液 1份0.1%亚甲基蓝乙醇溶液	7.0	蓝紫	绿	pH=7.0 蓝紫色
1份0.1%甲酚红钠盐水溶液 3份0.1%百里酚蓝钠盐水溶液	8.3	黄	紫	pH=8.2 粉色 pH=8.4 紫色
1份0.1%酚酞乙醇溶液 2份0.1%甲基绿乙醇溶液	8.9	绿	紫	pH=8.8 浅蓝色 pH=9.0 紫色
1份0.1%酚酞乙醇溶液 2份0.1%百里酚乙醇溶液	9.9	无	紫	pH=9.6 玫瑰色 pH=9.0 紫色

3. 金属指示剂

名称	颜色		配制方法
	游离态	化合物	
铬黑T(EBT)	蓝	紫红	(1)将0.5g铬黑T溶于100cm^3水中。 (2)将1g铬黑T与100g NaCl研细、混匀
钙指示剂	蓝	红	将0.5g钙指示剂与100g NaCl研细、混匀
二甲酚橙(XO)(0.1%)	黄	红	将0.1g二甲酚橙溶于100cm^3水中
K-B指示剂	蓝	红	将0.5g酸性铬蓝K加1.25g萘酚绿B,再加入25g KNO_3研细、混匀
磺基水杨酸(1%)	无色	红	将1g磺基水杨酸溶于100cm^3水中
吡啶偶氮萘酚(PAN,0.1%)	黄	红	将0.1g吡啶偶氮萘酚溶于100cm^3乙醇中
邻苯二酚紫(0.1%)	紫	蓝	将0.1g邻苯二酚紫溶于100cm^3水中
钙镁试剂(Calmagite)	红	蓝	将0.5g钙镁试剂溶于100cm^3水中

附录8 常用基准物质的干燥条件和应用

基准物	干燥后的组成	干燥温度及时间	标定对象
$NaHCO_3$	Na_2CO_3	260～270℃干燥至恒重	酸
$Na_2B_4O_7\cdot10H_2O$	$Na_2B_4O_7\cdot10H_2O$	NaCl、蔗糖饱和溶液干燥器中室温下保存	酸
$KHC_6H_4(COO)_2$	$KHC_6H_4(COO)_2$	105～110℃干燥1h	碱
$Na_2C_2O_4$	$Na_2C_2O_4$	105～110℃干燥2h	氧化剂
$K_2Cr_2O_7$	$K_2Cr_2O_7$	130～140℃加热0.5～1h	还原剂
$KBrO_3$	$KBrO_3$	120℃干燥1～2h	还原剂
KIO_3	KIO_3	105～120℃干燥	还原剂

续表

基准物	干燥后的组成	干燥温度及时间	标定对象
As_2O_3	As_2O_3	硫酸干燥器中干燥至恒重	氧化剂
NaCl	NaCl	250～350℃加热1～2h	$AgNO_3$
$AgNO_3$	$AgNO_3$	120℃干燥2h	氯化物
Cu	Cu	室温干燥器中保存	还原剂
Zn	Zn	室温干燥器中保存	EDTA
ZnO	ZnO	约800℃灼烧至恒重	EDTA
无水 Na_2CO_3	Na_2CO_3	260～270℃加热0.5h	酸
$CaCO_3$	$CaCO_3$	105～110℃干燥	EDTA
$H_2C_2O_4 \cdot 2H_2O$	$H_2C_2O_4 \cdot 2H_2O$	室温空气中干燥	碱或 $KMnO_4$

附录9　常见无机化合物在水中的溶解度

与饱和溶液平衡的固相物质	溶解度 s /$g \cdot dm^{-3}$	适用温度 t /℃	与饱和溶液平衡的固相物质	溶解度 s /$g \cdot dm^{-3}$	适用温度 t /℃
$AgNO_3$	12.2	0	$[Cr(H_2O)_4Cl_3] \cdot 2H_2O$	585	25
Ag_2SO_4	5.7	0	$CuCl_2 \cdot 2H_2O$	1104	0
AgF	1820	15.5	$Cu(NO_3)_2 \cdot 6H_2O$	2437	0
$AlCl_3$	699	15	$CuSO_4$	143	0
AlF_3	5.59	25	$CuSO_4 \cdot 5H_2O$	316	0
$Al(NO_3)_3 \cdot 9H_2O$	637	25	$[Cu(NH_3)_4]SO_4 \cdot H_2O$	185	21.5
$Al_2(SO_4)_3$	313	0	$FeCl_2 \cdot 4H_2O$	1601	10
$Al_2(SO_4)_3 \cdot 18H_2O$	869	0	$FeCl_3 \cdot 6H_2O$	919	20
As_2O_5	1500	14	$Fe(NO_3)_2 \cdot 6H_2O$	835	20
As_2O_3	37	20	$Fe(NO_3)_3 \cdot 6H_2O$	1500	0
$BaCl_2$	375	26	$FeC_2O_4 \cdot 2H_2O$	0.22	—
$BaCl_2 \cdot 2H_2O$	587	100	$FeSO_4 \cdot 7H_2O$	156.5	—
BaF_2	1.2	25	$Fe_2(SO_4)_3 \cdot 9H_2O$	4400	—
$Ba(OH)_2 \cdot 8H_2O$	56	15	H_3BO_3	63.5	20
$Ba(NO_3)_2 \cdot H_2O$	630	20	HIO_3	2860	0
BaO	34.8	20	$HgCl_2$	69	20
$BaO \cdot 8H_2O$	1.6	—	$HgSO_4 \cdot 2H_2O$	0.03	18
$BaSO_4 \cdot 4H_2O$	425	25	$H_2MoO_4 \cdot H_2O$	1.33	18
$CaCl_2$	745	20	H_3PO_4	5480	—
$CaCl_2 \cdot 6H_2O$	2790	0	$KAl(SO_4)_2 \cdot 12H_2O$	114	20
$CaCrO_4 \cdot 2H_2O$	163	20	KBr	534.8	0
$Ca(OH)_2$	1.85	0	K_2CO_3	1120	20
$Ca(NO_3)_2 \cdot 4H_2O$	2660	0	$K_2CO_3 \cdot 2H_2O$	1469	—
$CaSO_4 \cdot 2H_2O$	2.4	—	$KClO_3$	71	20
$CaSO_4 \cdot 1/2H_2O$	3	20	$KClO_4$	7.5	0
$CdCl_2$	1400	20	KCl	347	20
$CdCl_2 \cdot H_2O$	1680	20	K_2CrO_4	629	20
$Cd(NO_3)_2 \cdot 4H_2O$	2150	—	$K_2Cr_2O_7$	49	0
$CdSO_4 \cdot 8H_2O$	1130	0	$KCr(SO_4)_2 \cdot 12H_2O$	243.9	25
Cl_2	14.9	0	$K_3[Fe(CN)_6]$	330	4
CO_2	3.48	0	$K_4[Fe(CN)_6] \cdot 3H_2O$	145	0
CO_2	1.45	25	KOH	1070	15
$CoCl_2 \cdot 6H_2O$	767	0	KIO_3	47.4	0
$Co(NO_3)_2 \cdot 6H_2O$	1338	0	KIO_4	6.6	15
$CoSO_4 \cdot 7H_2O$	604	3	KI	1275	0
$Cr_2(SO_4)_3 \cdot 18H_2O$	1200	20	$KCl \cdot MgCl_2 \cdot 6H_2O$	645	19

续表

与饱和溶液平衡的固相物质	溶解度 s /g·dm^{-3}	适用温度 t /℃
$KMnO_4$	63.3	20
KNO_3	133	0
KNO_3	2470	100
$KSCN$	1772	0
$LiCl$	637	0
$LiCl \cdot H_2O$	862	20
$LiOH$	128	20
$LiOH \cdot 3H_2O$	348	0
$Li_2SO_4 \cdot H_2O$	349	25
$MgCl_2 \cdot 6H_2O$	1670	—
$Mg(NO_3)_2 \cdot 6H_2O$	1250	—
$MgSO_4 \cdot 7H_2O$	710	20
$MnCl_2 \cdot 4H_2O$	1501	8
$Mn(NO_3)_2 \cdot 4H_2O$	4264	0
$MnSO_4 \cdot 7H_2O$	1720	—
$MnSO_4 \cdot 6H_2O$	1474	—
$NaC_2H_3O_2$	1190	0
$NaC_2H_3O_2 \cdot 3H_2O$	762	0
$Na_3AsO_4 \cdot 12H_2O$	389	15.5
$Na_2B_4O_7 \cdot 10H_2O$	20.1	0
$NaBr \cdot 2H_2O$	795	0
Na_2CO_3	71	0
$Na_2CO_3 \cdot H_2O$	215.2	0
$NaHCO_3$	69	0
$NaCl$	357	0
$NaClO \cdot 5H_2O$	293	0
Na_2CrO_4	873	20
$Na_2CrO_4 \cdot 10H_2O$	500	10
$Na_2Cr_2O_7 \cdot 2H_2O$	2380	0
$Na_2C_2O_4$	37	20
NaI	1840	25
$NaI \cdot 2H_2O$	3179	0
$Na_2MoO_4 \cdot 2H_2O$	562	0
$NaNO_2$	815	15
$Na_3PO_4 \cdot 10H_2O$	88	—
$Na_4P_2O_7 \cdot 10H_2O$	54.1	0
$Na_2SO_4 \cdot 10H_2O$	110	0
$Na_2SO_4 \cdot 10H_2O$	927	30
$Na_2S \cdot 9H_2O$	475	10
$Na_2SO_3 \cdot 7H_2O$	328	0
$Na_2S_2O_3 \cdot 5H_2O$	794	0
$Na_2WO_4 \cdot 2H_2O$	410	0
NH_3	899	—
$NH_4C_2H_3O_2$	1480	4
$NH_4Al(SO_4)_2 \cdot 12H_2O$	150	20
$NH_4H_2AsO_4$	337.4	0
$NH_4B_5O_8 \cdot 4H_2O$	70.3	18
$(NH_4)_2B_4O_7 \cdot 4H_2O$	72.7	18
NH_4Br	970	25
$(NH_4)_2CO_3 \cdot H_2O$	1000	15
NH_4HCO_3	119	0
NH_4ClO_3	287	0
NH_4ClO_4	107.4	0
NH_4Cl	297	0
$(NH_4)_2CrO_4$	405	30
$(NH_4)_2Cr_2O_7$	308	15
$NH_4Cr(SO_4)_2 \cdot 12H_2O$	212	25
NH_4F	1000	0
$(NH_4)_2SiF_6$	186	17
NH_4I	1542	0
$NH_4Fe(SO_4)_2 \cdot 12H_2O$	1240	25
$(NH_4)_2SO_4 \cdot FeSO_4 \cdot 6H_2O$	269	20
$NH_4MgPO_4 \cdot 6H_2O$	0.231	0
$(NH_4)_6Mo_7O_{24} \cdot 4H_2O$	430	—
NH_4NO_3	1183	0
$(NH_4)_2C_2O_4 \cdot H_2O$	2540	0
$(NH_4)_3PO_4 \cdot 3H_2O$	261	25
NH_4SCN	1280	0
$(NH_4)_2SO_4$	706	0
NH_4VO_3	5.2	15
$Ni(C_2H_3O_2)_2$	166	—
$NiCl_2 \cdot 6H_2O$	2540	20
$NiSO_4 \cdot 7H_2O$	756	15.5
$NiSO_4 \cdot 6H_2O$	625.2	0
$Pb(C_2H_3O_2)$	443	20
$Pb(NO_3)_2$	376.5	0
SO_2	228	0
$SnCl_2$	839	0
$Sr(NO_3)_2 \cdot 4H_2O$	604.3	0
$Zn(C_3H_3O_2)_2 \cdot 2H_2O$	311	20
$ZnCl_2$	4320	25
$ZnSO_4 \cdot 7H_2O$	965	20
$Zn(SO_3)_2 \cdot 6H_2O$	1843	20

附录 10 常见气体在水中的溶解度

（气体压力和水蒸气压力之和为 101.3kPa 时，溶解于 100g 水的气体质量）

气体	溶解度/g·(100g H_2O)$^{-1}$						
	0℃	10℃	20℃	30℃	40℃	50℃	60℃
Cl_2		0.9972	0.7293	0.5723	0.4590	0.3920	0.3295
CO	4.397×10^{-3}	3.479×10^{-3}	2.838×10^{-3}	2.405×10^{-3}	2.075×10^{-3}	1.797×10^{-3}	1.522×10^{-3}
CO_2	0.3346	0.2318	0.1688	0.1257	0.0973	0.0761	0.0576
H_2	1.922×10^{-4}	1.740×10^{-4}	1.603×10^{-4}	1.474×10^{-4}	1.384×10^{-4}	1.287×10^{-4}	1.178×10^{-4}
H_2S	0.7066	0.5112	0.3846	0.2983	0.2361	0.1883	0.1480
N_2	2.942×10^{-3}	2.312×10^{-3}	1.901×10^{-3}	1.624×10^{-3}	1.391×10^{-3}	1.216×10^{-3}	1.052×10^{-3}
NH_3	89.5	68.4	52.9	41.0	31.6	23.5	16.8
NO	9.833×10^{-3}	7.560×10^{-3}	6.173×10^{-3}	5.165×10^{-3}	4.394×10^{-3}		3.237×10^{-3}
O_2	6.945×10^{-3}	5.368×10^{-3}	4.339×10^{-3}	3.588×10^{-3}	3.082×10^{-3}	2.657×10^{-3}	2.274×10^{-3}
SO_2	22.83	16.21	11.28	7.80	5.41		

附录 11 不同温度下水的饱和蒸气压

t/℃	p/kPa	t/℃	p/kPa	t/℃	p/kPa	t/℃	p/kPa
1	0.65716	26	3.3629	51	12.970	76	40.205
2	0.70605	27	3.5670	52	13.623	77	41.905
3	0.75813	28	3.7818	53	14.303	78	43.665
4	0.81359	29	4.0078	54	14.012	79	45.487
5	0.87260	30	4.2455	55	15.752	80	47.373
6	0.93537	31	4.4953	56	16.522	81	49.324
7	1.0021	32	4.7578	57	17.324	82	51.342
8	1.0730	33	5.0335	58	18.159	83	53.428
9	1.1482	34	5.3229	59	19.028	84	55.585
10	1.2281	35	5.6267	60	19.932	85	57.815
11	1.3129	36	5.9453	61	20.873	86	60.119
12	1.4027	37	6.2795	62	21.851	87	62.499
13	1.4979	38	6.6298	63	22.868	88	64.958
14	1.5988	39	6.9969	64	23.925	89	67.496
15	1.7056	40	7.3814	65	25.022	90	70.117
16	1.8185	41	7.7840	66	26.163	91	72.823
17	1.9380	42	8.2054	67	27.347	92	75.614
18	2.0644	43	8.6463	68	28.576	93	78.494
19	2.1978	44	9.1075	69	29.852	94	81.465
20	2.3388	45	9.5898	70	31.176	95	84.529
21	2.4877	46	10.094	71	32.549	96	87.688
22	2.6447	47	10.620	72	33.972	97	90.945
23	2.8104	48	11.171	73	35.448	98	94.301
24	2.9850	49	11.745	74	36.978	99	97.759
25	3.1690	50	12.344	75	38.563	100	101.32

注：数据录自 David R. Lide，C R C Handbook of Chemistry and Physics，84th ed.，2003—2004。

附录 12 常见离子和化合物的颜色

常见无色离子	Ag^+，Cd^{2+}，K^+，Ca^{2+}，As^{3+}，Pb^{2+}，Zn^{2+}，Na^+，Sr^{2+}，As^{5+}，Hg_2^{2+}，Bi^{3+}，NH_4^+，Ba^{2+}，Sb^{2+} 或 Sb^{5+}，Hg^{2+}，Mg^{2+}，Al^{3+}，Sn^{2+}，Sn^{4+}，SO_4^{2-}，PO_4^{3-}，F^-，SCN^-，$C_2O_4^{2-}$，MoO_4^{2-}，WO_4^{2-}，$S_2O_3^{2-}$，$B_4O_7^{2-}$，Br^-，NO_2^-，ClO_3^-，VO_3^-，CO_3^{2-}，SiO_4^{2-}，I^-，Ac^-，BrO_3^-
常见有色离子	Mn^{2+} 浅玫瑰色，稀溶液无色；$[Fe(H_2O)_6]^{3+}$ 淡紫色；Fe^{3+} 盐溶液黄色或红棕色；Fe^{2+} 浅绿色，稀溶液无色；Cr^{3+} 绿色或紫色；Co^{2+} 玫瑰色；Ni^{2+} 绿色；Cu^{2+} 浅蓝色；$Cr_2O_7^{2-}$ 橙色，CrO_4^{2-} 黄色；MnO_4^- 紫色；$[Fe(CN)_4]^{4-}$ 黄绿色；$[Fe(CN)_6]^{3-}$ 黄棕色
黑色化合物	CuO，NiO，FeO，Fe_3O_4，MnO_2，FeS，CuS，Ag_2S，NiS，CoS，PbS，$NiO(OH)$
蓝色化合物	$CuSO_4 \cdot 5H_2O$，$Cu(NO_3)_2 \cdot 6H_2O$，多水合铜盐，无水 $CoCl_2$
绿色化合物	镍盐，亚铁盐，铬盐，某些铜盐如 $CuCl_2 \cdot 2H_2O$，$Ni(OH)_2$ 苹果绿色
黄色化合物	CdS，PbO，碘化物如 AgI，铬酸盐如 $BaCrO_4$、K_2CrO_4，$Zn_2[Fe(CN)_6]$ 黄褐色
红色化合物	Fe_2O_3，Cu_2O，HgO，HgS，Pb_3O_4，$Ni(DMG)_2$，$Cu_2[Fe(CN)_6]$ 红棕色，HgI_2 金红色
粉红色化合物	$MnSO_4 \cdot 7H_2O$ 等锰盐，$CoCl_2 \cdot 6H_2O$
紫色化合物	亚铬盐(如 $[Cr(Ac)_2]_2 \cdot 2H_2O$)，高锰酸盐

参 考 文 献

[1] 杨世珖，杨林，贾朝霞等．近代化学实验．北京：石油工业出版社，2004.

[2] 甘孟瑜，曹渊．大学化学实验．重庆：重庆大学出版社，2008.

[3] 牛盾，王育红，王锦霞．大学化学实验．北京：冶金工业出版社，2007.

[4] 王玲，刘勇建．普通化学实验．南京：南京大学出版社，2009.

[5] 贡雪东．大学化学实验 1——基础知识与技能．北京：化学工业出版社，2007.

[6] 高桂枝，陈敏东，郭照冰．新编大学化学实验．北京：中国环境出版社，2009.

[7] 顾月姝，宋淑娥．基础化学实验Ⅲ物理化学实验．北京：化学工业出版社，2007.

[8] 唐林，孟阿兰，刘红天．物理化学实验．北京：化学工业出版社，2008.

[9] 刘勇健，孙康．物理化学实验．徐州：中国矿业大学出版社，2005.

[10] 邢宏龙．物理化学实验．北京：化学工业出版社，2010.

[11] 胡晓洪，刘弋潞，梁舒萍．物理化学实验．北京：化学工业出版社，2007.

[12] 高楼军．物理化学实验与技术．杭州：浙江大学出版社，2012.

[13] 武汉大学化学与分子科学学院实验中心编．物理化学实验．武汉：武汉大学出版社，2012.

元素周期表

IUPAC 2013

氧化态(单质的氧化态为0，未列入；常见的为红色)

以 $^{12}C=12$ 为基准的原子量(注✦的是半衰期最长同位素的原子量)

95	原子序数
Am	元素符号(红色的为放射性元素)
镅▲	元素名称(注▲的为人造元素)
$5f^7 7s^2$	价层电子构型
+2 +3 +4 +5 +6	氧化态
243.06138(2)✦	原子量

s区元素　p区元素　d区元素　ds区元素　f区元素　稀有气体

周期 \ 族	1 ⅠA	2 ⅡA	3 ⅢB	4 ⅣB	5 ⅤB	6 ⅥB	7 ⅦB	8 ⅧB(Ⅷ)	9 ⅧB(Ⅷ)	10 ⅧB(Ⅷ)	11 ⅠB	12 ⅡB	13 ⅢA	14 ⅣA	15 ⅤA	16 ⅥA	17 ⅦA	18 ⅧA(0)	电子层
1	−1 +1 1 **H** 氢 $1s^1$ 1.008																	2 **He** 氦 $1s^2$ 4.002602(2)	K
2	+1 3 **Li** 锂 $2s^1$ 6.94	+2 4 **Be** 铍 $2s^2$ 9.0121831(5)											+3 5 **B** 硼 $2s^2 2p^1$ 10.81	−4 +2 +4 6 **C** 碳 $2s^2 2p^2$ 12.011	−3 −2 −1 +1 +2 +3 +4 +5 7 **N** 氮 $2s^2 2p^3$ 14.007	−2 −1 8 **O** 氧 $2s^2 2p^4$ 15.999	−1 9 **F** 氟 $2s^2 2p^5$ 18.998403163(6)	10 **Ne** 氖 $2s^2 2p^6$ 20.1797(6)	L K
3	−1 +1 11 **Na** 钠 $3s^1$ 22.98976928(2)	+2 12 **Mg** 镁 $3s^2$ 24.305											+3 13 **Al** 铝 $3s^2 3p^1$ 26.9815385(7)	−4 +2 +4 14 **Si** 硅 $3s^2 3p^2$ 28.085	−3 −2 +1 +3 +5 15 **P** 磷 $3s^2 3p^3$ 30.973761998(5)	−2 +2 +4 +6 16 **S** 硫 $3s^2 3p^4$ 32.06	−1 +1 +3 +5 +7 17 **Cl** 氯 $3s^2 3p^5$ 35.45	18 **Ar** 氩 $3s^2 3p^6$ 39.948(1)	M L K
4	−1 +1 19 **K** 钾 $4s^1$ 39.0983(1)	+2 20 **Ca** 钙 $4s^2$ 40.078(4)	+3 21 **Sc** 钪 $3d^1 4s^2$ 44.955908(5)	−1 0 +2 +3 +4 22 **Ti** 钛 $3d^2 4s^2$ 47.867(1)	0 ±1 +2 +3 +4 +5 23 **V** 钒 $3d^3 4s^2$ 50.9415(1)	−3 0 ±1 ±2 +3 +4 +5 +6 24 **Cr** 铬 $3d^5 4s^1$ 51.9961(6)	−2 0 ±1 +2 ±3 +4 +5 +6 +7 25 **Mn** 锰 $3d^5 4s^2$ 54.938044(3)	−2 0 ±1 +2 +3 +4 +5 +6 26 **Fe** 铁 $3d^6 4s^2$ 55.845(2)	0 ±1 +2 +3 +4 +5 27 **Co** 钴 $3d^7 4s^2$ 58.933194(4)	0 ±1 +2 +3 +4 28 **Ni** 镍 $3d^8 4s^2$ 58.6934(4)	+1 +2 +3 +4 29 **Cu** 铜 $3d^{10} 4s^1$ 63.546(3)	+1 +2 30 **Zn** 锌 $3d^{10} 4s^2$ 65.38(2)	+1 +3 31 **Ga** 镓 $4s^2 4p^1$ 69.723(1)	+2 +4 32 **Ge** 锗 $4s^2 4p^2$ 72.630(8)	−3 +3 +5 33 **As** 砷 $4s^2 4p^3$ 74.921595(6)	−2 +2 +4 +6 34 **Se** 硒 $4s^2 4p^4$ 78.971(8)	−1 +1 +3 +5 +7 35 **Br** 溴 $4s^2 4p^5$ 79.904	+2 +4 36 **Kr** 氪 $4s^2 4p^6$ 83.798(2)	N M L K
5	−1 +1 37 **Rb** 铷 $5s^1$ 85.4678(3)	+2 38 **Sr** 锶 $5s^2$ 87.62(1)	+3 39 **Y** 钇 $4d^1 5s^2$ 88.90584(2)	+1 +2 +3 +4 40 **Zr** 锆 $4d^2 5s^2$ 91.224(2)	0 ±1 +2 +3 +4 +5 41 **Nb** 铌 $4d^4 5s^1$ 92.90637(2)	0 ±1 ±2 +3 +4 +5 +6 42 **Mo** 钼 $4d^5 5s^1$ 95.95(1)	0 ±1 +2 +3 +4 +5 +6 +7 43 **Tc** 锝▲ $4d^5 5s^2$ 97.90721(3)✦	0 +1 ±2 +3 +4 +5 +6 +7 +8 44 **Ru** 钌 $4d^7 5s^1$ 101.07(2)	0 ±1 +2 +3 +4 +5 +6 45 **Rh** 铑 $4d^8 5s^1$ 102.90550(2)	0 +1 +2 +3 +4 46 **Pd** 钯 $4d^{10}$ 106.42(1)	+1 +2 +3 47 **Ag** 银 $4d^{10} 5s^1$ 107.8682(2)	+1 +2 48 **Cd** 镉 $4d^{10} 5s^2$ 112.414(4)	+1 +3 49 **In** 铟 $5s^2 5p^1$ 114.818(1)	+2 +4 50 **Sn** 锡 $5s^2 5p^2$ 118.710(7)	−3 +3 +5 51 **Sb** 锑 $5s^2 5p^3$ 121.760(1)	−2 +2 +4 +6 52 **Te** 碲 $5s^2 5p^4$ 127.60(3)	−1 +1 +3 +5 +7 53 **I** 碘 $5s^2 5p^5$ 126.90447(3)	+2 +4 +6 +8 54 **Xe** 氙 $5s^2 5p^6$ 131.293(6)	O N M L K
6	−1 +1 55 **Cs** 铯 $6s^1$ 132.90545196(6)	+2 56 **Ba** 钡 $6s^2$ 137.327(7)	57~71 **La~Lu** 镧系	+1 +2 +3 +4 72 **Hf** 铪 $5d^2 6s^2$ 178.49(2)	0 ±1 +2 +3 +4 +5 73 **Ta** 钽 $5d^3 6s^2$ 180.94788(2)	0 ±1 ±2 +3 +4 +5 +6 74 **W** 钨 $5d^4 6s^2$ 183.84(1)	0 ±1 +2 +3 +4 +5 +6 +7 75 **Re** 铼 $5d^5 6s^2$ 186.207(1)	0 +1 +2 +3 +4 +5 +6 +7 +8 76 **Os** 锇 $5d^6 6s^2$ 190.23(3)	0 ±1 +2 +3 +4 +5 +6 77 **Ir** 铱 $5d^7 6s^2$ 192.217(3)	0 +2 +3 +4 +5 +6 78 **Pt** 铂 $5d^9 6s^1$ 195.084(9)	+1 +2 +3 +5 79 **Au** 金 $5d^{10} 6s^1$ 196.966569(5)	+1 +2 +3 80 **Hg** 汞 $5d^{10} 6s^2$ 200.592(3)	+1 +3 81 **Tl** 铊 $6s^2 6p^1$ 204.38	+2 +4 82 **Pb** 铅 $6s^2 6p^2$ 207.2(1)	−3 +3 +5 83 **Bi** 铋 $6s^2 6p^3$ 208.98040(1)	−2 +2 +3 +4 +6 84 **Po** 钋 $6s^2 6p^4$ 208.98243(2)✦	±1 +5 +7 85 **At** 砹 $6s^2 6p^5$ 209.98715(5)✦	+2 86 **Rn** 氡 $6s^2 6p^6$ 222.01758(2)✦	P O N M L K
7	+1 87 **Fr** 钫▲ $7s^1$ 223.01974(2)✦	+2 88 **Ra** 镭 $7s^2$ 226.02541(2)✦	89~103 **Ac~Lr** 锕系	104 **Rf** 𬬻▲ $6d^2 7s^2$ 267.122(4)✦	105 **Db** 𬭊▲ $6d^3 7s^2$ 270.131(4)✦	106 **Sg** 𬭳▲ $6d^4 7s^2$ 269.129(3)✦	107 **Bh** 𬭛▲ $6d^5 7s^2$ 270.133(2)✦	108 **Hs** 𬭶▲ $6d^6 7s^2$ 270.134(2)✦	109 **Mt** 鿏▲ $6d^7 7s^2$ 278.156(5)✦	110 **Ds** 𫟼▲ 281.165(4)✦	111 **Rg** 𬬭▲ 281.166(6)✦	112 **Cn** 鿔▲ 285.177(4)✦	113 **Nh** 鿭▲ 286.182(5)✦	114 **Fl** 𫓧▲ 289.190(4)✦	115 **Mc** 镆▲ 289.194(6)✦	116 **Lv** 𫟷▲ 293.204(4)✦	117 **Ts** 鿬▲ 293.208(6)✦	118 **Og** 鿫▲ 294.214(5)✦	Q P O N M L K

	57	58	59	60	61	62	63	64	65	66	67	68	69	70	71
★ 镧系	+3 **La**★ 镧 $5d^1 6s^2$ 138.90547(7)	+2 +3 +4 **Ce** 铈 $4f^1 5d^1 6s^2$ 140.116(1)	+3 +4 **Pr** 镨 $4f^3 6s^2$ 140.90766(2)	+2 +3 +4 **Nd** 钕 $4f^4 6s^2$ 144.242(3)	+3 **Pm** 钷▲ $4f^5 6s^2$ 144.91276(2)✦	+2 +3 **Sm** 钐 $4f^6 6s^2$ 150.36(2)	+2 +3 **Eu** 铕 $4f^7 6s^2$ 151.964(1)	+3 **Gd** 钆 $4f^7 5d^1 6s^2$ 157.25(3)	+3 +4 **Tb** 铽 $4f^9 6s^2$ 158.92535(2)	+3 +4 **Dy** 镝 $4f^{10} 6s^2$ 162.500(1)	+3 **Ho** 钬 $4f^{11} 6s^2$ 164.93033(2)	+3 **Er** 铒 $4f^{12} 6s^2$ 167.259(3)	+2 +3 **Tm** 铥 $4f^{13} 6s^2$ 168.93422(2)	+2 +3 **Yb** 镱 $4f^{14} 6s^2$ 173.045(10)	+3 **Lu** 镥 $4f^{14} 5d^1 6s^2$ 174.9668(1)

	89	90	91	92	93	94	95	96	97	98	99	100	101	102	103
★ 锕系	+3 **Ac**★ 锕 $6d^1 7s^2$ 227.02775(2)✦	+3 +4 **Th** 钍 $6d^2 7s^2$ 232.0377(4)	+3 +4 +5 **Pa** 镤 $5f^2 6d^1 7s^2$ 231.03588(2)	+2 +3 +4 +5 +6 **U** 铀 $5f^3 6d^1 7s^2$ 238.02891(3)	+3 +4 +5 +6 +7 **Np** 镎 $5f^4 6d^1 7s^2$ 237.04817(2)✦	+3 +4 +5 +6 +7 **Pu** 钚 $5f^6 7s^2$ 244.06421(4)✦	+2 +3 +4 +5 +6 **Am** 镅▲ $5f^7 7s^2$ 243.06138(2)✦	+3 +4 **Cm** 锔▲ $5f^7 6d^1 7s^2$ 247.07035(3)✦	+3 +4 **Bk** 锫▲ $5f^9 7s^2$ 247.07031(4)✦	+2 +3 +4 **Cf** 锎▲ $5f^{10} 7s^2$ 251.07959(3)✦	+2 +3 **Es** 锿▲ $5f^{11} 7s^2$ 252.0830(3)✦	+2 +3 **Fm** 镄▲ $5f^{12} 7s^2$ 257.09511(5)✦	+2 +3 **Md** 钔▲ $5f^{13} 7s^2$ 258.09843(3)✦	+2 +3 **No** 锘▲ $5f^{14} 7s^2$ 259.1010(7)✦	+3 **Lr** 铹▲ $5f^{14} 6d^1 7s^2$ 262.110(2)✦